George Gamow
One Two Three

Infinity

从一到无穷大

[美] 乔治·伽莫夫 / 著

陈子鹏 / 译

SPM 南方出版传媒

广东科技出版社 | 全国优秀出版社

·广 州·

图书在版编目（CIP）数据

从一到无穷大 /（美）乔治·伽莫夫著；陈子鹏译 . — 广州 : 广东科技出版社 , 2021.1（2024.5 重印）

书名原文 : One two three… infinity

ISBN 978-7-5359-7597-3

Ⅰ . ①从… Ⅱ . ①乔… ②陈… Ⅲ . ①自然科学 – 青少年读物 Ⅳ . ① N49

中国版本图书馆 CIP 数据核字（2020）第 219295 号

从一到无穷大
Cong Yi Dao Wuqiongda

出 版 人：朱文清

责任编辑：湛正文　刘锦业

监　　制：黄　利　万　夏

营销支持：曹莉丽

特约编辑：路思维

装帧设计：**紫图装帧**

责任校对：李云柯　杨峻松

责任印制：彭海波

出版发行：广东科技出版社

　　　　　（广州市环市东路水荫路 11 号　邮政编码：510075）

销售热线：020-37607413

https://www.gdstp.com.cn

E-mail : gdkjbw@nfcb.com.cn

经　　销：广东新华发行集团股份有限公司

印　　刷：艺堂印刷（天津）有限公司

规　　格：710 mm×1 000 mm　1/16　印张 22.5　字数 450 千

版　　次：2021 年 1 月第 1 版

　　　　　2024 年 5 月第 3 次印刷

定　　价：59.90 元

如发现因印装质量问题影响阅读，请与广东科技出版社印制室联系调换（电话：020-37607272）。

初版序言

我们的旅程将从原子到恒星和星云，从熵到基因。空间能否弯曲？飞船又为何会收缩？我们将对此——探寻。没错，我们将在这本书中讨论这些话题，以及其他许多同样非常有趣的话题。

我写这本书的出发点，是想尽可能地收集现代科学中最有趣的事实和理论，呈现给读者一幅宇宙在微观和宏观角度的整体图景，正如它展现在当今科学家眼中的模样。在完成这个宏大的计划时，我未曾尝试将整个故事全部道出，因为我知道这样的话，本书最终将难逃变成一套卷数极多的百科全书的结局。不过我选择讨论的主题却简明扼要地涵盖了基础科学知识的整个领域，不留任何死角。

我根据重要性和趣味性选取主题，而非简单性，这势必导致本书的内容深度的参差不齐。书中的部分章节看上去很简单，就算是孩童也能明白，而另一些则需要集中注意力认真学习才能完全理解。但是我希望，那些尚未踏入科学之门的读者在阅读本书时不会遭遇严重的困难。

另外要注意，书中的最后一部分讨论了"宏观宇宙"，这要比"微观宇宙"篇幅少不少。主要是因为我已经在另外两本书《太阳的生与死》(*The Birth and Death of the Sun*)和《地球自传》(*Biography of the*

Earth)[1] 中详细讨论了有关宏观宇宙的许多问题，因而倘若在这里再进一步讨论，可能就显得重复而乏味了。

因此在这一部分中，我将局限于对行星、恒星和星云世界的物理事实、事件和定律的大体描述，仅在近些年演进出新科学知识的几个问题上进行详细讨论。依照这个原则，我着重注意了以下两个最近的观点：剧烈恒星爆发，即"超新星"，是由所谓的"中微子"引起的，它是物理学已知的最小粒子；新的行星系形成理论，它摒弃了当今普遍接受的观点——行星形成与太阳和另一颗恒星的碰撞有关，而是重建了早年的、近乎要被遗忘的康德（Immanuel Kant）和拉普拉斯（Pierre-Simon Laplace）的观点。

我想对许多使用拓扑学变换（参见第三章）进行作画的画家和插画师表示感谢，他们的绘图是本书中许多插图的基础。此外我还想感谢我年轻的朋友玛丽娜·冯·诺依曼（Marina von Neumann），她曾说，她在所有问题上都比她著名的父亲（冯·诺依曼，现代计算机之父）认识得更深。当然，除了数学，她说在数学方面她只能和她父亲打个平手。她在阅读了本书部分章节的手稿之后，说有很多地方看不懂，于是我才最终决定修改这本书，这是给孩子看的。

乔治·伽莫夫

1946 年 12 月 1 日

---

[1]　纽约维京出版社，分别于 1940 年和 1941 年出版。

1961 年版序言

　　所有的科学书籍都会在出版几年后过时，尤其是那些涉及极速发展的科学分支的作品。从这一点来看，我的这本首印于 13 年前的《从一到无穷大》还算走运。它成书于一系列重要科学进步刚刚出现之时，并且将许多进步写进了书中。为使其跟上时代，只需做相对少量的修改和增补即可。

　　其中一个重要进步是通过氢弹爆炸的形式成功释放热核聚变产生的原子能，以及进展缓慢但稳定的可控热核聚变的研究。因为有关热核聚变的原理及其在天体物理学中的应用已经在初版的第十一章中讨论过，因此人类对同一目标的前进脚步，只需在第七章的末尾增添一些新的内容即可。

　　其他的修改包括对宇宙年龄的估计从 20 亿年或 30 亿年提高到 50 亿年以上，并根据加利福尼亚帕洛马山上的 200 英寸（编注：1 英寸 =2.54 厘米）海尔望远镜的观测，修正了天文距离尺度。

　　生物化学的最新进展要求我重绘图 101 并修改对应的配文，同时在第九章的末尾增加一些关于合成简单的有机生命体的内容。在初版中我写道："是的，在活的物质和非活的物质间必定存在过渡的一步，可能不知何时——也许就是不远的未来，一些天才的生物化学家能用普通的化学元素合成病毒分子，那么他就有权向世界宣布：'我刚给一块死气沉沉的物质注入了生命的气息！'"好吧，几年前这一情况真的发生了，或者说几乎发生了，就在加利福尼亚，读者可以在第九章结尾看到对这一工作的简单说明。

　　另外一个修改是本书的第一版印刷中曾提到："致我的儿子伊戈尔（Igor），他想成为一名牛仔。"许多读者来信询问他是不是真的成了牛仔。答案是否定的，他在这个夏天毕业，专业是生物，计划从事遗传学的工作。

乔治·伽莫夫
科罗拉多大学
1960 年 11 月

One

Two

Three

...

目 录 | Contents ▶

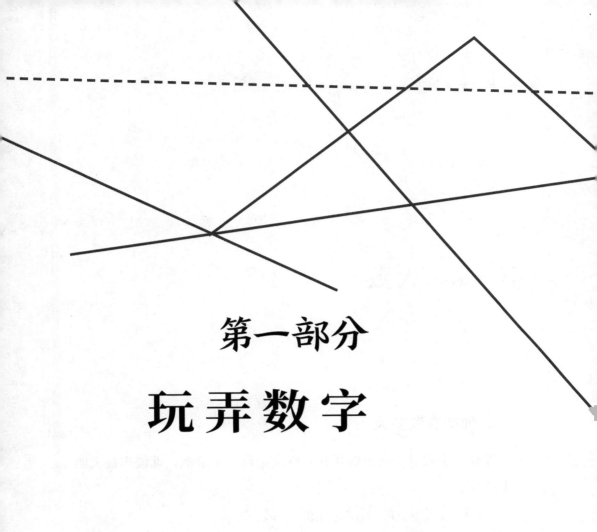

第一部分
玩弄数字

第一章 大数

1. 你能数到多大

曾有一个故事，两位匈牙利贵族决定玩一个游戏，谁说出最大的数谁就赢了。

"好呀，"其中一位说，"你先说你的数。"

经过几分钟绞尽脑汁的思考之后，第二位贵族终于说出了他能想到的最大的数。"三。"他说。

现在是第一位贵族的思考时间，但一刻钟之后他最终放弃了。"你赢了。"他同意道。

显然这两位匈牙利贵族不代表很高层次的智力[1]，况且这个故事可能更多的是对贵族的恶意诋毁，但这样的对话却可能真实发生在霍屯

---

[1] 这个论据有另一个属于同一系列的故事的支持：一群匈牙利贵族在攀爬阿尔卑斯山的过程中迷路了。其中一个拿出一张地图，在研究了很久之后表示，"我知道我们在哪儿了！""哪儿？"其他人问。"看见那座大山了吗？我们就在山顶上！"

督人^[1]之间。根据非洲探险家的记载，我们可以确认在一些霍屯督部族的词汇表中没有大于三的数字的词汇。当问询一位当地人他有多少个子女或者他杀过多少敌人的时候，如果答案大于三他会回答"许多个"。因此即使是霍屯督部族最凶残的战士，在数数方面也比不过美国幼儿园里的孩子，他们可以数到十呢！

　　现在我们习惯于认为我们想写多大的数字就可以写多大的数字——无论是用美分为单位表示战争的经费，还是用英寸^[2]为单位表示星际间的距离——只要在数字的后面加上一连串的零即可。你可以一直写零到你的手腕发酸为止，在你手酸之前，你甚至能写出比可观测宇宙中的原子总数更大的数字：300 000 000 000 000 000 000 000 000 000 000 000 000 000 000 000 000 000 000 000 000 000 000。

　　或者你可以写成：3×10^{74}。

　　这里 10 右上角的小字数字 74 表示的是 3 之后有 74 个零，换句话说，3 要乘以 74 个 10。

　　但古人并不知道这种"算数简示"的方法。事实上它在不到 2000 年前才被一位不知名的印度数学家发明。在他的伟大发明——这确实是一项伟大的发明，尽管我们通常没有意识到这点——之前，每个数位上的数字是用专门的符号，也就是我们现称的十进制单位，反复书写而成的。例如数字 8732，古埃及人写作：

---

[1]　霍屯督人（Hottentots），南部非洲的种族集团。自称科伊科伊人。主要分布在纳米比亚、博茨瓦纳和南非（译注）。

[2]　本书多处使用"英寸""英尺""英里""磅"等英制单位，为保留原数据的整数情况，同时也考虑到读者的阅读体验，所以没有进行单位换算。1 英寸 =2.54 厘米，1 英尺 =3.048 分米，1 英里 =1.609 千米，1 磅 =0.45 千克（编注）。

ㄱㄱㄱㄱㄱㄱㄱㄱ ꆛꆛꆛꆛꆛꆛꆛꆛ ∩∩∩∩

而在恺撒的办公室里，他的办事员会将其写成如下形式：

MMMMMMMMDCCXXXII

后一种表现形式你应该还很熟悉，因为罗马数字到现在还在使用——表示书籍的卷数或章数，或者在大纪念碑上记载下历史事件发生的日期。过去的计数要求通常不超过几千，更高数目的十进制单位也不存在，那么让一位无论在算数上多么训练有素的古罗马人写下"一百万"这个数字，他都会不知所措。他能实现要求的最好方法，可能就是写下 1000 个 M，这可能要花几个小时（图 1）。

图 1

　　奥古斯都·恺撒时期的一位古罗马人尝试用罗马数字写出"一百万"。但即使是写满墙上的板子可能都写不下"一百个一千"，也就是十万。

　　对于古人而言，诸如天上的星星、大海里的鱼和沙滩上的沙粒这些事物的数目都是"不计其数"的，就像在霍屯督语言中"五"是不计其数的，取而代之的是"许多"一样！

　　公元前3世纪大名鼎鼎的科学家阿基米德（Archimedes）曾开动他的脑筋，表明书写十分巨大的数字是可能的。

　　在他的论文《数沙者》中，阿基米德说：

　　"有人认为沙粒的数量是无限大的，我说的不只是叙拉古[1]（Syracuse）或西西里的其他地方，而是整个地球上能够找到的所有沙粒，无论是有人居住或者荒无人烟的地方。也有人认为沙粒的数目是有限的，只是没有更大的数字能超越地球上所有沙粒的总数。

　　"显然持有这种观点的人，如果他们能想象出一团与地球的质量一样大的沙子，这些沙子填充了所有的大海和空洞，一直堆到与最高的山峰相平，那么他们也会认为这些沙粒的数目是最大的。但我将尝试表达出比整个地球质量的沙粒数目还要大的数字，甚至是整个宇宙大小的沙粒的数目。"

　　阿基米德在这篇著作中提出的表示大数的方法与现代科学中表示的方法类似。他从古希腊算数中存在的最大数"万"（myriad），或者说十千开始。然后他引入了一个新数，"万万"（octade），他称之为"一亿"，作为"第二阶单位"；"亿亿"（octade octade）为"第三阶单位"；"亿亿亿"（octade octade octade）为"第四阶单位"，等等。

　　花费书上好几页去说明如何书写大数似乎是一件微不足道的事情，

---

[1]　叙拉古，西西里岛东海岸城市（译注）。

但在阿基米德时代，找到书写大数字的方法是一个伟大的发现，是对于数学学科的重大推进。

为计量填满整个宇宙的沙粒的数目，阿基米德需要了解宇宙有多大。在他的时代，宇宙被认为是一个镶嵌有星星的水晶球，与他同时代的著名天文学家，萨摩斯的阿瑞斯塔克斯（Aristarchus）估计，地球到天球边缘的距离是 10 000 000 000 个体育场[1] 长度，或大约 1 000 000 000 英里。

相比天球的体积与沙粒数量，阿基米德完成了一系列足以吓到高中生的噩梦一般的计算，最终得出结论：

"显然，根据阿瑞斯塔克斯估计的天球的大小，宇宙能装下的沙粒的数目不会超过一千万个第八阶单位。"[2]

值得注意的是，阿基米德估计的宇宙的半径是明显小于现代科学家观测的结果的。十亿英里的长度仅仅略微超出太阳到土星的距离。随后我们可以看到，目前通过望远镜已经探索到的宇宙大小有 5 000 000 000 000 000 000 000 英里，因而能够填满整个可观测宇宙的沙粒数量应当超过：

---

[1] 一个希腊的"体育场"的长度是 606 英尺 6 英寸或 188 米。

[2] 用我们的计数法表示：

　　一千万　　　第二阶　　　　第三阶　　　　第四阶

10 000 000 × 100 000 000 × 100 000 000 × 100 000 000 ×

　　第五阶　　　　第六阶　　　　第七阶　　　　第八阶

100 000 000 × 100 000 000 × 100 000 000 × 100 000 000

或简写为：10^{63}（1 后面 63 个 0）。

10^{100}（或者说 1 后面跟 100 个 0）。

很明显这要远大于宇宙中所有原子的数目——3×10^{74}（在本章开始时有所说明）。但我们不要忘记，宇宙并不是充满了原子，事实上平均每立方米的空间中才有一个原子。

不过我们并不需要通过做诸如将整个宇宙充满沙粒这样极端的事情来得到很大的数。事实上这些大数可能会突然出现在一些很简单的问题中，那些你根本想不到会遇上超过几千的数字的问题。

印度的舍罕王就曾在大数的问题上吃过亏。根据古老传说的记载，他想要赏赐宰相西萨·班·达伊尔（Sissa Ben Dahir）（图 2），因其发明并进贡了国际象棋游戏。这位宰相的要求看似很简单："陛下，"他跪在国王面前，"请在棋盘的第一格摆一粒麦子，第二格摆两粒麦子，第三

图 2

宰相西萨·班·达伊尔——一位富有经验的数学家，向印度的舍罕王寻求赏赐。

格摆四粒麦子，第四格摆八粒麦子。陛下，如此往下，每往后一格的麦子数目都比前一格多一倍，直到摆满六十四格为止。"

"爱卿，你要求得不多。"国王说，他暗喜自己对这个神奇游戏的发明者赏赐礼物的开明提议并没有用掉他很多的宝藏库存，"你一定会如愿以偿的。"他命人拿来一袋小麦。

于是，当数麦粒的工作开始，第一格放一粒，第二格放两粒，第三格放四粒，但在达到第十二格所占的数目之前，袋子就空了。

更多袋的小麦被带到国王面前，但越往后的格子所需的麦粒的数目增长越是迅速，很快，他们发现整个印度的小麦产量都不能够满足他对西萨·班·达伊尔的许诺。要放满所有的格子需要 18 446 744 073 709 551 615 粒小麦！[1]

在算数中，一列后一个数是前一个数的固定倍数（在本例中这个倍数是2）的数列被称为几何级数。可以证明，这样的级数的各项之和，等于固定倍数（在本例中为2）的项数次幂（在本例中为64）减去第一项（在本例中为1），除以固定倍数与1的差。可以这样表示：

$$\frac{2^{63} \times 2 - 1}{2-1} = 2^{64} - 1$$

用具体的数字表示是：

18 446 744 073 709 551 615。

这个数不比宇宙中所有的原子的数目大，但也是足够可观了。假

---

[1]　聪明的宰相要求的麦粒的数目可以表示为如下的形式：$1+2+2^2+2^3+2^4+\cdots$ $+2^{62}+2^{63}$。

设一蒲式耳[1]的小麦包括大约 5 000 000 粒麦粒，那么想要满足西萨·班·达伊尔的要求需要 40 000 亿蒲式耳的小麦。而世界上小麦每年的平均产量大约在 20 亿蒲式耳，大宰相要求的小麦数目需要世界维持 2000 年这样的小麦产量！

舍罕王发现他欠了宰相很大一笔债，他要么面对这笔无穷无尽的债务，要么砍下宰相的头。我们怀疑他选择了后者。

另一个大数扮演主角的故事也来自印度，是有关"世界末日"的。波尔（W.W.R.Ball）是一位爱好数学的历史学家，用下述文字讲述了这个故事：[2]

在贝拿勒斯（Benares）[3]标记有世界之中心穹顶之下的圣殿当中放置了一块黄铜板，上面固定着三根金刚石针，每根长一腕尺（一腕尺约合 20 英寸，约 45 厘米），大约有蜜蜂的身体那么粗。在创世纪时，梵天[4]于其中一根针上自下而上放置了从大到小 64 片纯金片，最大的位于最下面，这就是梵天塔。值班的僧侣夜以继日地将金片从一根针移到另一根针上，根据梵天的永恒之律，僧侣一次只能移动一片，并且要保证不能有小的金片在大的之下（图 3）。当 64 片金片全部从梵天创世时放置的那根针转移到另一根针之后，这座塔、庙宇、梵天和众生都将回归尘土，伴随着一声霹雳，世界也将消失。

---

[1]　蒲式耳，欧美使用的计量谷物和水果的体积单位，约合 8 英制加仑，即 36.37 升。

[2]　波尔，《数学游戏和论文》（*Mathematical Recreations and Essays*，麦克米兰公司，纽约，1939）。

[3]　贝拿勒斯，印度北部城市，印度教的圣地。

[4]　梵天，印度教的创造之神（译注）。

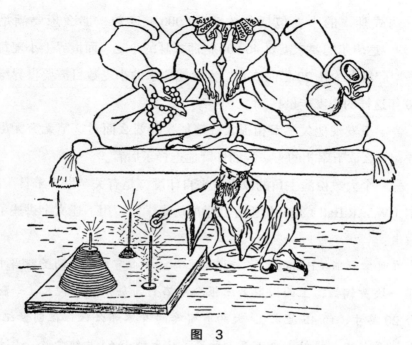

图 3

　　一位僧侣正在巨大的梵天雕像前，在"世界末日"的问题旁忙碌。图中画出的金片数量比 64 要少，因为难以画出那么多片。

　　图 3 是故事所描述的内容的图画，当然图画中的金片的数量要少一些。你也可以用纸板片替代金片、长的铁钉替代金刚石针，自己制作这样的智力游戏。

　　根据移动金片的要求不难发现，每移动一片金片到另一根针上所需的移动次数，是移动上一片所需的移动次数的 2 倍。移动第一片仅需一步，但移动之后的金片的步数就将以几何级数增加，因而第 64 片移走之后总的次数将和西萨·班·达伊尔要求的麦粒数量一样！[1]

那么，移动梵天塔上的全部 64 片金片的时间是多久呢？假设僧侣们日夜工作毫无休假日，且每秒移动一次，而一年大约有 31 558 000 秒，那么换算下来大约需要 580 000 亿年的时间才能完成全部的工作。

将这个纯属传说的预言和现代科学的预测对比一下还是很有意思的。根据现代的关于宇宙演化的理论，恒星、行星，都诞生于大约 30 亿年前的无形物质之中。我们还知道，给恒星，尤其是给太阳提供能量的"原子燃料"还能维持 100 亿~150 亿年。因而我们的宇宙的年龄总共也没有超过 200 亿年（参见"创世之日"一章）[2]，根本没有这个印度传说里的 580 000 亿年那么长。当然，这也不过是个传说罢了。

文学作品中提到的最大数恐怕要属大名鼎鼎的"印刷行数问题"了。假设我们制造了一台能持续一行行印刷的印刷机（图 4），每行都能够通过替换字母或印刷符号来得到不同的组合。这样的机器包含有一系列外缘上刻有字母和符号的圆盘。这些圆盘将以类似于汽车上的里程计数器那样的方式装配，每当一个圆盘滚动一圈就会带动下一个

---

[1] 如果我们只需要移动 7 片金片，最少需要：$1+2^1+2^2+2^3+\cdots$，

或 $2^7-1=2\times2\times2\times2\times2\times2\times2-1=127$ 次。

如果你迅速且没有失误地完成移动，需要大约 1 小时来完成这个任务。

当总共有 64 片时，移动全部所需的最少次数是：

$2^{64}-1=18\ 446\ 744\ 073\ 709\ 551\ 615$

这和西萨·班·达伊尔要求的麦粒数量一样。

[2] 目前天文学家的结论是宇宙的年龄大约有 138.2 亿年，而太阳的年龄大约有 45.7 亿年，预计太阳还能继续燃烧 50 亿 ~ 60 亿年。作者创作本书时的天文学发展还未到今天的层次，因而对宇宙的认识不如当今（译注）。

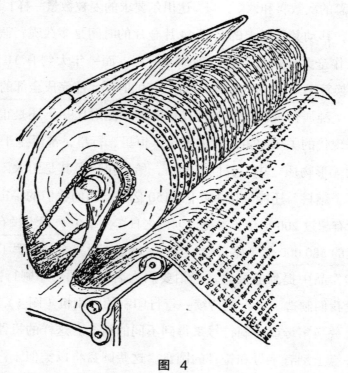

图 4

一台自动印刷机刚刚印出一行莎士比亚的名句。

圆盘向前滚动一个符号，来自纸卷的纸张会自动送到圆盘滚筒下印刷。这样的自动印刷机应该不难制造，它的一种造型如图 4 所示。

让我们开动机器，然后查看印刷出来的无尽的行列，其中的大部分毫无意义。它们可能长这样：

"aaaaaaaaaaaa…"

或

"boobooboobooboo…"

抑或：

"zawkporpkossscilm…"

但既然这台机器能打印出所有可能的字母和符号的组合，我们可以发现，在这些各种各样的无意义的句子垃圾中也能够找到有用的句子。

当然，有些句子有意思但是没有意义，比如：

"horse has six legs and…"（马有六条腿和……）

或

"I like apples cooked in terpentin…"（我喜欢用松节油煎的苹果……）

但随着更仔细的搜索，我们能找到莎士比亚写的每一句话，甚至他扔进废纸篓里纸上的句子！

事实上这种自动印刷机能印出所有人自会写字后写出的每一句话——每一篇散文、每一首诗、每一篇报纸上出现的社论和广告、每一卷厚重的学术论文、每一封情书、每一条订奶单……

除此之外，这台机器还能印出未来世纪里将要印出的词句。在滚筒下转出的纸张上，我们将发现 30 世纪的诗篇、在未来成为现实的科学发现、将在第 500 届美国国会上读出的演讲稿、公元 2344 年的行星际交通事故的统计记录。印刷出的纸上将有一篇篇尚未被创作的短篇故事和长篇小说，而出版商只需在他们的地下室里放上这样一台机器，然后在印刷出的大量垃圾中寻找好词句出版即可——他们现在也差不多是这么做的呀。

那为什么这无法完成呢？

好吧，我们来数一数，为得到所有的字母和印刷符号组合需要多少行。

英语字母表中有 26 个字母，10 个数字，14 种常用符号（空格、句号、逗号、冒号、分号、问号、感叹号、破折号、连字符、引号、省略号、小括号、中括号、大括号），共计 50 个字符。我们还假设这台机器有 65 个圆轮，表示每行有 65 个字符位。每行的开始都有 50 种字符的可能，每种可能的下一位都再有 50 种可能；这总共就是 $50 \times 50 = 2\,500$ 种可能。然而前两位字符的每一种组合我们都再对应 50 种第三位字符的选择，之后的第四位同理。最后整个句子的排列可以表示为：

$$\overbrace{50 \times 50 \times 50 \times \cdots \times 50}^{65 \ 次}$$

或

$$50^{65}$$

约等于

$$10^{110}$$

为感受这个数字的巨大，我们把宇宙中的每个原子都想象为一台印刷机，那么我们就有 3×10^{74} 台同时工作的机器。进一步假设所有的机器都从宇宙创始时开始工作，它们工作了 30 亿年之久，或者说 10^{17} 秒，以原子振动的频率印刷，也就是每秒 10^{15} 行。那么到现在它们应该打印出了大约 $3 \times 10^{74} \times 10^{17} \times 10^{15} = 3 \times 10^{106}$ 行——大约只有所需总量的万分之三。

显然，想在这些自动印刷的材料中做任何的选取都要花费相当长的时间！

2. 如何计数无穷大

在前一节里我们讨论了数字，其中的许多都是相当大的数。但即使是这些数字巨大，例如西萨·班·达伊尔要求获得的麦粒数是令人难以置信的大，它们也是有限的，在时间足够长的情况下总能写到它的最后一位。

也有些数字真的是无限的，比我们能写出的任何数都要大。因此"所有数字的数目"显然是无穷大的，"一条线段上的所有几何点的数目"也一样。那么，有没有什么办法可以描述它们而不只是说它们是无穷大的，或者说，有没有可能举个例子，比一比两个不同的无穷大，看哪一个"更大"？

"所有数字的数目相比一条线上所有点的数目是大还是小？"这样的问题有意义吗？这个乍看有些荒诞的问题，著名数学家乔治·康托尔（Georg Cantor）最先思考过，他确实可以被称为"无穷大数算数"的奠基人。

当我们想要讨论无穷大数是更大还是更小时，我们面临的问题是，需要比较我们既不能命名又不能写下的数字，这时我们就像一位正在查看自己的宝箱中是玻璃珠多还是铜币多的霍屯督人，但是你应该还记得，霍屯督人数不了比 3 大的数。那他会因为数不了大于 3 的数而放弃比较玻璃珠和铜币的数目吗？显然不可能。如果他足够聪明，他会通过一个一个比较玻璃珠和铜币来得到答案。

他会把一粒玻璃珠放在一块铜币旁边，另一粒玻璃珠放在另一块铜币旁边，然后继续下去……如果玻璃珠用完了而铜币还有，他便知道铜币更多，反之玻璃珠更多，如果都用完了就是一样多。

康托尔提出了完全一致的方法来比较两个无穷大的数：假使我们能将两个无穷大里的成分一一配对的话，如果没有剩余成分，就说明两个无穷大是一样的。但如果这样的安排是无法进行的，其中一个无穷大中有成分剩余，我们就说这个无穷大比另一个更大，或者说更强。

这显然是最合理的，也是唯一可行的比较无穷大的数量的方法。但当我们准备实际套用它的时候我们会再大吃一惊。举个例子，奇数和偶数都是无穷多，你会自然而然地觉得这两个无穷大是一样大的，即奇数和偶数一样多，这和上述的法则也完全一致，因为一对一配对这些数字可以得到：

1	3	5	7	9	11	13	15	17	19	...
2	4	6	8	10	12	14	16	18	20	...

在这里每一个偶数都与一个奇数配对，反之亦然，因此偶数的无限多与奇数的无限多一样大。这是显而易见的！

下面哪个数目你认为更大：所有整数的数目，包括所有偶数和奇数，还是只有偶数的数目？你当然会说所有整数的数目更大，因为它既包含了偶数，还包含了奇数。但这只是你的印象，为了得到准确的答案你还是要套用上面比较两个无穷大的法则。

然而，如果你用了这个法则你就会惊诧地发现你的印象是错的。事实上，当一一配对所有整数和偶数时：

1	2	3	4	5	6	7	8	...
2	4	6	8	10	12	14	16	...

根据我们的比较无穷大的法则，我们必须承认，偶数数目的无穷大和整数数目的无穷大是一样大的。这听起来与常理相悖，因为偶数只是整数的一部分，但我们必须记住，当我们和无穷大数打交道的时

候，我们必须准备好面对意想不到的性质。

实际上在无穷大的世界里，部分可能和整体相等！这一点或许最适合用关于德国著名数学家大卫·希尔伯特（David Hilbert）的一个故事来阐述。据说他在关于无穷大的课堂上将无穷大的这种似是而非的性质用下面的话表述出来：[1]

我们来想象一家拥有有限多房间的宾馆，并假设所有房间都已经有人入住。一位新的房客到来，询问是否有空房。"很抱歉，"房东说，"房间已满。"现在我们再想象一家拥有无限多房间的宾馆，全部住满。同样有位新房客来询问房间。

"当然没问题！"房东说，他将原来住在 $N1$ 房间的房客移到 $N2$ 房间，$N2$ 房间的房客移到 $N3$ 房间，$N3$ 移到 $N4$，如此类推……最终新房客住进了 $N1$ 房间，一切都好。

我们再来想象一家拥有无限多房间的宾馆，房间全部住满，然后来了无限多数量的新房客询问房间。

"当然，先生们，"房东说"稍等一下即好。"他将 $N1$ 房间的房客移到 $N2$，$N2$ 房间的移到 $N4$，$N3$ 的移到 $N6$，如此类推……

"这样一来所有奇数号的房间都空出来了，无限多数目的房客就可以入住了。"

当然，因为身处世界大战之中，即使是在华盛顿也很难想象希尔伯特所描述的情况，但这个例子举得恰到好处，它告诉我们无穷大数

---

[1] 本段引自：《希尔伯特轶事全集》（*The Complete Collection of Hilbert Stories*），库兰特（R. Courant）著。他的这段话从未被印刷出来，甚至从未写下来过，但在其他的书籍里广为流传。

图 5
一名非洲土著和乔治·康托尔教授正在比较超过他们计数能力的数字。

的性质与普通数字的算数法则大不相同。

　　根据康托尔的比较两个无穷大数的法则，我们还能证明所有的普通算数分数，如 $\frac{3}{7}$ 或 $\frac{735}{8}$ 的数目与所有的整数的数目相同。事实上我们可以使用下面的规则来排列分数：我们先写下分子和分母之和为 2 的分数，即 $\frac{1}{1}$；然后是和为 3 的分数：$\frac{2}{1}$ 和 $\frac{1}{2}$；然后是和为 4 的分数：$\frac{3}{1}$，$\frac{2}{2}$，$\frac{1}{3}$，如此往下。按照这样的方式操作我们就能得到一列包含所有能想到的分数的数列（图 5）。现在在这个数列之上写下整数的数列，你会发现这两个数列是一一对应的。这说明分数和整数的数量是一样多的！

　　"嗯，这很棒，"你会说，"但这不就表明所有的无穷大数都相等了吗？如此一来，这还有什么可比性吗？"

不，事情并不是这样的，人们很容易找出比所有整数或者分数的数目更大的无穷大数。

事实上，如果考虑一下本章前面提到的一条线段上的点的数目与所有整数的数目的比较，我们会发现这两个无穷大是不一样大的，一条线段上的点的数目要比整数或分数的数目多得多。为证明这一点，我们尝试建立一条 1 英寸长的线段上的所有点和整数数列的一一对应的关系。

这条线段上的每一点都可以描述成这一点到线段的末尾的距离，而这个距离可以写成无限小数的形式，如 0.735 062 478 005 6… 或 0.382 503 756 32…[1]。因而我们需要比较所有整数的数目和这些所有可能的无限小数的数目。那么上面给出的无限小数和普通算数分数，例如 $\frac{3}{7}$ 或 $\frac{8}{227}$，有什么区别呢？

在学过的算术课上你需要记得，一些分数都可以被转化为无限循环小数，比如，$\frac{2}{3}$=0.666 66…=0.$\dot{6}$，$\frac{3}{7}$=0.428571|428571|428571|4…=0.$\dot{4}$285 7$\dot{1}$。我们已经通过上文证明了所有普通算数分数的数目与所有整数的数目相同，所以所有无限循环小数的数目与所有整数的数目相同。但是线段上的点并不只是对应无限循环小数，在大部分情况下我们得到的无限小数里的数字没有任何规律可言。显然这轻易就证明了"一一对应的关系"是无法得到的。

假设有人声称建立了这样的对应关系，并且它长得像这样：

N

1　　0.386 025 630 78…

2　　0.573 507 620 50…

---

[1] 这些小数都小于一，因为我们已经假定线段的长度是 1（英寸）。

3   0.993 567 532 07…
4   0.257 632 004 56…
5   0.000 053 205 62…
6   0.990 356 385 67…
7   0.555 227 305 67…
8   0.052 773 656 42…
…   ……

　　当然，既然不可能把无穷多的整数和无限位数的小数全部写出来，上述的声明意味着此人发现了某种普遍规律（就像我们用来排列普通分数的一样），根据这个规律他写出了上面这张表，而这个规律可以保证每个小数都迟早会出现在表上。

　　不过，我们不难证明这种声明是靠不住的，因为我们总是能写出这张无限的表里不包含的无限小数。如何做到呢？这很简单，只要写下第一位小数不同于表里 N1 的小数的第一位的，第二位小数不同于 N2 的第二位的，如此类推。最后你得到的数字会长这样：

　　这个数不在这张表里，无论你往下看多少项。其实如果表的作者

告诉你，你写的这个小数在表里的第 137 号（*N*137，或其他任何一号），你可以立即反驳："不，这两个小数不同，因为它们的第 137 位小数是不一样的。"

因此线段上的点和整数数目之间一对一的对应关系是不可能建立的，这就说明线段上点的个数比所有整数或分数的数目更大，或者说更强。

我们之前讨论的是"1 英寸长的"线段上的点，但根据我们的"无穷大算数"，显而易见，任何长度的线段都服从这一规律。事实上，1 英寸、1 英尺、1 英里长的线段上的点的数目都是一样多的。为证明这点我们可以看一下图 6，它比较了两条不同长度的线段 *AB*、*AC* 上的点的数目。

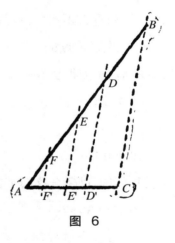

图 6

为建立两条线段上的两点之间的一一对应关系，我们可以画无数条 *BC* 的平行线，这些线各交 *AB* 和 *AC* 于一对点，比如 *D* 和 *D'*，*E* 和 *E'*，*F* 和 *F'*，等等。这样一来，*AB* 上的每个点就都对应有 *AC* 上的一个点，反之亦然。因此根据无穷大的规则，这两条线段上（即 *AB*、*AC*）无穷多的点的数目是一样多的。

其实随着对无穷大的研究，一个更令人惊诧的结论可以表示为：一块平面上的点的数目与一条线段上的点的数目是一样多的。为证明这点，我们可以以一条长 1 英寸的线段 *AB* 与正方形 *CDEF* 为例（图 7）。

假设线段上给定的某点，数值是
0.751 203 86…，我们可以把这个数分成两
个小数，选取其偶数位和奇数位的小数，
然后分别拼在一起，我们可以得到：

0.710 8…

和

0.523 6…

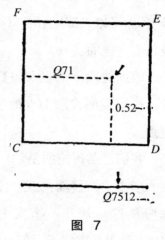

图 7

在正方形里测量这两个数字分别对应
的水平和垂直距离，然后把得到的点称为
线段上的原始点的"对应点"。反之，如
果我们在正方形里有一个点，位置可以表述为：

0.483 5…

和

0.990 7…

我们可以通过融合这两个数字，获知其在线段上的"对应点"是：

0.498 930 57…

显然这个过程建立了——对应的关系。线段上的每一点都有它在
正方形里的对应点，正方形里的每一点也有它在线段上的对应点，没
有剩余的点。根据康托尔的准则，正方形里的点的个数的无穷大数与
线段上的点的个数的无穷大数是相等的。

通过类似的方式我们也能轻易证明，表示一个立方体里的点的个
数的无穷大数与表示正方形里的点的个数的无穷大数，或者表示线段
上的点的个数的无穷大数是一样多的。为证明这点，我们只需要把原

来的小数分成三个部分[1]，然后用这三个新的小数来描述正方体里的"对应点"的位置。

另外，和两条不同长度的线段上的点的数量相同的情况一样，不同尺寸的正方形和立方体里的点的数目也是一样的，无论它们有多大。

然而，所有几何点的数目，尽管它们比整数和分数的数目大，但并不是数学家已知的最大的无穷大数。事实上数学家发现，所有曲线的样式的数量总和，包括那些最奇异的形状，是比几何点的总数更大的"社群"，因此它们必须要用第三级的无穷数列来表示。

乔治·康托尔——"无穷大算数"的创造者，将无穷大数用希伯来字母 N [读作阿莱夫（Alef）] 表示，在其右下角标注一个数字表示无穷大的等级。如此一来，数列（包括无穷大数）的表示形式便是这样的：

$1，2，3，4，5，\cdots，N_1，N_2，N_3，\cdots$

我们说"一条线上有 N_1 个点"，或者说"有 N_2 种不同的曲线"，正像我们说"世界有 7 大洲"或"一盒扑克牌有 52 张"[2] 一样。

在总结关于无穷大的讨论之时，我们需要指出只要几个等级就能涵盖我们能想到的一切无穷大的情况。我们知道 N_0 表示所有整数和

---

[1]　比如：
　　　0.735 106 822 548 312…
　　　我们分成
　　　0.718 53…
　　　0.302 41…
　　　0.562 82…

[2]　52 张没有包含大小王（译注）。

分数的数目，N_1 表示所有几何点的数目，N_2 表示所有曲线样式的数目，但迄今为止还没有人想到任何能用 N_3 表示的确切的无穷大物体的集合（图 8）。

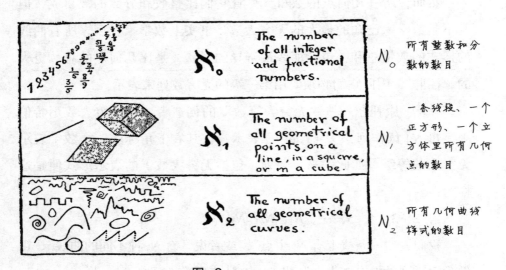

图 8

前三个无穷大数。

已有的三个无穷大看似已经足以计数所有我们能想到的无限多的物体，并且我们发现，我们已经完全不像我们的老朋友霍屯督人那样了——他们甚至连第四个儿子都数不出来！

第二章 自然数和人造数

1. 最纯粹的数学

数学通常被人们，尤其被数学家，认为是一切科学之皇后，而贵为皇后，它自然不能屈尊于其他的知识分支。因此，在一次"纯粹数学和应用数学联合会议"上，大卫·希尔伯特被要求发表一次公开演讲，来缓和两组数学家之间的敌对情绪，他这样开场：

"我们经常听到有人说，纯粹数学和应用数学是相互对立的。这是不对的。这两者过去不曾对立，将来也不会对立。纯粹数学和应用数学不应对立，因为，事实上，两者没有任何相通之处。"

但尽管数学热衷于保持纯粹性，远离其他的科学，其他的科学却喜欢数学，尤其是物理，一直在尝试尽可能地"亲善"数学。事实上，几乎纯粹数学的每一个分支现在都能够被用来帮助解释物理宇宙里的这个或那个现象。其中包括诸如抽象群、不可逆代数、非欧几何这样的总是被认为是最纯粹的、最不适宜拿到应用层面的准则。

但是，当今数学还有一个大的系统尚未被发现有任何实际的用途，除了用来模拟一场智力体操，它真的可以荣膺"纯粹之皇冠"，这就是所谓的"数论"（这里是指整数）。它是纯粹数学里最古老的也是最错综复杂的思想产物。

奇怪的是，数论作为数学领域中最纯粹的分支，从某方面来说却是一门经验科学，甚至可以说是实验科学。事实上它的大部分定理都是依靠"用数字去做些什么"来建立的，正如很多物理学定律是依靠"物体去做些什么"而得到的一样。并且同物理学的一些定律一样，数论中的某些命题已经"通过数学方法"证明，而其他的一些仍是纯粹来源于经验，至今仍让最杰出的数学家头疼。

举个有关质数的问题的例子。

质数是不能被除了 1 和它本身之外的任何数除尽的数，1、2、3、5、7、11、13、17…，都是质数[1]，而例如 12 就不是，因为它可以被拆分成 2×2×3。

质数的数量是无限的，还是存在一个最大的质数，在它以上的任何数都可以表示成质数的乘积呢？欧几里得（Euclid）最先考虑了这个问题，他给出了一个非常简单而优美的证据，证明质数的数目是无穷无尽的，没有所谓的"最大的质数"。

为研究这个问题，我们不妨假设质数是有限多的，并用 N 表示最大的质数。现在我们将所有质数相乘，然后加上 1。我们可以这么写：

$$(1×2×3×5×7×11×13×…×N)+1$$

---

[1] 当今数学界认为质数和合数的定义范围是 2 及以上的整数，1 既不是质数也不是合数，但如果不把 1 算作质数，那下文的内容就无法解释了（译注）。

显然这个数比"最大的质数"N要大多了。但显而易见的是，这个数不能被除了1以外的任何一个质数（直到N）除尽，因为根据创造这个数的方式可以发现，用任何一个质数去除它都会剩下1。

因此这个数要么也是个质数，要么能整除它的质数就比N还要大，这两种情况都与"N是最大的质数"这一假设相违背。

这种证法叫作反证法（reductio ad absurdum），是数学家最爱用的工具之一。

我们一旦知道了质数的数目是无限大的，就会很容易问出口：有没有一种简便的方法能让我们一个不漏地列出所有的质数？

最早由古希腊哲学家、数学家埃拉托斯特尼（Eratosthenes）提出的一种实现这个问题的方法，名为"过筛"。在这个方法中，你需要做的是写下完整的整数列表，1，2，3，4，…，然后筛掉所有2的倍数，3的倍数，5的倍数，…。前100个整数经过埃拉托斯特尼的筛之后，情况如图9所示。

这里总共包含26个质数。使用上述的简单的过筛方法，我们已经建立了10亿以内的质数表。

但如果有更简单的方法，只要一个公式，就能迅速而自动地找到所有的质数，而且只有质数就好了。但数个世纪以来，关于这个公式的努力均宣告失败。

1640年，法国著名数学家费马（Fermat）认为他发明出了这样一个能只算出质数的公式。

在他的公式$2^{2^n}+1$里，n取自然数，1，2，3，4，…。

通过这个公式我们发现：

$2^{2^2}+1=5$

图 9

$$2^{2^2}+1=17$$

$$2^{2^3}+1=257$$

$$2^{2^4}+1=65\,537$$

每个算式的结果事实上都是质数。但在费马公布公式约一个世纪之后，德国数学家欧拉（Euler）指出，费马的第 5 个式子 $2^{2^5}+1$ 得到的结果 $4\,294\,967\,297$ 不是质数，它是 $6\,700\,417$ 和 641 的乘积。费马的计算质数的经验公式是错的。

另一个值得一提的计算质数的公式是:

$$n^2-n+41$$

n 取 1,2,3,等。当 n 取 1~40 时,代入得到的结果都是质数,但很不幸,当 n 取 41 时就错得离谱了。

$$(41)^2-41+41=41^2=41 \times 41$$

得到的是一个平方数,而不是质数。

另一个尝试产生质数的公式:

$$n^2-79n+1601$$

直到 n 取 79 时得到的都是质数,但在 n 取 80 时就不行了。

因此,寻找只给出质数的普遍公式的问题至今仍未解决。

另一个既未得到证明,也未得到证伪的数论定理的有趣例子,是 1742 年被提出的哥德巴赫(Goldbach)猜想,即任何偶数都可以表示为两个质数之和[1]。

从一些简单的例子来看,这是显而易见的,比如:12=7+5,24=17+7,32=29+3。但在做了大量的有关这个猜想的工作之后,数学家依旧不能得到确定的证明,同时也无法给出任意一个反例。

在 1931 年,苏联数学家施尼勒尔曼(Schnrrelman)朝向最终的证明成功迈出了建设性的第一步——他证明了每个偶数都可以表示为不超过 300 000 个质数的和。而施尼勒尔曼的"三十万个质数的和"和翘首

---

[1] 哥德巴赫最早在写给欧拉的信中提出的是,任何一个大于 2 的整数都可以表示为三个质数的和。在现代数学定义 1 不是质数之后,哥德巴赫猜想的现代形式,是任何一个大于 5 的整数都可以表示为三个质数的和。本文提到的猜想是经欧拉进一步思考后提出的等价版本,又名"关于偶数的哥德巴赫猜想",或"强哥德巴赫猜想"(译注)。

以盼的"两个质数的和"之间的鸿沟，在不久之后被另一位苏联数学家维诺格拉多夫（Vinogradoff）大大缩短了，他将其缩减到"四个质数的和"。但从维诺格拉多夫的"四"到哥德巴赫的"二"的最后两步似乎是最艰难的，没人知道跨出这两步需要再花几年还是几个世纪的时间。

好吧，我们与一个能自动给出任意大小的质数的公式似乎还遥不可及，甚至我们都没法保证能否推导出这样一个公式。

我们来讨论一个更小一点的问题——在给定范围内的质数的比例有多大？当数字范围越来越大的时候，这个百分比会不会更趋近于一个常数？如果不是，它会增加还是减少？我们可以用经验方法来回答这个问题：直接数数表里的质数。

通过计数我们发现，100 以内有 26 个质数，1000 以内有 168 个，1 000 000 以内有 78 498 个，1 000 000 000 以内有 50 847 478 个。将质数数目除以整数数目，我们得到下表：

范围 1~N	质数数目	比例	$\dfrac{1}{\ln N}$	百分比 / %
$1\sim10^{2}$	26	0.260	0.217	20
$1\sim10^{3}$	168	0.168	0.145	16
$1\sim10^{6}$	78 498	0.078 498	0.072 382	8
$1\sim10^{9}$	50 847 478	0.050 847 478	0.048 254 942	5

这张表首先显示了，当整数范围增大时，质数的相对数量逐渐减少，但没有减少到没有质数的情况。

有没有一种简单的方法可以用数学形式表达这种整数范围增大时质数的比例减少的情况呢？当然有，并且这个有关质数平均分布的规律已经成为整个数学学科领域最引人注目的发现之一。这条规律可以简单表示为：在 1 到 N 的范围中，质数所占的比例约等于 N 的自然对数的倒数[1]。N 越大，比例越接近。

上表的第四列是 N 的自然对数的倒数。如果你将其和前一列的数值做对比的话，你会发现两者之间的差距很小，而且 N 越大差距越小。

与数论中的其他很多定理一样，上述的质数理论最先是通过经验发现的，在很长一段时间内都没有得到严格的数学证明。直到 19 世纪末，法国数学家阿达马（Hadamard）和比利时数学家德拉瓦莱普森（de la Vallee Poussin）才终于证明了它，因为证明方法过于复杂，在这里就不赘述了。

提到整数就不得不提到费马大定理，尽管它和质数没有什么必然的联系。这个问题可以追溯到古埃及，那里的每一个好木匠都知道边长之比为 3:4:5 的三角形必然包含一个直角。事实上古埃及人就将这种三角形——现称埃及三角形——作为木匠的三角尺。[2]

3 世纪时，亚历山大里亚城[3]的丢番图（Diophantes）[4]开始思考是不是只有 3 和 4 这两个整数的平方和等于另一个整数的平方。他证明了有其他的整数符合这样的性质（实际上有无穷多个），并给出了找到它们的一般规律。这种三边长都是整数的直角三角形现在被称为毕达

---

[1] 简单来说，自然对数可以被定义为常用对数（$\log_{10}N$）乘以 2.3026。

[2] 在小学几何中，毕达哥拉斯证明了这一点：$3^2+4^2=5^2$。

[3] 亚历山大里亚城：即现在的亚历山大城（译注）。

[4] 丢番图：古希腊数学家，最先使用符号来代替文字表达，并在数论、代数方程解法等方面均有重要贡献。代表作：《算数》（译注）。

哥拉斯[1]三角形（pythagorean triangles），埃及三角形是其中的第一个。建立毕达哥拉斯三角形的问题可以简单表示为如下代数等式，其中 x，y 和 z 都必须是整数[2]：

$$x^2+y^2=z^2$$

1621 年皮埃尔·德·费马（Pierre de Fermat）在巴黎购买了丢番图所著的《算数》（*Arithmetica*）的法文译本，其中就探讨了毕达哥拉斯三角形。他在阅读时，在空白处批注了 $x^2+y^2=z^2$ 有无限多的整数解，而形如

$$x^n+y^n=z^n$$

的等式，当 n 大于 2 时，则不再有整数解。

"我想到了证明这一点的绝妙方法，"费马补充道，"但书页的空白处写不下了。"

费马去世后，这本丢番图的书在他的图书馆被发现，空白处的批注随之举世而闻。

---

[1] 毕达哥拉斯（Pythagoras）：公元前 580 年—前 500（490）年，古希腊数学家、哲学家，主要成就有毕达哥拉斯定理（勾股定理）等（译注）。

[2] 根据丢番图的一般规律（取两个数 a 和 b，使得 $2ab$ 是完全平方数。$x=a+\sqrt{2ab}$，$y=b+\sqrt{2ab}$，$z=a+b+\sqrt{2ab}$，然后就有 $x^2+y^2=z^2$，这用普通的代数很容易验证），我们可以建立一个包含所有解的表，开头几个如下：

$3^2+4^2=5^2$（埃及三角形）

$5^2+12^2=13^2$

$6^2+8^2=10^2$

$7^2+24^2=25^2$

$8^2+15^2=17^2$

$9^2+12^2=15^2$

$9^2+40^2=41^2$

$10^2+24^2=26^2$

这已经是 3 个世纪之前[1]的事了，自此之后，各国顶级的数学家都在设法重建费马在空白处写下批注时想到的证明，但直到现在也尚未发现有成功者。

可以肯定的是，数学家在追寻终极目标的过程中已经有了相当大的进展，数论中的全新概念——"理想理论"[2]，也在证明费马理论的尝试中诞生了。欧拉证明了 $x^3+y^3=z^3$ 和 $x^4+y^4=z^4$ 这两个方程不存在整数解，狄利克雷（Dirichlet）[3]证明了 $x^5+y^5=z^5$ 也是如此，经过众多数学家的联合努力，我们现在已经得到 n 小于 269 时费马的方程没有整数解的结论。但对任意的 n 均成立的一般证明尚未得出[4]，而越来越多的人开始怀疑，费马其实并没能做出证明，或者是在他的证明中什么地方出错了。

为获得解法，曾有人悬赏 10 万德国马克，这使得费马大定理轰动一时——尽管那些冲着金钱而来的业余爱好者并没有获得过什么进展。

费马大定理的确有可能是错误的，只要能找到某两个整数的某一次幂等于第三个整数的相同次幂的反例即可。但考虑到这样的例子要

---

[1] 本作成书于 20 世纪，故原文为 "3 个世纪之前"。后文中的类似内容不再作批注（译注）。

[2] 理想理论是抽象代数中环论下的一个理论，因较为复杂，有兴趣的读者可以自行研究，建议从抽象代数的基础，如群论开始慢慢了解（译注）。

[3] 狄利克雷，德国数学家，科隆大学博士，历任柏林大学和格廷根大学教授。柏林科学院院士。是解析数论的创始人，对函数论、位势论和三角级数论都有重要贡献。主要著作有《数论讲义》《定积分》等（译注）。

[4] 1995 年，英国著名数学家安德鲁·怀尔斯完成了费马大定理的证明，所以下文的内容已经没有意义了（译注）。

在幂次大于 269 的情况下找，难度可是不容小觑啊。

2. 诡秘的 $\sqrt{-1}$

现在我们来接触一点更深入的算术。

二二得四，三三得九，四四十六，五五二十五，因此，四的算术平方根是二，九的算术平方根是三，十六的是四，二十五的是五。[1]

但负数的算术平方根又会是什么呢？诸如 $\sqrt{-5}$ 和 $\sqrt{-1}$ 这样的表达形式有意义吗？

如果你尝试从理性的角度去考虑，一定会毫无疑问地得出结论：上述的表达形式毫无意义。引用 12 世纪数学家布哈斯克拉（Bhaskara）的话说："正数和负数的平方都是正数。因此，正数的平方根有两个，一个是正数，一个是负数。负数没有平方根，没有负数是平方数。"

但数学家们是固执的，当一些没有意义的东西出现在他们的公式里时，他们会想尽一切办法赋予这些东西意义。显然负数的平方根总是会出现在各种情况中，无论是在困扰过去数学家的简单的算术问题中，还是在 20 世纪相对论理论框架下的关于时空统一的问题里。

第一位将看似没有意义的负数平方根写入公式的勇士是 16 世纪意大利数学家卡尔丹（Cardan）。在讨论"将 10 分成两部分，使得这两部分的乘积为 40"的可能时，他指出，尽管这个问题没有任何正有理数解，但可以用这样两个不可能的数学式表示：$5+\sqrt{-15}$ 和

---

[1] 其他数字的平方根也很好计算。例如 $\sqrt{5}=2.236\cdots$，因为 $2.236\cdots\times2.236\cdots$ $=5$；$\sqrt{7.3}=2.702\cdots$，因为 $2.702\cdots\times2.702\cdots=7.3$。

$5 - \sqrt{-15}$。[1]

尽管卡尔丹对这两个算式持保留意见，因为它们是没有意义的、虚构的、想象的，但他还是写了下来。

既然有人敢于写下负数的平方根——虽然这可能是虚构的，但将10拆分成两个所需的部分的问题确实得到了解决。封住负数平方根的坚冰已然被敲开，这个被卡尔丹命名为虚数的平方根正越来越频繁地被数学家使用，尽管这种使用方式总是招致怀疑，或者需要正当理由。

在1770年出版的由著名德国数学家欧拉[2]所著的代数书中，我们找到了更多使用虚数的例子，但是他又留下了这样的评语："一切形如$\sqrt{-1}$、$\sqrt{-2}$的表达式，都是不可能的，或者说是虚无的，因为它们表达的是负数的平方根，对于这样的数字我们只能断言，它们既不比任何数大，也不比任何数小，它们的组成是虚无的。"

尽管存在这些责难和非议，虚数在数学中还是成了像分数一样不可或缺的存在，如果没有它，数学的发展将寸步难行。

事实上，虚数更像是实数在镜子中的幻象，而且正如所有的实数都可以由基础数字1产生，所有的虚数也可以由虚数单位$\sqrt{-1}$产生，我们用符号i来表示这个单位。

---

[1] 证明如下：

$(5 + \sqrt{-15}) + (5 - \sqrt{-15}) = 5 + 5 = 10$，

$(5 + \sqrt{-15}) \times (5 - \sqrt{-15}) = (5 \times 5) + 5\sqrt{-15} - 5\sqrt{-15} - (\sqrt{-15} \times \sqrt{-15}) =$

$(5 \times 5) - (-15) = 25 + 15 = 40$

[2] 现资料显示数学家欧拉为瑞士人。但他曾就职于柏林科学院，在德国生活了25年，并在此期间出版了他最著名的两部作品——《无穷小分析引论》和《微积分概论》（译注）。

如此一来，显而易见地，$\sqrt{-9}=\sqrt{9}\times\sqrt{-1}=3i$，$\sqrt{-7}=\sqrt{7}\times\sqrt{-1}=2.646\cdots i$，等，因此每个实数都有其相对应的虚数。你也可以把实数和虚数结合起来，用单一的表达方式，如卡尔丹最先写出的 $5+\sqrt{-15}$，就等于 $5+i\sqrt{15}$。这种混合体被称为复数。

自闯进数学领域以来，足足 2 个世纪，虚数仍旧披着神秘莫测、不可思议的面纱，然而，这层面纱最终被两位业余数学家——挪威测绘员韦塞尔（Wessel）和法国巴黎簿记员罗伯特·阿尔冈（Robert Argand）通过简明的几何表示方法揭开了。

根据他们的表示方法，一个复数，如 3+4i，其表示方式如图 10 所示，其中 3 表示水平方向的坐标，4 表示垂直方向的坐标。

所有的实数（正数或负数）都对应着水平轴上的点，所有的纯虚数都对应着垂直轴上的点。

当我们将一个表示水平轴上的点的实数，例如 3，乘以虚数单位 i，我们会得到纯虚数 3i，对应的是垂直轴上的一个点。因此，将任何实数乘以 i，其几何意义都相当于逆时针旋转了 90°（图 10）。

如果我们再给 3i 乘以 i，那么我们必须再逆时针旋转 90°，点的位置又回到了水平轴上，只不过是在负值的一端。因此有：

$3i\times i=3i^2=-3$，$i^2=-1$

当然，"i 的平方等于 -1"这个说法要比"连续两次旋转 90°（都是逆时针）你会得到相反的方向"容易理解得多。

混合的复数也同样服从这个规则。将 3+4i 乘以 i 我们得到：

$(3+4i)i=3i+4i^2=3i-4=-4+3i$

你立刻就能从图 10 里看出，-4+3i 的点是 3+4i 的点以原点为中心逆时针旋转 90° 的结果。同样，任何数乘以 -i，也不过是将其所代表

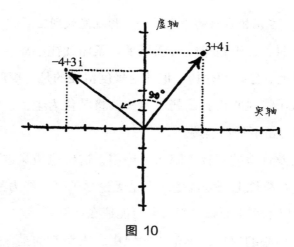

图 10

的点以原点为中心顺时针旋转 90°，这一点也可以从图 10 中看出。

如果你觉得虚数周围仍然笼罩着诡秘的迷雾，那就用一个包含虚数的简单的实际应用来驱散它吧。

曾有一位爱冒险的年轻人在他的曾祖父的文稿中找到了一卷羊皮纸，里面的内容揭示了一处神秘宝藏的位置。上面的指示说：

"航行到北纬 ＿＿＿＿＿，西经 ＿＿＿＿＿[1]，你就能找到一座荒岛。岛的北岸有一大片草地，其中种着一棵橡树和一棵松树[2]，除此之外你还能看到一个旧的绞刑架，它曾被用来绞死叛徒。从绞刑架的位置开始，向橡树走去，记下走了多少步。到达橡树之后右转 90°，再走相同数量的步数，在最后到达的位置钉下一根木桩。然后回到绞刑架的位置，向松树走去，同样记下走了多少步。走到松树之后左转 90°，也是走相同数量的步数，

----

[1] 经度和纬度的实际数值在文稿中是给出的，但本文将其隐去，以免这个秘密被传播出去。

[2] 基于上述理由，树的种类也被替换了。显然热带的藏宝岛屿上会有很多种类的树。

再钉一根木桩。在两根木桩的中点挖掘，你就能找到宝藏。"

指示简洁明了，于是年轻人就租了一条船驶往小岛。他找到了小岛，找到了草地、橡树和松树，但让他极度沮丧的是，绞刑架不见了。由于时间太久了，风吹雨打腐朽了木头，将其化为尘土，绞刑架原来所在的位置没有留下任何痕迹。

我们这位爱冒险的年轻人陷入了绝望，这份绝望又进而转化为了狂乱，他开始在草地上到处乱挖。可是无论尽了多少努力都是徒劳的，岛太大了！所以他空手而归，而宝藏可能还在那里。

这是一个伤心的故事，不是吗？但更令人伤心的是，如果他懂一点数学的话，尤其是知道虚数的用法的话，他可能就能拿到宝藏了。

我们来看看能不能帮他找到宝藏，尽管于他而言为时已晚。

假设岛是复数平面，过两棵树画一根轴（实轴），在两棵树的连线中点画垂直于两棵树的连线的另一根轴（虚轴）（图 11）。取两棵树之间一半的距离为单位长度，这样我们可以说，橡树在实轴上 -1 的位置，松树在 $+1$ 的位置。

我们不知道绞刑架在哪儿，就用希腊字母 Γ（大写的 gamma）表示它的虚拟位置，因为这个字母长得像绞刑架。既然绞刑架不一定在两根轴上，那么 Γ 就应当是个复数：$\Gamma = a+bi$，a 和 b 的意义在图 11 中有解释。

下面我们来做一些简单的计算，注意，要记得上文讲过的虚数乘法的规则。如果绞刑架在 Γ，橡树在 -1，它们之间的距离和方位就可以表示为 $(-1)-\Gamma = -(1+\Gamma)$。同理，绞刑架和松树之间的距离则表示为 $1-\Gamma$。为了旋转这两个距离——一个是顺时针旋转 $90°$（右转），一个是逆时针旋转 $90°$（左转），根据上文的规则，我们必须将其分别乘

以 –i 和 i，因而两根木桩的位置如下（图 11）：

第一根木桩：$(-i)[-(1+\Gamma)]+1=i(\Gamma+1)-1$

第二根木桩：$(+i)(1-\Gamma)-1=i(1-\Gamma)+1$

因为宝藏在两根木桩连线的中点，我们需要将两个复数加起来乘上 $\frac{1}{2}$，于是有：

$\frac{1}{2}[i(\Gamma+1)+1+i(1-\Gamma)-1]=\frac{1}{2}[+i\Gamma+i+1+i-i\Gamma-1]$

$=\frac{1}{2}(+2i)=+i$

图 11

利用虚数的寻宝之旅。

　　我们发现在这个过程中绞刑架未知的位置 Γ 已经相消了，那么无论绞刑架在哪里，宝藏必然都在 +i 的位置上。

　　因此，如果我们那位爱冒险的年轻人懂得做这么一点点数学计算的话，他就根本不必挖掘整座岛，只需要在图 11 所预测的位置找寻宝藏即可，宝藏肯定就在那儿。

　　如果你还是不相信找到宝藏可以不必知道绞刑架的位置的话，你可以在一张纸上标注出两棵树的位置，然后假设几次不同的绞刑架的位置，按照羊皮纸上指示的方法去做。你一定会得到相同的点，那就是复数平面上 +i 的那个点！

　　另一个我们依靠 −1 的平方根这个虚数发掘出来的隐藏宝藏是：我们的三维空间和时间可以被统一进一个四维的图景中，这个四维图景是由四维几何学规律所支配的。我们会在接下来的章节里探讨这个发现，同时我们还将探讨爱因斯坦（Einstein）的思想和他的相对论理论。

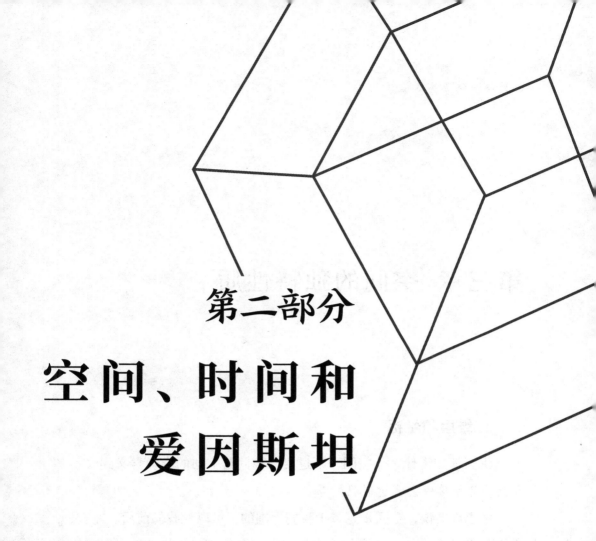

第二部分
空间、时间和
爱因斯坦

第三章 空间的独特性质

1. 维度和坐标

我们都知道什么是空间,不过要是被问起空间的准确含义到底是什么,恐怕你就会尴尬了吧?

你也许会说,空间是笼罩于我们周围的,可以让我们前后、左右、上下运动的存在。三个互相垂直的独立方向的存在,代表着我们居住的物理空间的最基本的性质。我们的空间是三个方向的,或者说,是三维的。空间中的任何位置都可以用这三个方向确定。

如果我们拜访一座陌生的城市,询问酒店前台一家知名商行的办公室所在地,职员会说:"向南走五个街区,右转再走两个街区,上七楼。"给出的这三个数字通常被称为坐标,在这个例子里指代的是城市街区之间、楼层之间以及与位于原点的酒店大堂之间的关系。显然,从其他任何地点也能给出前往同一目标地的方位,只需用新的坐标正确表达新的原点与目标之间的关系即可,而新的坐标也可以用旧的来表达,只需知道新旧坐标之间的位置关系,经过简单的数学代换就能获得。这个过程叫作坐标变换。

值得提醒的是，并非三个坐标都要数字才能表示某一距离，事实上，有时候用角度坐标要方便得多。

例如，纽约的街巷和大道的地址就常用直角坐标来表示，而莫斯科的地址则最好转换成极坐标——这座老城是围绕着位于中心的克里姆林宫建设的，街道从中心堡垒开始径向发散，并有数条同心圆大道环绕着中心。所以，说某幢房子"位于克里姆林宫西北偏北方向二十个街区远"，这样的描述就很正常。

另一个关于直角坐标和极坐标的经典例子，就是美国海军部大楼和位于华盛顿特区的美国国防部五角大楼，相信参与过二战的人对它们应该都很熟悉。

图 12 给出了用三种坐标系统表示空间中的点的位置的例子，其中有的是用距离表示的，有的是用角度表示的。但无论我们选择哪种坐标，我们都需要三个数据，因为我们存在于三维空间。

以我们的三维空间概念，我们很难想象比三维更高的超空间的样

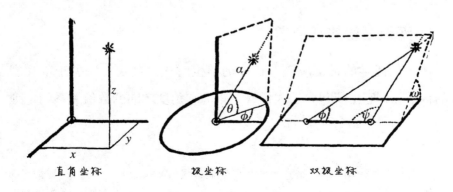

直角坐标　　　　极坐标　　　　双极坐标

图 12

子（尽管我们将在后文看到，这种空间是存在的），不过我们很容易想象比三维低的子空间的样子。一个平面、一个球面或者任何平面，都是一个二维子空间，因为平面上的点只需要用两个数字来描述。与之类似的，一条线（直的或者弯曲的）是一维子空间，线上的一点只需用一个数字就可以描述。我们还可以说一个点是零维子空间，因为一个点上不可能出现两个不同的位置。不过，谁还在乎点呢！

作为三维生命体，我们发现理解线和面的几何性质非常容易，因为我们能"从外面"观察它们，而对三维空间的类似性质的理解就困难得多，因为我们是它的一部分。这就解释了为什么你可以理解"曲"线和"曲"面，却很难接受"三维空间也能弯曲"这个说法了。

不过，在经过一点点实践之后，当你理解了"曲率"这个词的真正含义时，你就会发现"弯曲的三维空间"这个概念确实很简单，而且到下一章的末尾，你甚至能（我们希望！）对"弯曲的四维空间"——这个第一眼看上去很可怕的概念——侃侃而谈。

但在讨论那些之前，我们先来尝试一些有关三维空间、二维平面和一维曲线的事实的脑力体操吧。

2. 无须测量的几何学

你对几何学的记忆应该来自你的学生时代，这是一门关于空间度量的科学[1]，它主要包含了大量有关距离和角度之间的数值关系的定理

---

[1] 几何学（geometry）的名字来源于两个希腊词汇 ge=earth（土地），或者说地面，meterin=to measure（测量）。显然在构造这个词时，古希腊人的兴趣点在他们的房地产上。

（比如毕达哥拉斯定理就是关于直角三角形三条边之间的关系的），然而事实上，与空间有关的大部分基本性质并不需要借助长度或角度的测量来规范。几何学里有关这些内容的分支叫作拓扑学[1]（analysis situs/topology）[2]，它是数学领域中最具刺激性的，也是最难的分支之一。

下面来举一个典型的关于拓扑学问题的简单例子。假设有一个完全闭合的几何面，例如一个球面，用一组线将其划分成一些单独的区域。你可以准备一张图，上面画着一个球，在球上随意取一些点，用不交叉的线连接这些点。那么，这些点的数目、连线的数目和区域的数目之间有什么联系呢？

首先，如果我们将这个球体压成一个南瓜状的扁球体，或者拉长成黄瓜那样的长条，显然点、线、面的数量是不会改变的（图13）。

事实上，我们可以取任何形状的闭合曲面，像随意挤压一个橡皮

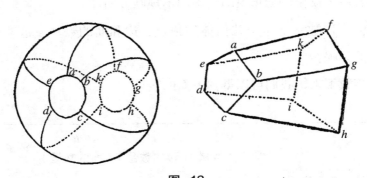

图 13

一个被划分成几块的球体变换成一个多面体。

---

[1] 拓扑学是研究几何图形或空间在连续改变形状后还能保持不变的一些性质的学科。它只考虑物体间的位置关系而不考虑它们的形状和大小（译注）。

[2] 这个词在拉丁语和希腊语中的意思均为对位置的研究。

气球一样，只要不割破或撕裂它，上述问题的形式和解法都不会有丝毫的改变。这个事实表明，拓扑学中存在的数值关系与常规的几何学（例如线性维度的尺度、平面区域的表面积和几何体的体积之间的关系）有所不同，两者之间形成了鲜明的对比。当然，如果我们把一个立方体拉成了平行六边形，或者把球体压成了一个薄饼的话，这种关系也会出现严重的扭曲。

现在，让我们把这个被划分成了数个区域的球面按区域展平，使得这个球体变成一个多面体，这样一来划分边界的线就变成了多面体的棱，而原来的那些点变成了多面体的顶点。

这样我们之前的问题就能转化为（本质上却没有改变）"一个任意形状的多面体中，顶点、边和面之间的关系"的问题。

图 14 给出了五个正多面体，它们的每一面都有相同数量的边和顶点，还有一个仅仅依据想象画出来的不规则多面体。

我们可以数一下每个几何体的顶点、边和面的数量，这些数量之间有何关系呢？

直接数下来，我们可以得到下面的表格。

名称	V （顶点的数量）	E （边的数量）	F （面的数量）	$V+F$	$E+2$
正四面体（金字塔形）	4	6	4	8	8
正六面体（正方体）	8	12	6	14	14
正八面体	6	12	8	14	14
正二十面体	12	30	20	32	32
正十二面体	20	30	12	32	32
"畸形体"	21	45	26	47	47

起初，表格中的三列（V、E 和 F）数字似乎没有确切的联系，但在稍做研究之后你会发现，V 列加上 F 列总比 E 列多 2。因此可以写下这样的数学关系式：

$$V+F=E+2$$

那么，这个关系是只存在于图 14 给出的五个特定的正多面体中，还是对任何多面体都适用呢？如果你尝试画一下其他不同于图 14 的多面体，数它们的顶点、边和面，你会发现这个关系是普遍适用的。显而易见，$V+F=E+2$ 是拓扑学中一条普适的数学定理，这个关系表达式与边长、面积的测量没有关系，只与涉及的不同几何单元（就是顶点、边和面）的数目有关。

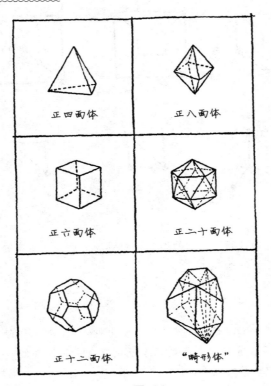

图 14

五个正多面体（它们只能是这样的形状）和一个"畸形体"。

　　我们刚刚发现的关于多面体顶点、边和面的数目的关系最早被17 世纪法国著名数学家内奈·笛卡尔（René Descartes）注意到，而针对它的严谨证明则是后来由另一位数学巨擘欧拉完成的，这个定理被命名为欧拉定理。

　　以下是欧拉定理的完全证明，引自古朗特（R. Courant）和罗宾斯（H. Robbins）的著作《什么是数学？》（*What Is Mathematics?* ）[1]，大家可以看看这项定理是怎么被证明的：

　　"为证明欧拉的公式，我们可以把给定的一个简单多面体想象成一个橡皮薄膜制成的中空体（图 15a），如果把这个中空多面体的一面切

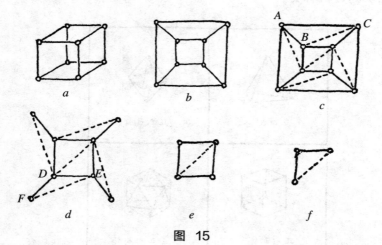

图　15

　　欧拉定理的证明。这里的图是特别对一个正方体而言的，但它适用于其他任何多面体。

[1]　笔者对古朗特和罗宾斯博士以及牛津大学出版社对再现以下段落的准许表示感谢。对本书中提出的拓扑学的基本范例有兴趣的读者可以在《什么是数学？》中找到更详尽的说明。

掉，我们就可以扭曲剩下的几个面的形状，直至其展开成一个平面（图 15b）。当然，这样一来每一面的面积和棱与棱之间的角度都会发生改变，但这个平面上的顶点和网状的边的数量仍然与原来多面体的顶点和边的数量相同，而多边形的数目则要比原来多面体的面的数目少 1，因为我们切掉了一个面。

现在我们可以用 $V-E+F=1$ 来表示这个平面网络内的关系，因而，如果算上被切掉的面，对于多面体而言，其结果就是 $V-E+F=2$。

"首先，我们将这个平面网络以如下形式'三角形化'：给不是三角形的多边形加一条对角线。这样的作用是将 E 和 F 各增加 1，$V-E+F$ 的值不变。我们继续画对角线，直到整个图形包含的全部是三角形（图 15c）。这个三角形网络中 $V-E+F$ 的值，与将其划分为三角形之前是相等的，因为增添对角线并没有改变这一数值。

"有些三角形的边在这个平面网络的边界上，它们中有的只有一条边在边界上，例如△ ABC，而另一些则有两条边在边界上。我们将这些'边界三角形'中不同时属于其他三角形的边去除（图 15d）——即在△ ABC 中，我们移除边 AC 和整个面，只留下顶点 A、B、C 和边 AB、BC；在△ DEF 中，我们移除整个面，以及两条边 DF、FE 和顶点 F。

"对△ ABC 式的三角形的移除，使得 E 和 F 各减去 1，而 V 不受影响，因而 $V-E+F$ 的值不变；对△ DEF 式的三角形的移除，使得 V 减 1，E 减 2，F 减 1，最后 $V-E+F$ 的值依旧保持不变（图 15e）。

"在进行了一系列这样的操作之后，我们一步步地去除了在边界上有边的三角形（每次移除都会改变下一次的可选项），直到最后只剩下一个三角形——三条边、三个顶点和一个面（图 15f）。在这个最简单的平面网络中，$V-E+F=3-3+1=1$。

"我们可以发现，随着三角形的去除，$V-E+F$ 的值从未改变。因此在最初的平面网络——那个缺少了一个面的多面体中，$V-E+F$ 的值也必然等于 1。所以我们可以总结，在一个多面体中，$V-E+F=2$。这就是欧拉的公式的完整证明。"

从欧拉的公式得到的一个有趣的推论是，只可能存在五种正多面体，也就是图 14 中给出的那五种。

仔细钻研一下前几页的讨论，你可能会注意到，在画出图 14 里的"各种各样的"多面体，和用数学方法证明欧拉定理时，我们做了一个隐藏假设，导致我们对多面体的选择受到了限制——我们受限于只能选择没有任何洞眼的多面体。这个洞眼指的不是类似撕开橡皮气球得到的洞，而是像甜甜圈或者橡胶轮胎中间的那种闭合的、连通两个相对面的洞。

粗看一眼图 16 你就会清楚了。这里有两个几何体，和图 14 里给出的一样，也是多面体。

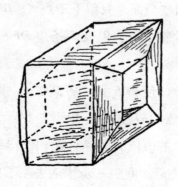
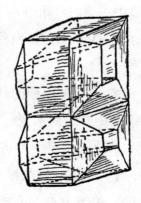

图 16

两个有洞眼的立方体，第一个有一个洞眼，第二个有两个。它们的面不都是矩形，但对于拓扑学而言，这一点是无所谓的。

我们来看看欧拉定理对这两个新的多面体是否适用。

于第一个而言，我们数出来总共有 16 个顶点、32 条边、16 个面，因此 $V+F=32$，而 $E+2=34$。于第二个而言，有 28 个顶点、46 条边、30 个面，因此 $V+F=58$，而 $E+2=48$。这又错了！

为什么会这样呢？我们得到的欧拉定理的普遍证明，为什么在这两个例子里就不适用了呢？

问题在于，我们可以把之前考虑的多面体看作足球球胆或气球，而新给出的中空多面体却更像是橡胶轮胎或者更复杂的橡胶制品。

数学证明无法应用于这种新型的多面体，因为我们无法对其进行证明过程中的几项必要的操作，即"将中空多面体的一个面切去，变形剩下的面直至其展开在一个平面上。"

如果你拿来一个足球球胆，用剪刀剪去其表面的一块，再完成上述的要求，这是没有困难的。但你不能用一个橡胶轮胎实现这一点，无论你怎么做。如果图 16 还不足以让你信服的话，就拿一个轮胎自己试试吧！

但你不要认为这种更复杂的多面体的 V、E 和 F 之间就不存在关系，关系是有的，只是不一样罢了。对于甜甜圈类型的，或说得更科学点，对环面类型的多面体而言，这三者之间的关系满足 $V+F=E$；而对于"椒盐脆饼"形[1]的多面体而言，这三者则满足 $V+F=E-2$。总而言之可以概括为：$V+F=E+2-2N$，其中 N 是洞眼的个数。

另一个与欧拉定理密切相关的典型拓扑学问题就是"四色问题"。

---

[1] 椒盐脆饼（pretzel）是深受欧美地区的人喜爱的一种零食，形状有点类似麻花（译注）。

　　假设有一个球面，上面被划分出一些独立区域，需要我们给这些区域上色，要求是要满足任何两块相邻的区域（就是有公共边界的那些）的颜色都不相同。那么，想要完成这项任务所需的颜色种类最少是多少？

　　很明显，只有两种颜色是不够的，因为当有三条边界相交在一点时（例如图 17 中美国的弗吉尼亚州、西弗吉尼亚州和马里兰州的地图），我们需要给这三个州填充不同的颜色。

　　需要四种颜色的例子（德国占领奥地利时的瑞士地图）也不难找到（图 17）。[1]

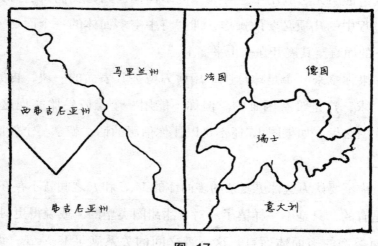

图　17

左：马里兰州、弗吉尼亚州、西弗吉尼亚州的地图。
右：瑞士、法国、德国和意大利的地图。

---

[1]　在德国占领奥地利之前三种颜色就够了：瑞士涂绿色，法国和奥地利涂蓝色，德国和意大利涂黄色。
　　作者写作此书时正经历第二次世界大战，在战前纳粹德国吞并了奥地利（因为奥地利是希特勒的故乡），所以书中有这样的说法（译注）。

但无论你如何尝试，你永远都无法想象出一个需要超过四种颜色才能满足上述要求的地图，无论是在球面还是在平面[1]上。似乎无论我们将地图设计成多复杂的样式，四种颜色都足以帮我们区分出一条边界两边的国家。

好吧，如果上面的结论是对的，那我们理应可以通过数学方法来证明它，可惜历经几代数学家的努力都没能得出证明结果。这是一个无人存疑，但又无人能够证明的数学问题的典例。已经有人用数学方法证明了五种颜色是足够的，这是目前为止最接近的成果。这个证明是基于欧拉关系得出的，已经应用于国家数、边界数，以及三个、四个等多个国家彼此相邻的点的个数的计算。

在此我们不再对五色理论给出证明，因为它过于复杂，加之对其进行讨论证明已经远远偏离了主要的话题，不过有兴趣的读者可以在很多拓扑学的书籍中找到关于它的证法，然后花一个愉快的夜晚（可能会是个不眠之夜）去研究它。

如果有哪位能够证明不需要五种颜色，只要四种颜色就足够了，或者对这一结论的真实性存疑，并成功画出一幅四种颜色还不够用的地图，只要能达成这两者之一的成就，那么他的名字就将被铭记于接下来数个世纪的纯粹数学史册上。

无比讽刺的是，在球面或平面上至今仍没能得出解法的填色问题，在例如甜甜圈形或者椒盐脆饼形这种更复杂的几何面上却被轻易解

---

[1] 填色问题在平面上和在球面上的情况是相同的，因为当球面填色的问题被解决之后，我们只要在某个区域开一个小洞，将球面"摊开"在平面上就行了。这还是一个典型的拓扑学变换。

开了。

例如，已经有确凿的证明表明，在甜甜圈形状的表面上任意划分区域，仅需要七种颜色即可满足任意两个相邻区域不重色这一要求，而事实上也确实如此。

如果想再费点脑筋的话，大家可以拿一个充气的轮胎和七种不同色的颜料，然后尝试给轮胎表面的区域上色，使得每个区域周围的颜色都不同。在完成这些操作以后，他就可以说"我对甜甜圈形状心里有数了"。[1]

3. 将空间翻个面

至此我们讨论的都是曲面，也就是二维子空间的拓扑学性质，而对于我们存在的三维空间，我们同样能问出相似的问题，不过在三维环境下的地图填色问题就转化为：我们要用不同材料的物质拼成一块镶嵌体，以保证任意两个相邻的物体都是不同材料的，这又需要多少种材料呢？

将球面或者环面的填色问题类比到三维空间会是怎样的情况呢？我们能否设想出一些特殊的三维空间来对应普通的三维空间，就像球面、环面与平面的对应关系一样呢？

乍一看这些问题似乎没有意义。事实上，就算我们能轻松想出各式各样的表面，我们还是会倾向于相信三维空间只有一种，也就是我们所熟知的这个我们生活的空间。然而这样的观点是危险的谬见。只要我们放飞想象力，我们就能想出与欧几里得的几何教科书里所研究

---

[1] "甜甜圈"和"轮胎"都是指中间凹陷的多面体形状（译注）。

不尽相同的三维空间。

我们之所以会难以想象出这种区别于常规认知的三维空间，是因为我们本身就是三维生物，我们只能从"内部"观察这个我们所生活的空间，而无法像观察二维曲面那样，可以从"外部"观察。但只要动动脑，我们就能轻而易举地征服这些问题。

我们先建立一个性质类似球面的三维空间模型。球面的主要性质就是它没有边界，但它的面积是有限的，它只不过是旋转一圈之后自己闭合了。那么我们能不能设想一个与之类似的，同样是体积有限但没有边界的闭合的三维空间呢？设想两个被限制在球面当中的球体，就像被苹果皮包裹的苹果那样。

现在我们来想象，让这两个球体"互相穿过"，并且使它们的外表面结合在一起。当然我们不是说把两个像苹果这样的实体互相挤压使它们互相穿过对方，它们的外表皮就能粘在一起——就是把苹果挤碎了它们也不可能互相穿透啊！

或者我们干脆想象一个被虫子咬出错综复杂隧道的苹果。

设想有两只虫子，一只是白的，一只是黑的，它们互相憎恶，不会进入对方的隧道，因而两条隧道互不相通，尽管它们的起点位置可能非常靠近。被这样两只虫子啃食的苹果最终可能就像图 18 这样，拥有两条布满整个苹果内部、彼此紧密缠绕的隧道网络。

然而，尽管白虫和黑虫的隧道靠得非常近，但若想从其中一座隧道迷宫去往另一座，只能先回到苹果表面。

继续想象，如果两条隧道变得越来越细，也越来越复杂，最终整个苹果内部都会被两个重重叠叠的独立空间彻底填充，而它们彼此隔绝，只在表面相连接。

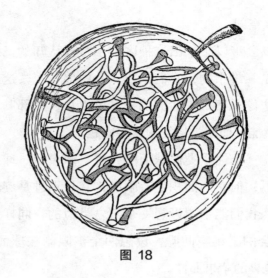

图 18

　　如果你不喜欢虫子，你可以参考在纽约举办的上一届世界博览会
（简称世博会）[1]上的一个标志性的球形建筑里的双走廊双楼梯系统。里
面的每一组楼梯都能够穿过整个建筑，但想要从第一组楼梯到达第二
组楼梯，哪怕是邻近的两个位置，都需要到位于球面上的两组楼梯的
交会处，再进入第二组楼梯。也就是我们说的，两个球体互相重叠但
互不妨碍，即使你的朋友离你很近，但你想要见到他，和他握手，你
就必须走很长的路！

　　需要说明的是，两组楼梯的交会处的构造与球内的任何一点并无
不同，你完全可以将整个结构变形，将在外的交会处压到里面，而把
球内的点外翻到球的表面。除此之外还要注意，尽管在我们的模型里
两组楼梯的长度是有限的，但却不会存在"死胡同"，你在走廊或者楼

[1]　本书初版写作的时间是第二次世界大战刚结束，纽约于 1939 年举办了世博
　　会，之后第二次世界大战爆发，世博会停办，因而说"上一届"（译注）。

梯中穿行时不会撞到墙或者栅栏。如果你走得足够远，你将会发现自己又回到了起始点。

假使从外部观察整个结构，你可以说：一个人穿过了迷宫，最后又回到了他的出发点，这不过是因为走廊的方向逐渐扭转了。但对于身处其中的人来说，他们不会有"外部"的概念，于他们而言，空间就是一个有大小而无边界的存在。我们将在下一章看到，这种没有明显边界又并非无限大的"自封闭三维空间"，在讨论宇宙的整体性质时是非常有用的。

事实上，即使是在当今望远镜有限的观测下，我们对深空的观测结果也表明，那里的空间似乎开始弯曲了，空间表现出弯折回来并最终形成封闭空间的趋势，正如我们举的苹果那个例子中被虫子吃出来的隧道一样。但在探讨这些令人激动的问题之前，我们还需要了解空间的一些其他性质。

我们与苹果和虫子的故事还没完，下一个问题是——有没有可能把一个被虫蛀过的苹果变成一个甜甜圈？当然，我们不是说让它的味道变得和甜甜圈一样，而是要它的形状和甜甜圈一样。我们在讨论的是几何学，不是厨艺。

现在我们回到前面讨论过的双苹果的例子，也就是拿两个新鲜的苹果，让它们"互相穿过"，彼此的表皮"粘在一起"。假设一条虫子在其中一个苹果里咬出了一个宽敞的环形隧道，如图19所示。注意，是在其中一个苹果里，这样隧道外的每一点就都是同属两个苹果的双重点，而隧道内只有那个没被虫子咬过的苹果的物质（指果肉、果核等）。现在我们的"双苹果"有了一个由隧道的内表面组成的自由面（图19a）。

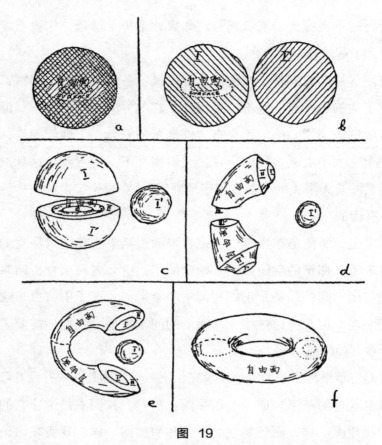

图 19

如何将一个被虫蛀过的双苹果变成一个完好的甜甜圈。这不是
魔术，这只是拓扑学！

你能将这个坏了的苹果变换成一个甜甜圈吗？当然，前提是我们
要假设这个苹果的材料是可塑的，你可以将其揉成各种形状，只要不
出现裂口就行。为了便于操作，我们可以将苹果切开，不过等解构结
束之后我们还是需要将其粘回去。

我们先去除将"双苹果"结合在一起的皮质，然后将它们分离开
来（图 19b）。我们将本来就没有连在一起的两个苹果的表面分别命名

为 I 和 I'，以便于在接下来的操作中进行标记区分，这样我们在结束之前就可以把它们重新粘在一起了。现在，把虫蛀过的部分沿着隧道切成两半（图 19c）。这样又多出了两对新的表面，同样地，为了方便之后将它们粘起来，我们将其命名为 II、II' 和 III、III'。这一步操作也将自由面暴露了出来，它也即将成为甜甜圈的自由面。

现在，将切开的两部分拉成图 19d 显示的样子。自由面被拉伸成很大的面积（根据我们的假设，这种材料就是可以任意拉伸的），相应地，被切开的面 I、II 和 III 的面积就缩小了。另外，我们在对"双苹果"中的一个苹果进行操作时，还需将另一个缩小到樱桃大小。现在，我们已经做好了将几个部分粘在一起的准备了。

首先，我们可以轻松地将 III 和 III' 粘到一起，得到的形状如图 19e 所示。然后将缩小的那一个苹果放在上一步得到的钳形结构的两端之间，将两端合起来。这样，被缩小的球面 I' 就能和切开的面 I 粘在一起了，而被切开的面 II 和 II' 也自然地重新粘在了一起。最终我们获得了一个顺滑、精致的甜甜圈。

做上面这些有什么用呢？

说实话，没什么用。这只是为了给你的想象几何学能力做一点锻炼罢了，这种脑力体操会加深你对弯曲空间和闭合空间这类不寻常的东西的理解。

如果你还想让你的想象力跨越一大步，这里倒是有一个针对上述操作的"实际应用"。

其实你的身体也具有甜甜圈的结构，只是你可能从没想过这一点。实际上，在每个生命诞生的极早期（胚胎阶段），都会经过一个名为"胚囊"的阶段，它是球状形态，中间有一条宽阔的通道，食物从一端进入，其中有用的物质被身体消化吸收，剩余部分就从另一端被排出。随着生命体的发育，这个通道会变得更细更复杂，但基本原理依旧如故——甜甜圈形的几何性质没有变。

好吧，既然你也是甜甜圈，那就试试用图 19 的逆向方法变换你的身体（只是想想！），使自己成为一个有内部隧道的"双苹果"。你会发现你身体里重重叠叠的部分会构成"双苹果"的主体，而整个宇宙，包括地球、月亮、太阳和恒星，都被挤进了"苹果"中的环形隧道内！

你可以试着把你想象的样子画出来，如果你能画得很好的话——萨尔瓦多·达利（Salvador Dali）[1] 大概都会称赞你是超现实主义绘画的权威了！（图 20）

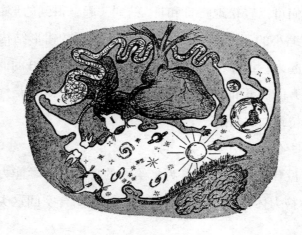

图 20

"翻过来的宇宙"。这幅超现实主义的画作表现的是一个行走在地球表面的人仰望星空的场景。原图经图 19 中演示的方式进行了拓扑学变换，因而地球、太阳和星星都被包裹进人体内的狭窄通道中，被他的内部器官所包围。

---

[1] 达利是 20 世纪西班牙著名画家，他的作品以超现实主义风格为主，与毕加索和马蒂斯并称为 20 世纪最具代表性的三大画家，代表作《记忆的永恒》（译注）。

　　尽管已经说了很多了，但如果不讨论一下左手性和右手性物体，以及它们与空间的一般性质的关系，我们就还不能结束这一部分的内容。

　　这一问题从一副手套开始讲起会更好理解。

　　如果你对比一副手套中的两只（图21），你会发现两者虽然外表完全一致，但其实有很大区别——你不能把左手套戴在右手上，反之亦是如此。你可以随意旋转、扭曲它们，但右手套还是只能戴在右手上，左手套也只能戴在左手上。同样地，在鞋子、汽车的转向机构（美系车和英系车）、高尔夫球杆和其他很多东西上，也存在着左右手性。

　　相对而言，诸如礼帽、网球拍和其他很多东西就没有这样的区别——毕竟没人会傻到去订购一组左手专用的茶杯。如果有人要求你去

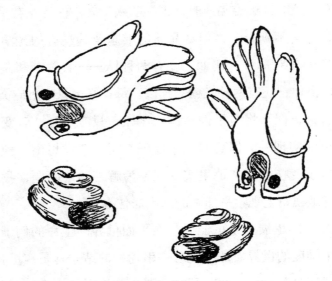

图 21

右手性和左手性的物体看上去很相似，但实际上大有不同。

找邻居借一把左手用的扳手的话，那他绝对就是在耍你。

　　这两类东西的区别在哪儿呢？只要稍微想一下你就会发现，像帽子或者茶杯这一类的物体，它们都是对称结构的，你可以沿着对称线将它们切成相等的两半。但手套或鞋子就不存在这样的对称结构，你无法将其切开成两个相同的部分。如果一个物体没有对称面，我们就说它是非对称的，它可以被分成两类——左手性的和右手性的。这种区别不仅存在于手套或者高尔夫球杆这些人造物体中，在自然界中也很常见。

　　例如，有两种蜗牛，二者在其他方面都完全一样，只是建造自己"房子"的方式有所不同：一种的壳是按顺时针方向螺旋的，另一种是逆时针的。甚至在分子这种组成一切物质的微粒中，也存在着与左手套和右手套、顺时针螺旋和逆时针螺旋的蜗牛壳一样的左右手性。

　　当然，你看不到分子，但从晶体的形态及其具有的光学性质上也能看出它们的非对称性。比如，就有两种糖——右旋糖和左旋糖。而且，信不信由你，还有两种吃糖的细菌，每种细菌只吃对应类型的糖。

　　如上所说，似乎将右手性物体，比如一只右手套，转变成左手性物体是不可能实现的。但真的是这样吗？能不能设想出一种奇妙的空间，让左右手变换能够在那里实现呢？为解答这个问题，我们需要先从高级的三维视角上观察平面中的扁平居住者。

　　如图22，图里展示了可能居住在平面世界的生命的例子——也就是只有两个维度的世界。那个提着一串葡萄的站立者是"正脸人"，因为他只有"正脸"，没有"侧面"。而那个动物则是一头"侧面驴"，更准确地说，是"右侧面驴"。当然我们也能画出"左侧面驴"，并且，因为它们都在平面上，所以从二维的视角来看，"左侧面驴"和"右侧

图 22

　　这是对一种居住在平面上的二维"阴影生命"的设想，这种二维生命不太"现实"。右边的人有正脸但没有侧面，他不能把手中的葡萄送到自己的嘴里。左边的驴子倒是很容易吃到葡萄，但它只能向右走，如果想向左走就只能倒退着走。虽然驴子倒退着走的情况并不罕见，但总而言之这种情况并不好。

面驴"之间的区别正如我们的三维空间中左右手套的区别一样，你不能将它们头并头地贴在一起，因为如果想要把它们的鼻子和尾巴分别贴在一起的话，你就必须将其中一只翻个四脚朝天，可是这样一来它就没法站立了。

　　但如果你将一头驴子从平面上拿出来，在三维空间中翻转它，再放回去，如此两头驴子就会是一模一样的了。

　　以此类推，我们可以说将一只右手套变成左手套的方法，就是将其从我们所在的空间中拿开，在第四维度中适当地旋转一下，然后再放回来。但我们的物理空间不具有第四维度，所以上述的方法恐怕是不可能实现了。那有没有别的方法呢？

好，我们再回到二维世界，但不再受限于图22那样的普通平面，而是研究所谓的"莫比乌斯面"的性质。

"莫比乌斯面"这个名字源于第一位研究它的德国数学家的名字。想要制作一个莫比乌斯面也非常容易，只要将一条纸带扭一下，然后再将其两端粘起来做成一个环就可以了。如图23那样。

这种面有很多诡异的性质，其中之一只需用一把剪刀将它沿着中线剪开（沿图23中的箭头方向），你就能轻易发现。显然，你会猜想这么做的结果无非就是把它剪开成了两个环。试一下吧，你会发现你的猜想完全错了：你还是只会得到一个环，而不是两个，只不过它的长度变成了原来的两倍，而宽度只剩原来的一半！

现在我们来看看如果"阴影驴"在莫比乌斯面上行走会发生什么吧。

假设它从位置1（图23）开始走——从这个位置看，它是一头"左

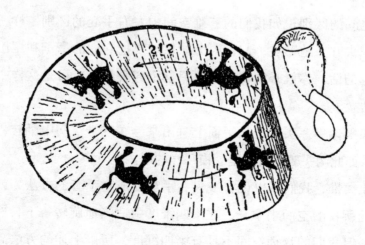

图　23
莫比乌斯面和克莱因瓶。

侧面驴"。它走啊走，经过了位置 2 和位置 3，你可以在图上清晰地看到，最终它又重新回到了它出发的位置。但无论是你还是它都会觉得奇怪，因为它现在正处在四脚朝天的尴尬境地（位置 4）。它自然可以翻个个儿，让腿着地，但这样一来它的头就朝向另一个方向了。

简而言之，只要在莫比乌斯面上转一圈，"左侧面驴"就可以变为"右侧面驴"了。

另外，别忘了，在这个过程中，这只驴子一直是留驻在平面上的，并没有到三维空间中进行翻转。因此我们发现，在扭曲的平面上，右手性的物体也是可以被转变成左手性的，反之亦然，只要让它们在这个扭曲面上走一圈就行了。图 23 所示的莫比乌斯环是另一种更为普通的表面的一部分，名为克莱因瓶（图 23 右侧）。它只有一个面，而且是闭合的，没有边界。如果这在二维平面上是可能的，那么在我们的三维空间中也一定存在着同样的情况，当然，这需要对空间进行一定的扭曲。我们无法像看"阴影驴"一样从外部看我们所在的空间，正所谓"不识庐山真面目，只缘身在此山中"。但"天文空间是封闭的，并且以莫比乌斯面的方式扭曲着"这件事并非不可能。

如果这是真的，那么，环绕宇宙一圈的旅行者将会带着一颗长在胸腔右边的心脏返回，而手套和鞋子的生产流程则会因此而简化很多——生产商们只需要生产一边的鞋子和手套，然后载着其中的一半环绕宇宙一圈，回来的时候它们就能和剩下的一半配成一对了。

伴随着这个奇妙的想法，我们结束了对奇异空间的不寻常性质的讨论。

第四章 四维的世界

1. 时间是第四维度

四维的概念总是笼罩着诡秘和猜疑。我们这些只有长、高和宽的生命怎敢谈论四维空间呢？集结我们三维人的全部智力去设想更高的第四维度，现实吗？

一个四维的正方体或球体是什么样的呢？当我们说"想象"一头鼻子喷火、长着长长的尾巴、满身鳞片的巨龙，或一架带有游泳池、机翼上建着一对网球场的超级客机时，你会自然地在脑海中描绘出这些东西的样子。而你绘出的这些图片的背景，仍是我们熟悉的，所有物体，包括我们自身都处在其中的三维空间。如果这就是"想象"一词的含义，那么在三维空间的背景下想象四维空间，这件事自然是不可能的，就好像我们也不可能将一个三维物体压到平面上一样。

且慢，从某种意义上来说，我们其实可以通过把它们画下来的方式，将三维物体"挤"到平面上。不过，不论是用何种方式，我们都不会通过水压机这样的物理方法来实现，而是通过几何"投射"，或者说，"造影"的形式来完成。

如图 24，你就能立刻明白这两种将物体（以马为例）挤压到平面上的方式的区别。

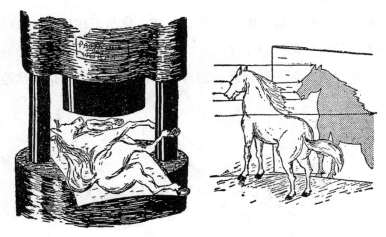

图 24
错误的和正确的将三维物体"挤压"到二维平面的方法。

用类比的方法我们可以说，我们虽然不能将四维物体完全"压进"三维空间里，但我们能将四维物体"投影"到我们只有三维的空间里。不过有一点你需要明白，如同三维物体的平面投影是二维的一样，四维的超物体投影到我们的正常空间后也应该是由立体形状来表示的。

为了更好地理解这个问题，我们先来设想一下居住在平面上的二维生命是如何看待三维立方体的——既然身为更高级的三维生命体，我们应该能够轻易地想到这一点。我们可以从第三个方向（相对于二维平面而言）居高临下地观察这些二维的世界。

将立方体"压进"平面的唯一途径是用图 25 所示的方法——将其

"投影"到平面上。旋转立方体，观测它不同形式的投影，如此我们的二维朋友们就能够多多少少得到一些"三维立方体"这种神秘的物体的性质。他们无法"跳出"他们所在的平面以我们的方式来看待这个立方体，只能观测它的投影，例如，他们可能会说，这个立方体有八个顶点和十二条边。请看图26，你会发现，你与正在检视立方体在平面上的投影的可怜的二维生命，处在完全相同的境地。事实上，图片里这个正被一家人惊诧地研究着的古怪的复杂结构，正是四维超立方

图 25
　　二维生命正诧异于一个三维立方体在他们所处的表面上投下的影子。

体在我们普通的三维空间中的投影。[1]

仔细检查这个物体，你会很快发现，它和困扰着图 25 中的阴影生物的物体有着一样的性质：普通的立方体在平面上的投影呈现出两个正方形，其中一个正方形位于另一个的内部，它们顶点与顶点相连；而超立方体在普通空间中的投影也是由两个立方体构成的，同样是一个在另一个的内部，同样是顶点与顶点相连，这两种情况是类似的。数一数，你会很容易发现，超立方体总共有 16 个顶点、32 条边和 24 个面。好一个正方体，不是吗？[2]

现在我们来看看四维球体长什么样。为了搞明白这个，我们不得不把目光转到一个更熟悉的例子上，也就是普通的球体在平面上的投影。

图 26

一位来自四维的访客！这是一个四维超立方体的直接投影。

---

[1] 更准确地说，图 26 给出的，是四维超立方体在我们的空间中的二维纸面上的投影。

[2] 如果没数明白，请接着往下看，后面你会明白的（编注）。

例如，设想一个透明的地球仪，表面绘有大洲和海洋，将其投射到一面白墙上（图 27）。

在投影中，两个半球显然会重叠在一起，并且从投影的角度看，你会认为纽约（美国）到北京（中国）的距离很短，但这只是假象而已。事实上，投影上的每个点都表示实际在球面上两个相对的点。一架从纽约飞往北京的航班，如果是在投影的球面上移动，那么它就要先到达平面投影的边缘，再以相同的路径返回。尽管两条航线在投影图像上是重叠的，但其实它们位于地球仪上相对的两面，所以即使相遇也不会发生碰撞。

这就是普通的球体在平面上投影的一些性质。

再发挥一下想象力，你就能够想出四维超球体投影到三维空间中的样子了。

普通球体在平面上的投影是两个重叠放置的扁平的圆盘（点对点），它们的外沿相连，由此可以联想出，超球体的空间投影也一定是两个球体互相贯穿，并且外表面相连。但我们已经在前一章讨论过这

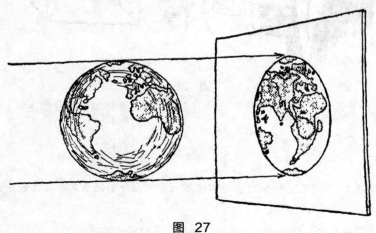

图 27
地球仪的平面投影。

种特别的结构了，当时是作为与封闭球面类似的封闭三维空间的例子而提出的。因而我们在这里要补充的是，四维球体的三维投影只不过是我们讨论过的，两个外表皮完全长在一起了的连体双胞胎苹果而已。

以此类推，用类比的方法我们就可以找出四维物体的许多其他性质，尽管我们无论如何都不可能在我们的物理空间中"想象出"四个独立的方向。

但如果你再多思考一下你会明白，根本没必要把第四个方向看得太过神秘。事实上，用一个我们每天都要用到的词就可以表示，并且也确实就是物理世界的第四个独立方向。没错，就是我们所说的"时间"。它和空间一起，经常被我们用来描述周围发生的事件。当我们谈论宇宙中发生的任何事情，无论是与朋友在街上的邂逅，还是遥远恒星的爆炸，我们都不会只说它在何地发生，还会加上它在何时发生。也就是说，我们在三个表示空间位置的方向要素的基础上，还加上了"时间"这一事实。

如果你进一步思考，你会轻易地发现，每个物理实体都有四个维度——三个维度属于空间，另一个维度是时间。所以你居住的屋子就是从长度、宽度、高度和时间上伸展的，时间的伸展自其建成之日起，至烧毁之日终。当然也可能是被某个拆迁公司拆毁，或因年久失修而坍塌。

不过，时间方向与空间的三维方向不尽相同。时间间隔由钟表测量，滴答声表示秒，叮咚声表示小时，而空间间隔是用尺子测量的。你可以用同一把尺子测量长度、宽度和高度，却不能把尺子变成钟表来测量时间的流逝。同样地，当你在空间中前进、右转或者向上时，你还可以返回原处，但你无法返回到某个时间点，你只能是被它强行地从过去带向未来。不过即使存在着上述区别，我们仍可以将时间看作描述物理世界事件的第四个维度，只是要注意，它和其他三个维度是有区别的。

当选择时间作为第四维度的时候，我们会发现，将本章开头提到的四维物件具象化就更容易了。还记得吗？那个由四维立方体投影而成的，有 16 个顶点、32 条边和 24 个面的奇怪图形。也难怪图 26 里的人们会诧异地盯着这个几何怪物了！

然而，从我们全新的视角来看，一个四维立方体其实就是在一段时间内存在的普通的立方体（图 28）。

假设你在 5 月 1 日用 12 根铁丝创造了一个立方体，一个月后拆掉它，那么现在，它的每一个顶点都可以被视为一条在时间方向上伸展了一个月的线。你可以在每个顶点上放一本日历，每天翻一页，以显示时间的推进。

现在再去数四维形体的边的数量就容易多了。此时，你有 12 条

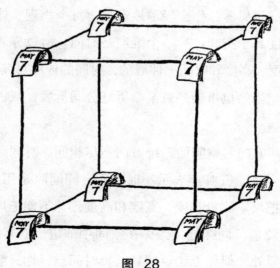

图 28

在一开始就存在的空间棱，还有 8 条由 8 个顶点在时间上延伸而成的
"时间棱"，以及在它被拆掉之时存在的 12 条空间棱[1]，总共 32 条边。
以此类推，我们还可以数出总共有 16 个顶点——5 月 1 日有 8 个空间
顶点，6 月 1 日也有 8 个。用同样的方法也可以数出面的个数，这一点
就留给我们的读者作为练习了。不过要记住，其中一些面是立方体原
本就有的面，而另一些是随着原立方体的棱在 5 月 1 日到 6 月 1 日的
时间里伸展出来的"半空间半时间"的面。

　　这里所说的有关四维立方体的内容自然也可以应用在别的几何体
上，或者任何有生命的、没有生命的物体上。

　　甚至，你可以把自己想象成一个四维形体，一根从出生那一刻开
始在时间上延展，直到自然生命终结之时才停止的橡胶棒。可惜的是
我们不能在纸上绘出四维物体的样貌，所以在图 29 中，我们尝试着用
二维的阴影人来解释这一观点——取与他所居住的二维平面相垂直的空
间方向作为时间方向，这样一来，图片展示的就是阴影人整个生命周
期中的一小段。

　　如果是整个生命周期的话，用来表示的橡胶棒应当长得多。这根
橡胶棒在婴儿时期很细，随着年岁的增长而不断变化，最终在死亡之
时固定不变（因为死人不会动呀），随后开始分解。

　　更准确地说，这个四维的棒是由大量独立的纤维聚集而成的，每
一束都包含独立的原子。在整个生命周期中，大多数纤维都聚拢在一

———————

[1]　如果不理解这一点，你可以设想一个有着 4 个顶点、4 条边的正方形，将它
　　沿着垂直于它所在平面（也就是沿第三个方向）的方向移动一段距离之后，
　　你就又多出了四条边。

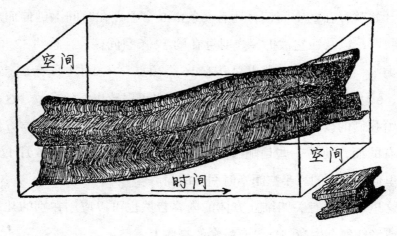

图 29

起，只有少数会脱落，如剪掉的头发和指甲。由于原子是坚不可摧的，因此人体死后的分解过程应该视为是独立的纤维丝在各个方向上逐渐游离的过程（构成骨骼的纤维除外）。

在四维时空的几何学语言中，表示每个单独物质微粒的历史的线，被称为"世界线"[1]。同样，组成某个物体的一系列世界线可以被称为"世界束"。

图 30 表示的是太阳、地球和一颗彗星的世界线的天文学实例。[2]如前面的例子所表述的，我们将时间轴垂直于二维空间的平面（地球轨道的平面）。太阳的世界线表示为与时间轴平行的直线，因为我们将

---

[1] 世界线：物理学家爱因斯坦提出的概念。他将时间和空间合称为四维时空，粒子在四维时空中的运动轨迹即为世界线（译注）。

[2] 这里说"世界束"更为恰当，但从天文角度来谈，你可以把恒星和行星当作"点"。

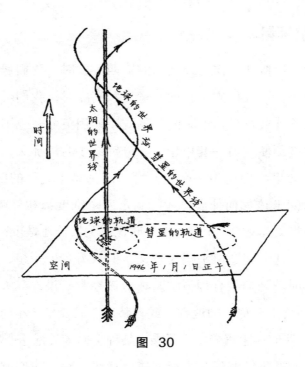

图 30

太阳视为静止的。[1] 以接近正圆的轨道运转的地球的世界线螺旋环绕在太阳的世界线周围，彗星的世界线也是如此，只不过它时而靠近太阳，时而远离。

从几何学的视角看待四维空间，我们可以看到，宇宙的拓扑学图景和历史都融入了一幅协调的图画当中，当我们思考每个原子、动物和星星的运动时，我们只需研究一团纠缠的世界线就可以了。

---

[1] 实际上我们的太阳也在相对别的恒星运动，因此次如果以另一个恒星系为参照，太阳的世界线应该是向一个方向倾斜的。

2. 时空等量

在把时间近似地当作三维空间的第四维度时，我们遇到了一个相当棘手的问题：当我们测量长度、宽度和高度时，我们可以使用同一个单位，如英寸或英尺。但时间间隔既不能用英寸，也不能用英尺来衡量，我们必须使用另一套单位，如分钟或小时。那么，它们之间该如何比较？如果我们设想一个长、宽、高都是1英尺的四维立方体，那么它在时间上该如何伸展，才能满足四个维度都相等呢？1秒？1小时？还是前文所说的1个月？1小时比1英尺长还是短？

乍看之下这个问题似乎毫无意义，但只需多想一想，你就能找到比较长度和时间间隔的合理方法。你应该经常听说，某人住在"离市中心20分钟公交车程"的地方，或者某地"只要坐5小时火车便可到达"，这时，我们将距离转换为了乘坐某种交通工具抵达所需的时间。

因此，如果我们能就某个标准速度达成一致，我们就能用长度来表示时间间隔，或者反过来也可以。

显然，被选为空间和时间的基本变换因子的标准速度，一定是永恒不变的，不受人类的主观意志或物理环境的客观变化的影响。物理学中唯一已知的拥有这种普遍性质的速度，是真空中的光速。

尽管人们通常称其为"光的速度"，但其实它更适合被称为"物理相互作用的传播速度"，因为任何一种作用在物体之间的力，无论是电磁相互作用还是引力，在真空中扩散的速度都是相同的。此外，我们将在后面说到，光速表示了任何物体能够达到的速度的上限，没有物体能在空间中以超光速运动。

最早尝试测量光速的，是17世纪意大利著名的科学家伽利略

（Galileo Galilei）。

　　在一天夜里，伽利略与他的助手来到佛罗伦萨郊外的旷野，带着两盏装有机械遮光板的灯。两人相隔几英里，在某一时刻，伽利略打开他的灯，向助手闪烁一束光（图31a）。助手得到的指示是，当看到伽利略照向他的光时，就同时打开自己手中的灯。

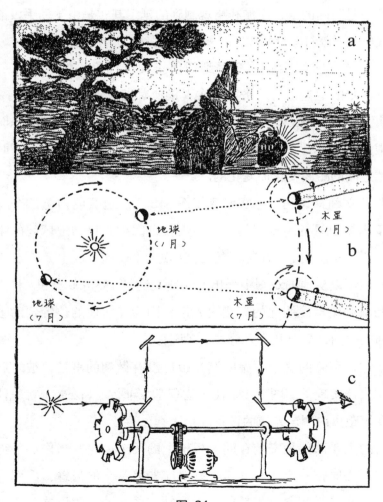

图 31

因为光线从伽利略那里到达助手所在的地方，再从助手处返回必然要花一点时间，所以自伽利略开灯到他收到助手的应答，这之间必定存在一定的延迟。的确，他留意到了这个很短暂的延迟，但当伽利略要求助手站在比之前的距离远两倍的位置上，再次重复实验时，却发现延迟时间并没有明显增加。这是理所当然的。光的速度飞快，穿越几英里的距离几乎是瞬间的事，而伽利略观测到的延迟其实是由于助手没能在看到光线的同时就打开灯的原因——我们现在称其为反射延迟。

尽管伽利略的实验没有得到任何正面的结果，但他的另一项发现——木星的卫星，为后来第一次真正地对光速进行测量提供了基础。1675 年，丹麦天文学家罗默（Roemer）在观测木星卫星的掩星时注意到，卫星隐入木星的阴影中的时间间隔不尽相同，而是随着当时木星和地球之间的距离变化而变化的。

罗默立刻意识到（你在研究了图 31b 之后也会明白）这个现象并非源于木星卫星的不规律运行，而仅仅是因为木星与地球间的距离发生了变化，才造成了卫星掩星的时间延迟。

我们可以从他的观测中得出，光速大约是 185 000 英里 / 秒。也难怪当初伽利略没能用他的灯测出光速，因为光从他的位置到助手那里再返回的时间，只要几十万分之一秒啊！

不过伽利略的这个原始的遮光板灯没有做到的事情，被之后改良的物理仪器实现了。图 31c 是法国物理学家菲佐（Fizeau）首先使用的能够在短距离内测定光速的设备。

它的主要部件是安装在同一根轴上的两个齿轮，当你从平行于轴的方向看去时，一个齿轮的齿正好对应着另一个的齿缝，因而一束平行于轴的光是无法通过齿轮的，无论轴怎样转动。假设这两个齿轮正在迅速旋转，由于光穿过第一个齿轮上齿牙之间的缝隙到达第二个齿轮的过程中需要一定时间，因此，如果在这段时间里将整个齿轮系统转动半个齿牙的距离，那么光线就能通过第二个齿轮了。这与一辆车以一定的速度行驶在装有定时红绿灯的大道上的情况很像。

如果齿轮以两倍速度旋转，那么第二个齿轮的齿牙就会挡住光线，而当速度再次提高，这个齿牙又会转过去，光线就又能通过齿缝了。因此，只要测量光线出现和消失之间对应的转速，就可以估计出光在两个齿轮间传播的速度了。为了能让实验更好地进行，也为了降低齿轮所需的转速，可以增加光在两个齿轮间行进的距离，如图31c所示，用几面镜子就可以实现。

在这个实验中，菲佐发现，当齿轮的转速达到1 000转/秒时，他能从他这一侧的齿轮上看到光线。这证明了，在这个转速下，光线从一个齿轮到达另一个齿轮时，齿轮的每个齿牙刚好转过了半个齿距。因为每个齿轮都有50个完全相同的齿牙，所以齿距的一半自然就是圆周的$\frac{1}{100}$，而光线走过两齿轮的时间，也就是齿轮转一圈的时间的$\frac{1}{100}$。将两者联系起来计算，菲佐得出光速是300 000千米/秒，或186 000英里/秒，这与罗默观测木星卫星得到的结果相近。

继这些先驱们的工作之后，科学家使用天文和物理方法又进行了大量的独立测量。当前得到的最准确的真空光速（用小写字母"c"表示）为：

c=299 776千米/秒，或186 300英里/秒[1]

正因为光速如此巨大，所以才成为了测量天文距离时很方便的标

---

[1] 当前测出的真空光速为299 792 458千米/秒，于1983年确认（译注）。

准，如果用英里或千米来表示天文距离的话，恐怕要写满一整张纸了。因此，天文学家会说某颗恒星距离我们"5 光年"，这与我们说某地距离我们"火车 5 小时车程"是一样的道理。因为一年包含 31 558 000秒，所以 1 光年就是 31 558 000×299 776=9 460 000 000 000 千米，或5 879 000 000 000 英里。

像这样将"光年"用作测量距离的单位，实际上我们就已经把时间作为实际的维度，把时间单位用于衡量空间了。我们也可以倒转之前的步骤，取"光英里"，来表示光穿过 1 英里所需的时间。用上述光速的值，我们可以得出 1 光英里等于 0.000 005 4 秒。同理，1 "光英尺"就是 0.000 000 001 1 秒。这样就能解答我们在前面的部分讨论到的四维立方体的问题了。

如果这个立方体的空间维度是 1 英尺 ×1 英尺 ×1 英尺，那它的空间间隔只有约 0.000 000 001 1 秒。如果这个尺寸都是 1 英尺的立方体存在了整整一个月，那就应该视其为在时间轴上延展了很长的四维棒。

3. 四维距离

在解决了空间轴和时间轴应该用怎样的单位比较的问题后，我们就可以问自己，在四维的世界中，两点之间的距离应如何理解？要注意的是，现在我们所说的每个点都是"一个事件"，即空间与时间的组合。为了弄清楚这一点，我们以下面两个事件为例：

事件Ⅰ：1945 年 7 月 28 日上午 9 点 21 分，位于纽约市第五大道和 50 街相交处的一楼的一家银行被抢劫了[1]。

---

[1] 如果这个街角真有一家银行，那肯定是纯属巧合了。

　　事件Ⅱ：同一天的上午9点36分，一架军用飞机迷失在雾中，撞进位于纽约市第五和第六大道之间的34街的帝国大厦的79层。（图32）

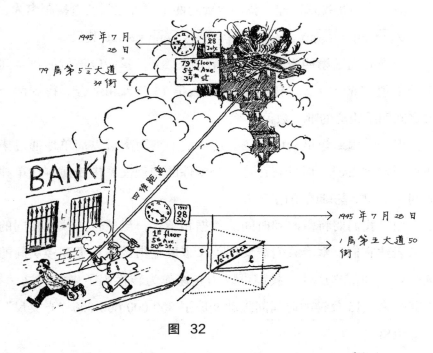

图 32

　　这两个事件在空间上南北相隔16个街区，东西相隔$\frac{1}{2}$个街区，上下相隔78层楼，在时间上相隔15分钟。显然，描述两个事件的空间距离时我们不必非要注意到大道和街区的数字以及楼层，因为我们可以运用大家熟知的毕达哥拉斯定理，将两点之间的坐标距离的平方和相加再开方，就能得到这两起事件发生地之间的直接距离（图32右下角）。为了能应用毕达哥拉斯定理，我们必须先将所有的坐标距离以相同的单位表示，例如英尺。

　　如果一个南北街区的长度是200英尺，一个东西街区的长度是800英尺，而帝国大厦一层楼的平均高度是12英尺，那么三个方向的坐标距离就分别是：南北方向 3 200 英尺，东西方向 400 英尺，垂直方向 936 英尺。

应用毕达哥拉斯定理，我们得到的两个位置之间的直接距离为：

$$\sqrt{(3\,200)^2+(400)^2+(936)^2}=\sqrt{11\,280\,000}=3\,360\text{ 英尺}$$

如果时间是第四坐标的概念有实际意义，我们应该就能将空间距离的数值 3360 英尺，与时间间隔的数值 15 分钟相结合，得到两个事件之间四维距离的唯一数值。

根据爱因斯坦最初的想法，这样的四维距离可以简单地通过毕达哥拉斯定理得出，而且它在这两个事件的物理关系中扮演着比单独的时间和空间更基础的角色。

如果我们要将空间和时间的数据相结合，当然也必须用相同的单位来表达它们，就像我们需要用英尺来度量街区的长度和楼层间的距离一样。如前文所述，我们可以用光速作为转换因子来实现这一步，如此一来，15 分钟的时间间隔就变成了 800 000 000 000 "光英尺"的空间距离。

对毕达哥拉斯定理进行简单的拓展，我们可以将四维距离定义为四个坐标（即三个空间坐标和一个时间坐标）的平方和再开平方根，这样就相当于我们完全消除了空间和时间之间的区别，承认了空间度量转换为时间度量的可能性，反之亦然。

当然，没有人——包括伟大的爱因斯坦——能用布遮上一把尺子，挥起魔棒，嘴里念着类似"时间来，时间去，变量，张量[1]，变"的咒

---

[1] 张量：张量理论是数学的一个分支学科。"张量"这一术语起源于力学，如今广泛应用于数学、物理学中（译注）。

语，就把尺子变成了一个闪闪发光的新闹钟！（图 33）

图　33

爱因斯坦教授绝不可能做到这点。但他做到了比这更厉害的事情。

　　因此，如果我们要用毕达哥拉斯公式将时间和空间统一起来，我们就必须通过一些特殊的方式来保留它们的某些本质区别。

　　根据爱因斯坦的观点，在广义的毕达哥拉斯定理中，空间距离和时间间隔的物理区别可以通过在时间坐标的平方前加上负号来强调。因而我们可以将两个事件之间的四维距离写作"三个空间坐标的平方和减去时间坐标的平方"的形式，当然，时间坐标还是要转化成空间的单位。

　　那么，银行抢劫事件和撞机事件之间的四维距离就应该如此计算：

$$\sqrt{(3\,200)^2 + (400)^2 + (936)^2 - (800\,000\,000\,000)^2}$$

　　第四项的数值相比前三项要大得多，因为这两个事件的例子取自我们的"日常生活"，而在日常生活中，符合我们认知的时间的单位确实很小。若想得到一组相近的数值，我们就不应只考虑纽约市内发生的事件，而应该在宇宙中取例。比如，我们可以取第一个事件为1946年7月1日上午9点整在比基尼环礁引爆的一颗原子弹，第二个事件是一分钟后落在火星表面的一颗陨石，这次的时间间隔为540 000 000 000 光英尺，而空间距离约为 650 000 000 000 英尺。

这样一来两个事件之间的四维距离就是：

$\sqrt{(65 \times 10^{10})^2 + (54 \times 10^{10})^2}$ =36×10^{10} 英尺，这在数值上与纯空间距离和纯时间间隔差别很大。

当然，有人会理所当然地反对这种看似不合理的几何学——为什么有一个坐标会与另外三个不同呢？但请不要忘记，任何一个被用来描述物理世界的数学系统，都必须合乎物体本身的性质，如果空间和时间在四维结合的过程中确实表现出不同的特质，那四维几何学定律也应按照它们的真实性质来塑造。此外，还有一个简单的数学方法，能将爱因斯坦的时空几何学与我们在学校里学到的欧几里得几何学完美地结合起来，就是将第四个坐标作为纯虚量来考虑。这个方法由德国数学家闵可夫斯基（Hermann Minkovskij）提出。

你应该还记得在第二章里，我们可以将普通数字乘以$\sqrt{-1}$从而转换成虚数，而这些虚数能够很好地解决很多几何问题。言归正传，根据闵可夫斯基，时间作为第四个坐标不仅要用空间单位来表达，还要乘以$\sqrt{-1}$。因此，上面的例子里得到的四个距离坐标就应该分别表示为：

坐标一：3 200 英尺

坐标二：400 英尺

坐标三：936 英尺

坐标四：$8 \times 10^{11} \times i$ 光英尺

现在我们可以将四维距离定义为四个距离坐标的平方和的平方根了。事实上，因为虚数的平方总是负数，所以闵可夫斯基坐标的毕达哥拉斯表述在数学上，与看似不合理的爱因斯坦坐标的毕达哥拉斯表述是相等的。

有这样一个故事，讲述的是一位患风湿病的老人，他询问他健康的朋友是如何预防这种病的。

朋友的答案是："我每天早晨都要冲个冷水澡。"

"啊！"老人喊道，"那你是得了冷水澡病了！"[1]

不管怎样，如果你不喜欢爱因斯坦那种像"风湿病"一样的毕达哥拉斯定理，你可以冲一个"虚时间坐标的冷水澡"。

第四个坐标在时空世界里的虚数本质，必然会导致两种不同物理类型的四维间隔。

事实上，在我们上文讨论到的发生在纽约的两起事件中，因为事件发生地间的三维距离远比时间间隔要小得多（在合适的单位下），所以毕达哥拉斯定理下的根号里的数值其实是负的，所以我们得到的四维间隔其实也是一个虚数。但在另一些情形中，当时间间隔小于空间距离时，我们在根号下得到的就是正数了。很明显，这意味着这种情形下的事件间的四维间隔是实数。

因为前文中讨论过，空间距离是实数，而时间间隔是纯虚数，所以我们可以认为，实数的四维间隔与常规的空间距离关联更大，而虚

---

[1] 这里是一个英文语法的小笑话，朋友回答的原文是"By taking a cold shower every morning all my life"，所以得风湿病的老人才会理解为朋友是因为得了"冷水澡病"才没有患上风湿病的（译注）。

数的四维间隔与时间间隔更为相关。根据闵可夫斯基使用的术语，前一种四维间隔被称为类空间隔（raumartig），后一种被称为类时间隔（zeitartig）。

在下一章中我们会看到，类空间隔可以变化为常规的空间距离，而类时间隔也可以变化成常规的时间间隔，只不过一种是用实数来表示的，另一种是用虚数来表示的，而这恰恰在两种数值之间筑起了一道不可逾越的壁垒——它们无法相互转化，因此我们也无法将尺子变成闹钟。

第五章 时空相对性

1. 空间与时间的互换

尽管我们借用数学将空间和时间归进同一个四维世界的尝试，并没有完全消除距离与间隔的差别，但相比在爱因斯坦之前的物理学理论对两个观念的认识，这些尝试已经揭示出了它们之间的许多共通之处。

其实，事件的空间距离与时间间隔，理论上不过是这些事件的基本四维间隔在空间轴和时间轴上的投影，所以，只要旋转四维坐标系，就会导致空间距离和时间间隔相互转换。但是四维坐标系的旋转又意味着什么呢？

首先请参考图 34a 中显示的由两组空间坐标组成的坐标系，假设有两个固定点，它们之间的距离为 L，将这段距离投影到两条坐标轴上，我们发现两个点在第一条坐标轴上的距离为 A，在第二条坐标轴上为 B。

如果我们将坐标轴转动一定的角度（图 34b），同样的距离 L 在新的坐标轴上的投影就会和之前的不同，我们用 A' 和 B' 表示。然而，根

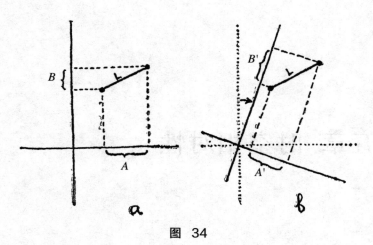

图 34

据毕达哥拉斯定理，两个投影距离的平方和的平方根在旋转前和旋转后仍旧相同，因为它们都等于两个点之间的实际距离，不会因坐标轴的旋转而改变。因此有：

$$\sqrt{A^2+B^2} = \sqrt{A'^2+B'^2} = L$$

所以我们说，投影距离的平方和的平方根不随坐标旋转而改变，而投影距离本身则取决于坐标系的选取。

现在我们将坐标系中的两条坐标轴分别对应空间距离和时间间隔。此时两个固定点变成了两个固定的事件，而轴上的两个投影分别表示它们在空间和时间上的间隔。我们就以上一章中提到的银行抢劫和撞机事件为例。

我们可以画一张图（图 35a），就像表示空间坐标的坐标系那样（图 34a）。那么，如果要旋转坐标轴，我们需要做些什么呢？这个答案会出乎意料，甚至是匪夷所思的：如果你想旋转时空坐标轴，就要先坐上一辆公交车。

好吧，假设在 7 月 28 日这个多事之日的早晨，我们真的坐在一辆

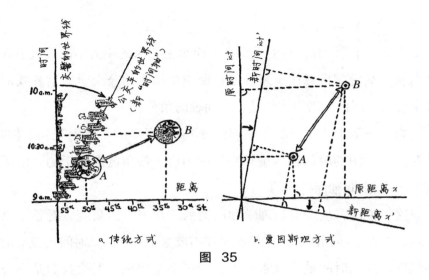

图 35

行驶在第五大道的公交车的上层。我们首先感兴趣的，是银行抢劫事件的发生地点和撞机时间的发生地点距离公交车有多远，因为这个距离决定了我们是否能看到这两起事件。

现在请看图 35a，公交车世界线的连续位置以及抢劫事件和撞机事件的发生位置都标示在了上面，你会立刻注意到这些距离与我们日常生活中的距离——比如说站在街角的交警记录下的距离——是不同的。

公交车在沿着大道前进，每 3 分钟通过 1 个街区（这样的速度在纽约繁重的交通中是司空见惯的！），从公交车的视角来看，两个事件的空间距离在逐渐缩短。实际上，9 点 21 分公交车正穿过 52 号大街，此时正在发生的银行抢劫事件距此有两个街区远；到了撞机发生的时刻（9 点 36 分），公交车在 47 号大街，与撞机现场相距 14 个街区。因而，如果以相对于公交车的距离计算，我们可以得到抢劫和撞机两起事件之间的空间距离是 14-2=12 个街区，但如果使用城市建筑为参考的话，实际上这两起事件的距离是 50-34=16 个街区。

再看一下图 35a，我们发现在公交车上记录的距离不能像过去那样从纵轴（交警的世界线）来计量，而应该从表示公交车的世界线的斜线来计量，因此后者扮演的是新时间轴的角色。

总结一下刚才讨论的"琐琐碎碎"：在运动的物体上观测事件时，绘制的时空图的时间轴应旋转一定的角度（该角度取决于物体的运动速度），而空间轴保持不动。

这一说法，从经典物理学和所谓的"常识"的角度来看是不渝的真理，但在牵涉到四维时空世界时却不成立了——如果时间是独立的第四维度，那么时间轴应该永远垂直于三个空间轴，无论我们是在公交车上还是电车上，哪怕是走在人行道上！

此时我们只能遵从这两种思路的其中之一：我们可以保持我们对空间和时间的传统观念，放弃任何对统一时空几何学的进一步思考；或者，我们必须打破被"常识"统领的旧观念，假设我们时空图中的空间轴也会随着时间轴一同旋转，从而保证两者之间永远互相垂直。（图 35b）

但是，还记得我们前面讨论过的，旋转时间轴意味着两个事件的空间间隔会产生不同的值（上例中 12 和 16 个街区），同样地，旋转空间轴意味着，在运动的物体上观测两个事件的时间间隔也会与在地面上的静止点观测的时间间隔不同。

如果以市政大楼上的时钟为准，银行抢劫事件和撞机事件之间应该是相隔 15 分钟，但是从公交车上的乘客戴着的腕表上读出的时间间隔却有所不同——这不是由于机械装置的瑕疵造成的走时不准的问题，而是因为时间本身在不同运动速度的物体中流逝的速率就不同，从而导致机械装置记录的时间也相应地变慢了。尽管以公交车的低速度来

说，这种迟缓几乎可以忽略不计。（本章后面的内容将对此进行深入讨论）

再举一个例子，想象一位正在行驶的火车的餐车里吃晚饭的男人。从餐车侍者的视角来看，这个男人在同一个地方享用了他的开胃酒和点心[1]（靠窗的第三张桌子）。但如果分别从两位站在静止的铁道旁向车内张望的两位道岔工的视角看，却是一个人看到他在喝开胃酒，另一个人看到他在吃点心——这两件事之间相隔了几千米的距离。

因此我们可以说：从一个观察者的视角来看发生在相同地点不同时间的两个事件，对于处于不同的运动状态的另一个观察者来说，发生的地点是不同的。

反过来，基于我们理想的时空等效的说法，将叙述中的"地点"与"时刻"互换，得到的结果是：从一个观察者的视角来看发生在相同时间不同地点的两个事件，对于处于不同的运动状态的另一个观察者来说，发生的时间也是不同的。

把这段话放进餐车的例子中就是，侍者看到分坐在餐车两头的两位乘客同时在饭后点起了一支烟，但这个描述从驻足在轨道旁的道岔工的嘴里说出会变成"这位乘客点了支烟，刚才前面那位乘客也点了支烟"。所以，对一位观察者而言同时发生的两个事件，在另一位观察者看来这中间可能是存在时间间隔的。

这些都是四维几何学的必然结果：空间和时间只是恒定不变的四维距离在其对应的轴上的投影。

---

[1] 西式正餐中，饭前饮用开胃酒，饭后食用点心，因而这两件事之间隔了一段时间（译注）。

2. 以太风,和天狼星之旅

现在请问问自己,是否愿意为了使用这种四维几何学的语言,而在我们已经适应了的旧的时空观中引入革命性的变化?

若答案是肯定的,那我们挑战的,将是基于两个半世纪以前伟大的物理学泰斗艾萨克·牛顿(Issac Newton)对时间和空间的定义所建立起的整个经典物理学体系——即"绝对空间,就其本质而言,与任何外在事物无关,总是恒定不变,不会运动"以及"绝对的、真实的数学时间,本质上是在均匀地流逝,与任何外在事物都无关"。

显然牛顿在写这些话的时候没有考虑过他在陈述什么新的观点,更没想过会引起什么争论,他只不过是将时空观念用精确的语言描述出来而已,任何有常识的人都会觉得这是理所当然的。事实上,正是由于人们对经典时空观如此地深信不疑,它才会被哲学家认为是先验的,也没有任何科学家(更不用说门外汉了)考虑过这一观念会不会是错的,是否需要重新检验和陈述。

那么,既然如此,为什么现在又要提起这个问题呢?

答案是:人们之所以放弃经典的时空观,将其统一为单一的四维图景,不是出于爱因斯坦式的纯粹美学的欲求,也不是爱因斯坦那天才的数学头脑所主张的,而仅仅是因为经典的独立时空图景已经无法解释我们在实验研究中不断得出的事实了。

对这座美丽夺目的、看似永恒的经典物理城堡的第一次冲击,是1887年美国科学家 A.A. 迈克尔逊(Albert Abraham Michelson)的一次看似平常的实验,这次实验几乎撼动了这座精巧的城堡的每一块石头,推倒了它的每一堵墙,就如同耶利哥的城墙在约书亚的号角下颤动一样[1]。

迈克尔逊实验的设想很简单，不过是基于光是运动在"光介质以太"（一种假想的充斥在整个空间中，占据物质的每个原子之间的空隙的东西）中的一种波这样一个物理图景。将石块扔进池塘，水波会向四周扩散，以此类推，明亮物体发出的光应当同样会向四周传播，振动的音叉发出的声音也应如此。然而，水面的波反映的是水中的粒子的运动，声波是声音在穿过空气或其他物质时产生的振动，但我们却找不到任何承载光波的物质介质。事实证明，光能轻易地穿过空间（相比声音），但空间似乎是完全虚无的！

在完全虚无的状态下谈论振动，这显然是没有逻辑的，因此物理学家只好创造了一个新的概念"光介质以太"，以便在解释光的传播时，能在"振动"一词前加上一个主语。单从纯粹的语法角度而言，"光介质以太"的存在不可否认。但是——这个"但是"要大声地说出来——语法规则没有，也无法告诉我们，为了构建正确的句子而必须创造出来的主语究竟有什么物理性质！

如果我们只是说"光是以波的形式在光以太中传播的，'光以太'就是光波的介质，我们说的是绝对的真理！"，这也不过是絮絮叨叨的复述罢了。要了解光以太是什么，它有怎样的物理性质，这是完全不

---

[1] 约书亚是《旧约圣经》中的人物。约书亚（Joshua）是继摩西之后的另一位以色列人领袖，带领以色列人离开旷野进入应许之地，也就是迦南美地。在他的领导下，以色列人在许多战争中获得了辉煌的胜利，占领了以色列地区一带的土地。耶利哥城是约旦古城，在约旦高地以南。据圣经记载，攻打耶利哥城时，约书亚得到耶和华的帮助，列队吹号绕城七圈，城墙就自行倒塌，约书亚带领军队入城，杀光了城内所有人（译注）。

同的问题。此时语法（更不用说希腊语了！）根本帮不上忙，答案必须从物理科学中得出。

在接下来的讨论中我们可以知道，19 世纪物理学研究中最大的错误，就是假设光以太的性质与我们熟知的普通的物理实体的性质是极其相似的。人们总是讨论到光以太的流动性、刚性、各种弹性，甚至说到它的内摩擦。也就是说，一方面，光以太在承载光波时是一个振动的固体 [1]，另一方面，它对天体的运动又没有起到任何阻碍作用，显示出完美的流动性，就像火漆之类的物质一样。

然而众所周知的是，火漆及类似的物质在高速的机械力冲击下极易碎裂，但如果静置足够长的时间，它又能像蜂蜜一样自行流动。[2] 以此类比，旧的物理学猜想，这种充满整个星际空间的光以太，在面对高速传播的光时表现为坚硬的固体，而在面对运动速度约为光速千分之一的行星和恒星时，又表现得像完美的液体一样，能够轻易被它们推开。

用这种拟人化的思考方式，试图将一种我们除了名字以外一无所知的东西归结于我们已知的普通物质的性质，这件事从一开始就是大错特错的。况且，无论进行了多少次尝试，我们都没有得到关于这种神秘的光波传播介质的性质的任何力学解释。

以我们现有的知识我们可以轻易看出这些尝试错在哪里——我们知

---

[1] 光波的振动方向与前进方向相垂直，被称为横波。只有固体中才有横波产生，而液体和气体中的粒子振动方向只能与前进方向一致。

[2] 火漆的这种性质不满足流体的黏性定律，被称为非牛顿流体。火漆这样的非牛顿流体的特征是"遇强则强"，在受到强剪切力的情况下变得类似固体而易碎，而在受力较小的情况下又具有较强的流动性（译注）。

道普通物质的所有力学性质都可以追溯到构成它们的原子之间的相互作用上，例如水的高流动性是因为水分子间几乎没有摩擦，橡胶的弹性是因为橡胶分子能够轻易变形，而钻石的硬度则是缘于构成钻石晶体的碳原子被紧紧束缚在刚性结构中。因此，各种物质的所有的共同力学性质都是缘于它们的原子结构，但这条规律用在光以太这种被认为是绝对连续的物质上就毫无意义了。

光以太是一种特殊的物质，它和我们通常所说的已经为人熟知的物质原子的嵌套方式毫无相似之处。我们可以说光以太是"物质"（仅仅是因为它是动词"振动"的主语），也可以说它是"空间"，不过要记住，我们已经说过，之后还会提到，空间具有某种形态或结构特性，因而比欧几里得几何中的概念要复杂得多。事实上，现代物理中对"光以太"（不谈它的那些所谓的力学性质的话）的表述和"物理空间"是同义的。

我们已经扯太远了，居然开始从哲学的角度分析"光以太"了，现在我们得赶紧回到迈克尔逊的实验上去。

如前文所说，这个实验的设想很简单。如果光是穿过以太的波，那么在地面设置的仪器测得的光速必然会受到地球在空间中的运动的影响。也就是说，当我们站在地球表面，面朝地球围绕太阳运行的方向，我们应该能感受到"以太风"扑面而来，就像站在快速航行中的船的甲板上的人能感受到海风在拍打着他的面颊一样，即使当时的天气是无风的。

当然，我们感受不到"以太风"，因为它被认为是可以毫无阻碍地穿过构成我们身体的原子之间的空隙的，但我们应该能通过测量与我们运动相关的不同方向上的光速来探测到它的存在。大家都知道，声音顺风传播的速度要快于逆风传播的速度，那么光在以太风中传播的情况也应当是一样。

　　基于这一点，迈克尔逊教授设计了一套仪器，它能记录下向各个方向传播的光的速度上的差别。要实现这一点，最简单方法显然就是利用上文中描述过的菲佐的仪器（图31c），通过将其转向多个方向来完成一系列的测量。但这不是个理想的办法，因为每一次测量都要保证很高的精确度——由于我们预估的速度差（等于地球的公转速度）仅有光速的万分之一，我们必须以极高的精度进行测量。

　　如果你有两个差不多长的棍子，想知道它们之间的长度差具体有多大，只需要将其并排放置，一端对齐，测量另一端的差度即可。这就是所谓的"零点"法。

　　迈克尔逊所使用的仪器的原理图如图36a所示，就是应用了这种零点法，来比较相互垂直的两束光的速度。

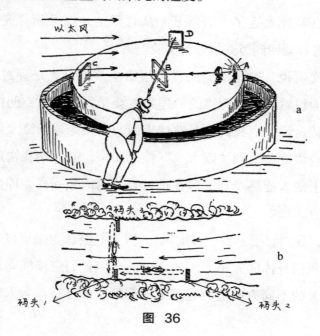

图 36

仪器的中心部件是一块玻璃片（B），覆有薄薄的一层半透明的银涂层，能反射 50% 的光，另外 50% 的光则会直接透过去。因此，来自光源 A 的光束被等分成了两部分，这两束光分别经与中心部件 B 距离相等的镜面 C 和镜面 D 反射，最终又回到 B。

同样地，从 D 返回的光束中会有一部分穿透银涂层，而从 C 返回的光束中也会有一部分被涂层反射，这样一来，原本分离的两束光就再度会聚到观测者的眼中了。根据当时已知的光学定律，这两束光会相互干涉，形成一系列肉眼可见的明暗条纹。[1] 如果 BD 和 BC 的距离相等，那么两束光就会同时返回到中心部件，因此明条纹应该处于画面的中央。如果这两个距离发生了微小的改变，导致一束光延迟到达，那么条纹就应该会向左或向右移动。

既然仪器是放置在地球表面的，而地球正在太空中飞速地运动，那么我们可以理所当然地猜测以太风正以等同于地球的运动速度吹过仪器。

假设以太风是由 C 吹向 B 的（图 36b），想一想，这两束光线汇聚的时候会有什么不同？

不要忘了，其中一束光是先逆风前进，再顺风返回，而另一束则是横穿过风的。哪一束会先返回呢？

设想有一条河，一艘汽艇逆流而上，从码头 1 到码头 2，然后再顺流而下回到码头 1。水流在前半程起到了阻碍作用，而后半程则助了汽艇一臂之力。

或许你认为这两个效应会互相抵消吧，但事实并非如此。为了理

---

[1] 参见第 122~123 页。

解这一点，可以想象这艘船是以与水流相同的速度在行进，这样从码头 1 出发的船将永远到不了码头 2！

不难看出水流的存在使得航程的时间增大了一个因子：

$$\frac{1}{1-\left(\frac{V}{v}\right)^2}$$

v 是船的速度，V 是水流的速度。[1] 因而，如果船速是水流速度的 10 倍，回程会耗时：

$$\frac{1}{1-\left(\frac{1}{10}\right)^2}=\frac{1}{1-0.01}=\frac{1}{0.99}=1.01（倍）$$

就是比船在静水中的情况要多花 1% 的时间。

同样地，我们也能计算出横穿河流航行时的时间延迟。这个延迟主要是因为船从码头 1 到码头 3 时，必须要沿一条倾斜的线路行驶，以补偿流水造成的漂移。此时延迟要小一点，由以下因子决定：

$$\sqrt{\frac{1}{1-\left(\frac{V}{v}\right)^2}}$$

也就是说，这种情况的耗时只比在静水中多出 0.5%。要证明这个公式是很容易的，好学的读者可以自己去尝试。现在，把河流换成流动的以太风，把船换成行进的光波，把码头换成仪器尽头的两面镜子，你就会明白迈克尔逊实验的原理了。从 B 到 C 再返回 B 的光束会有延迟因子：

---

[1]　实际上，设两个码头之间的距离为 l，记住顺流的速度是 $v+V$，逆流的速度是 $v-V$，可以得到整个行程的耗时：
$$t=\frac{l}{v+V}+\frac{l}{v-V}=\frac{2vl}{(v+V)(v-V)}=\frac{2vl}{v^2-V^2}=\frac{2l}{v}\times\frac{l}{1-\frac{V^2}{v^2}}。$$

$$\cfrac{1}{1-\left(\cfrac{V}{c}\right)^2}$$

c 是指以太中的光速，而从 B 到 D 再返回 B 的光速的延迟因子是：

$$\sqrt{\cfrac{1}{1-\left(\cfrac{V}{c}\right)^2}}$$

因为以太风的速度等于地球的运动速度，为 30 千米 / 秒，光速是 3×10^5 千米 / 秒，那么两束光应该分别延迟 0.01% 和 0.005%。因此借助迈克尔逊的仪器，顺着以太风前进的光速和逆着以太风前进的光速之间的差异就能很轻易地被观测到。

你大概可以想象迈克尔逊的诧异，在进行实验时，他没有看到干涉条纹的哪怕一丁点偏移！

显然以太风对于顺着它传播或横穿过它的光的速度没有任何影响。

迈克尔逊震惊了，他本人起初并不愿接受这一事实，但重复进行实验后，结果依然如此，即使令人惊异，他最初得到的结果也是对的。

这个意料之外的结果的唯一可能解释是一个听起来很大胆的假设——安装了迈克尔逊镜面的那张巨大石桌在地球运动的方向发生了轻微的收缩 [所谓的斐兹 - 杰惹收缩（Fitz-Gerald contraction）[1]]。事实上，如果距离 *BC* 收缩了因子：

$$\sqrt{1-\left(\cfrac{v}{c}\right)^2}$$

而距离 *BD* 未发生改变，两束光的延迟将会相等，干涉条纹也就不会发生预想中的偏移了。

---

[1] 这种收缩以第一个提出它的物理学家斐兹 - 杰惹命名，即认为这是纯粹的机械运动产生的效应。

但是"迈克尔逊的桌子发生了收缩"这种可能提出来容易，解释起来却让人无从下手。诚然，我们遇到过物体在有阻力的介质中运动时发生收缩的情况，例如横渡湖泊的汽艇，就会在船尾的螺旋桨产生的动力和船头受到的来自水的阻力的双重作用下，发生轻微收缩。但这种机械收缩的程度取决于制造船的材料的强度，钢制的船受到挤压的影响要比木制的小。

然而在迈克尔逊的实验中，造成这种压缩的决定因素只可能是运动速度，并不涉及材料的强度，即使装有镜子的桌子不是由石头制成，而是铸铁、木头或其他材料，收缩的量仍旧是一致的。

显而易见，我们遇到的是一种普适效应，它让所有运动的物体都收缩了相同的大小。或者，用爱因斯坦教授在1904年的话描述这一现象：我们遇到的是空间本身的收缩，而以相同速度运动的所有物体的收缩程度之所以相同，仅仅是因为它们被限制在同一个收缩的空间内。

前两章（第三章，第四章）中我们已经论述了不少关于空间的性质，所以这一陈述听起来是成立的。为了说明得更清楚些，可以把空间想象成类似具有弹性的果冻那样，我们能清楚地看到里面各种物体的边界。当空间受到挤压、伸展或扭曲变形时，所有限制在其中的物体也会自动发生同样的变化。必须将这种由空间变形引起的物体的变形，与物体因受到外力而引起的内部的应力变形区分开。图37显示了这种情况的二维模式，以便帮助理解这二者之间的重要区别。

然而，尽管空间收缩的效应是理解物理学基本原理的重要基石，在日常生活中却很难被注意到，因为即使是我们生活中经历的最高的速度，相较于光速依然是小到可以忽略不计的。比如，一辆时速50英

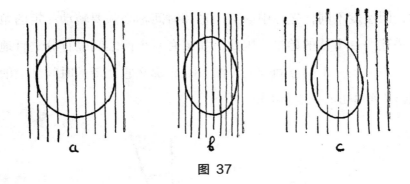

图 37

里的汽车收缩的长度因子是 $\sqrt{1-(10^{-7})^2}$ =0.999 999 999 999 99，仅相当于
汽车车身的一个原子核的长度！一架以 600 英里／时飞行的喷气式飞机
也不过是收缩了约一个原子的长度，而一枚以 25 000 英里／时的速度
航行的长度为 100 米的星际火箭，其缩减的长度也只有 0.01 毫米。

　　不过，如果物体能以光速的 50%、90% 或 99% 运动，它们的长度
就会分别缩减到静止时物体长度的 86%、45% 和 14%。

　　一位无名作者所写的打油诗，很好地描述了快速运动的物体受到
的相对性收缩的效应：

　　　年轻小伙菲斯克，

　　　剑术敏捷声名赫，

　　　无人能追他动作，

　　　斐兹杰惹空间缩，

　　　长剑变成短刀个。

想必这位"菲斯克先生"的出剑速度一定是如闪电般快啊！

　　从四维几何学的角度来看，观测到的所有运动物体的普遍收缩，
可以简单解释为它们不变的四维长度的空间投影因时空坐标轴旋转而
引起的变化。你一定还记得前一部分的讨论吧，在运动体系中进行观

测时，因速度不同，坐标中的空间轴和时间轴必须要转动一定的角度才能描述一件事情的始末。因此，如果有一个四维间隔百分之百地投影在了静止坐标系的空间轴上（图38a），那么它在新的时间轴上的空间投影（图38b）一定会更短。

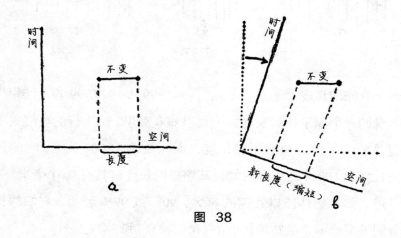

图　38

　　还要注意一个很重要的点，我们所预想的这个长度缩短只与两个系统间的相对运动有关。如果我们认为一个物体是与第二个坐标系相对静止的，也就是说它在新空间轴上表示为一条不变的平行线，那么它在原空间轴上的投影也会缩短相同的比例。

　　因此，判定哪个系统是在"真正地"运动是没必要也没有物理意义的，有意义的只是它们之间的相对运动。如果未来有两艘某"行星际通信有限公司"的载人火箭飞船在地球和土星之间的某地相遇了，二者同以高速飞行，其中一艘飞船上的乘客会透过舷窗看到另一艘飞船明显地收缩了，但他们不会注意到其实自己搭乘的飞船也在收缩。我们去争论哪艘飞船"真的"收缩了毫无意义，因为无论从哪艘飞船上的乘客的视角看，另一艘都是收缩的，而自己乘坐的飞船都没有收缩。[1]

　　四维时空同样让我们明白了，为什么只有在物体的运动速度接近光速时，它们的相对性收缩才会变得显著。

　　事实上，时空坐标轴旋转的角度，是由运动系统走过的距离与其所需的时间之比决定的。如果我们以英尺为单位测量距离，以秒为单位测量时间，这个比率就是我们常用的速度单位英尺/秒。但因为四维世界的时间间隔是用普通的时间间隔乘以光速来表示的，决定旋转角的比率，实际上是以英尺/秒为单位的速度除以相同单位下的光速。因此旋转角度及其对距离测量的影响，只在两个运动系统间的相对速度接近光速时才变得显著。

　　与影响长度测量的方式相同，时空坐标轴的旋转还影响了时间间隔的测量。可以确定的一点是，由于第四坐标的虚数本质[2]，当空间距离缩短时，时间间隔会变长。如果你有一个闹钟，把它装在快速行驶的汽车上，它发出的"嘀答"声的间隔会变长，走得也会比在地面上慢一些。同长度的缩短一样，运动时钟的变慢也是一种普适效应，它只与运动速度有关——无论是现代的腕表还是祖父那有摆的旧样式座钟，甚至是流淌着沙粒的沙漏，在相同的运动速度下都会减缓相同的时间。

　　这种效应当然不会只限于我们所说的"钟"和"表"这样的特殊机械，实际上所有的物理、化学和生物过程都会减缓相同的程度。所

---

[1]　当然这只是理论上的图景。如果真有两艘高速运行的火箭飞船相遇了，任意一艘飞船上的乘客都不会看到另一艘飞船——就如同你看不到步枪射出的子弹一样，何况子弹的速度还只是飞船速度的零头。

[2]　或者如果你愿意，也可以理解成因为在四维空间中，毕达哥拉斯公式相对时间来说是扭曲的。

以不必担心你在快速航行的火箭飞船里煮蛋时，会因为手表变慢而煮过头，因为鸡蛋变熟的过程也会相应地变慢，所以依照你的手表将鸡蛋放在沸水里煮5分钟，你还是会得到我们平时的"五分钟蛋"[1] 的。

在这个例子里我们用火箭飞船做背景而不是用火车的餐车，是因为就像长度收缩的例子所示的那样，时间的膨胀也只会在速度接近光速时才凸显出来。时间膨胀的因子与空间收缩相同，也是

$$\sqrt{1-\left(\frac{v}{c}\right)^2}$$

区别是该因子用在空间收缩中是相乘，而用在时间膨胀中是相除。如果物体运动得飞快，以至于长度缩短为原来的一半，那么相应的时间间隔就会增长至原来的两倍。

运动系统中时间速度的减缓在星际旅行中会有一个有意思的影响：如果你决定拜访天狼星[2] 的一颗卫星，这颗卫星距离太阳系有9光年，你乘坐一艘速度和光速一样快的火箭飞船，理所当然地，所需的往返时间自然至少要18年，于是你打算携带大量的食物。但事实却是，如果你的飞船真的能让你以近乎光速的速度航行，那么这种预防措施就完全是多余的。因为如果你以99.999 999 99%的光速行进，相应地，你的腕表、你的心脏、你的肺、你的消化系统以及你的思维，都会减缓至现在的1/70 000，所以往返天狼星所需的18年（从留在地球上的人

---

[1] "五分钟蛋"是鸡蛋最有益人体营养吸收的煮法（译注）。

[2] 天狼星是地球上观测除了太阳以外最明亮的恒星，距离太阳系8.6光年。天狼星的伴星天狼星B是人类发现的第二颗白矮星，也是距离太阳系最近的白矮星。但除此以外，人类目前没有在天狼星与其伴星周围发现其他的任何星体（译注）。

的视角看），于你而言只不过是几个小时而已。倘若你在早饭后从地球出发，那么当你的飞船着陆在天狼星的某颗行星上时，你才刚想吃午饭而已。如果你着急返回地球，午饭后就出发，那么你很可能来得及赶回到地球吃晚饭。

不过还有一点，如果你忘记了相对论原理，你到家的时候一定会大吃一惊——在你迷航在星际空间的这段时间里，你的亲朋好友已经吃过 6 570 顿晚餐了！因为你是以如此接近光速的速度在旅行，18 个地球年在你看来不过是 1 天而已。

但如果说尝试超越光速呢？这个问题的部分答案可以在下面的另一首关于相对性的打油诗里找到：

年轻女子布莱特，

步履如风快过光。

一日启程出游去，

爱因斯坦指点说，

昨夜早已归家来。

的确，如果速度接近光速时运动系统里的时间就会变慢，那超光速就应该能让时间倒流啊！除此之外，由于毕达哥拉斯根式中算术符号的变换，超光速系统中的时间坐标会变为实数，表示空间距离，而长度则会穿过零而变成虚数，表示时间间隔。

如果这是可能的，那么图 33 中展示的爱因斯坦将尺子变成闹钟的行为，便也能成真，只要他的速度超过光速就行！

然而，纵使物理世界再疯狂也不会如此夸张，这种黑魔法一样的表演自然是不可行的。简而言之就是，任何物体的运动速度都不可能等于或超越光速。

这一基本自然规律的物理基础在于，大量的直接实验[1]证明，当运动物体的速度接近光速时，它们的所谓惯性质量，也就是测量到的它们对加速过程的机械阻力，将增长到无限大。因此，如果一颗左轮手枪的子弹以 99.999 999 99% 的光速运动，那么阻止其自身继续加速的阻力将相当于 12 英寸的炮弹的质量。也就是说，当速度达到 99.999 999 999 999 99% 的光速时，这颗小小的子弹所受阻力，将相当于满载的卡车的质量的惯性阻力，此时无论再给这颗子弹加上多大的力，我们都无法征服小数点后的最后一位数，让它的速度恰好等于宇宙中所有运动的速度上限！

3. 弯曲空间，和引力之谜

在磕磕绊绊地读完上面十几页有关思维坐标系的内容后我们可怜的读者一定十分难受，对此我深表歉意，现在我邀请各位去弯曲空间散个步。

大家都知道曲线和曲面是什么，但"弯曲空间"的表述有什么含义？

想象这一现象的难处不在于这个概念的古怪，而在于，我们能够轻易地从外部观察曲线和曲面，但因为我们身处三维空间中，所以观测三维空间的弯曲只能从内部进行。为了尝试理解，三维的人类应该如何思考我们所居住的空间的弯曲问题，请让我们首先换位思考一下，居住在平面上的二维阴影生命会如何设想这种假想情况。

---

[1] 直接实验：相对模拟实验而言的概念。可以在实际环境中，在研究对象上直接完成的实验就叫作直接实验（译注）。

　　在图 39a 和 39b 中我们看到，在"平面世界"和"曲（球）面世界"上的阴影科学家正在研究他们的二维空间的几何学。他们能够研究的最简单的几何形体必然是三角形——这个由三条直线段连接三个几何点构成的简易图形。大家在中学时就已经知道了平面上任何三角形的内角和都是 180°，但不难看出，这一定理并不适用于球面上的三角形。确实，一个由两条经线和一条纬线（这里借用了地理学的概念）组成的球面三角形，本身就有两个直角，而另一个角可以是 0°

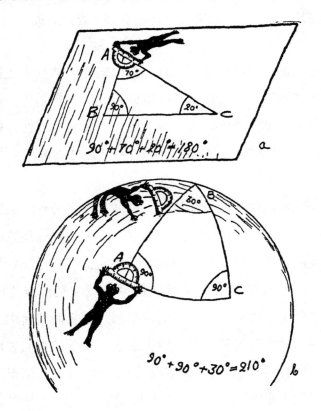

图 39

在"平面世界"和"曲面世界"上的二维科学家对有关三角形内角和的欧几里得定理进行核验。

到 360° 之间的任一角度。例如图 39b 中的两位阴影科学家研究的三角形，其三个内角的和就是 210°。因此我们可以看到，只需测量二维世界中的几何形体，阴影科学家就能发现平面的曲率，而不用特地跑到外面来看。

将上述观测应用到更高维度的世界里，我们就可以自然而然地得出结论：居住在三维空间里的人类科学家，可以通过测量空间中三条直线间的角度就轻松得到空间曲率，而不用跳到四维空间去看——如果这三个角之和是 180°，那么说明空间是平的，否则就证明我们的空间是弯曲的。

但是在我们进一步探讨这些之前，我们需要搞清楚直线这个表述究竟是什么意思。请看图 39a 和 39b 中显示的两个三角形，读者可能会说："尽管平面上的三角形（图 39a）的三边确实是直线，但球面上的三角形（图 39b）的三边是弯曲的啊，是围绕球面的大圆[1]上的一段弧。"

像这样基于我们常识的几何概念，会使得"阴影科学家"无法发展出二维空间的几何学。对直线的概念需要一个更普适的数学定义，使它不仅能在欧几里得的几何学中成立，还能扩展到性质更复杂的表面或空间中去。这样的普适定义可以是："直线"是两点之间的最短距离，这两点取决于它们所在的表面或空间。在平面几何中，上述定义自然是与我们通常认为的直线一致；而在更复杂的弯曲表面上，这样的"直线"则有许多条，它们在自己的空间中与欧几里得几何中的"直线"扮演着相同的角色。为避免产生误解，我们通常将曲面上表

---

[1] 大圆是指穿过球心的平面在球面上截出的圆。赤道和子午圈就是这样的大圆。

示最短距离的线条称为测地线，这一说法最初源自大地测量学，也就是测量地球表面的科学。事实上，当我们谈及纽约和旧金山之间的直线距离时，我们想象的是沿着地球表面的弧度像乌鸦一样"笔直地飞过"，而不是有个巨大的钻头钻开地球从内部直接达到。

上述对"广义直线"或"测地线"的定义，即两点间的最短距离，向我们展示了画出"直线"的简单物理方法——在两点间拉起一根绳子。如果你在平面上这么做，你会得到我们通常认为的直线；如果你在球面上拉绳子，则会发现，绳子将沿着球面的大圆弧伸展，也就是球面的测地线。

我们也可以通过类似的方法来获知，我们所生活的三维空间究竟是平坦的还是弯曲的。我们所要做的，只不过是选取空间中的三个点，在它们之间拉上一条绳子，然后看看形成的三角形的三个内角和是不是180°。但是为了做成这个实验，我们必须记住两点：其一，实验必须在大尺度上进行，因为即使是弯曲表面或空间中的一小部分，看上去也可能是很平坦的，显然我们不能只在自家后院做实验就得出地球的曲率！其二，表面或空间上可能会有某些区域是平坦的，因而我们有必要进行全面的测量。

爱因斯坦在创立广义弯曲空间的理论时，提出了一个伟大的假设：临近大质量物体的物理空间会发生弯曲，质量越大，曲率越大。为了证明这个假设，我们可以在一座高山周围钉上三根木桩，用绳子两两连接每根木桩（图40a），然后测量每两条绳子相交的角度。你尽管去挑一座最大的山——甚至是喜马拉雅山脉中的一座，最终你会发现，在允许的测量误差范围内，绳子相交的角度之和会正好等于180°。

然而，这并不意味着爱因斯坦就是错的——大质量物体不会弯曲周

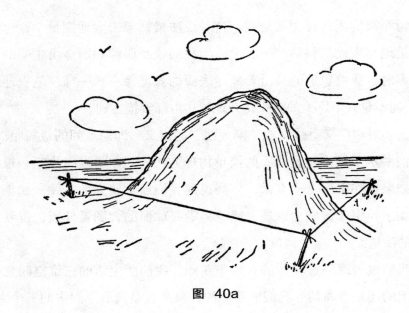

图 40a

围的空间。这可能仅仅因为，即使是喜马拉雅山脉，其弯曲周围空间的程度也无法用我们最精密的仪器测量出来。还记得伽利略在尝试用带遮光板的灯测量光速时遭遇的失败吧！（图 31）

因此，不必灰心，你可以用更大质量的物体做尝试，例如太阳。

啊哈，这下就成功了！如果你在地球和两颗恒星之间连上绳子，将太阳围在三角形之中，你就会发现这个大三角形的内角和显然不等于180°。当然你没有这么长的绳子，不过你可以用一束光代替，其效果也很好，因为光学告诉我们，光总是走最短的路径。

图 40b 示意了用光线来测量角度的实验。位于太阳盘面两端（观测时的位置）的恒星 S_I 和 S_{II} 的两束光汇聚在经纬仪中，这样就可以测出它们的夹角。稍后，等太阳移开这片区域时再重复一次实验，重新测量两颗星的夹角。如果前后两次测量出的夹角不同，我们就可以证

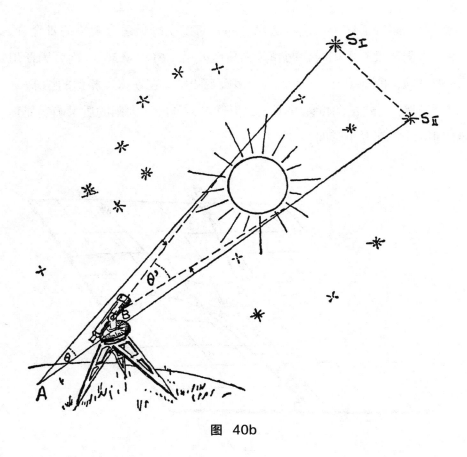

图 40b

明，太阳的质量的确弯曲了其周围的空间，使光线从它们原来的路径偏转。这个实验最早由爱因斯坦提出，用来检验他自己的理论。读者可以通过图 41 中的二维类比来更好地理解这个实验。

　　显然，在正常情况下进行爱因斯坦的实验有一个实际障碍：太阳的光线太强，你无法看到它旁边的星星。不过在发生日全食的时候，这些星星就清晰可见了。基于这一想法，1919 年，一支英国天文远征队在普林西比群岛（西非，今属圣多美和普林西比共和国）观测日全食时[1]，完成了这个实验，这也是那一年发生的最适合观测的日全食。在有太阳和没有太阳时，两颗星的角度差是 1.61″±0.30″，而爱因斯坦的理论预言的是 1.75″。在后续的多次观测中，也获得了相似的结果。

诚然，1.5″ 的角度差并不大，但这足以证明，太阳的质量确实能导致周围的空间发生弯曲。

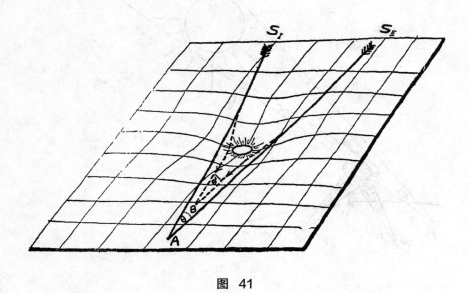

图 41

---

[1] 这支远征队由英国著名天体物理学家爱丁顿爵士（Sir Arthur Stanley Eddington）带队，是第一次验证了广义相对论的尝试。爱丁顿是爱因斯坦以及他的相对论理论的坚定支持者，曾写作多篇文章解读和支持。除此之外，爱丁顿在恒星物理方面有诸多重要的研究成果，如爱丁顿极限、恒星核聚变机制（参见最后一部分）等。他们观测的日全食发生在 1919 年 5 月 29 日，全食带跨越南美和非洲，全食时长 6 分 50 秒，是自 1416 年以来全食时间最长的日全食，因而非常适合观测。爱丁顿前往的普林西比群岛是这次日全食的极大值位置附近。这次日食与 2009 年 7 月 22 日著名的"长江大日食"同属沙罗周期 136，都是全食时间很长的日食（译注）。

或者，除了太阳以外，我们还可以用更大质量的恒星做测量，这样得到的三角形的内角和，与180°就会相差几分，甚至是几度。

作为内部观测者，想要理解弯曲的三维空间的概念需要一些时间和想象力，但只要想明白了，你就会发现，它和其他的经典几何概念一样清晰明朗。

现在，为了完全理解爱因斯坦的弯曲空间理论及其与万有引力的根本问题之间的关系，我们只需要再迈进一步。首先我们必须记住，刚才探讨的三维空间只是承载了一切物理现象的四维时空的一部分，因而，空间弯曲只不过反映了四维时空中更普遍的弯曲，而表示光和物体运动的四维世界线，在超空间中也势必要看作曲线。

从这一观点出发，爱因斯坦得到了惊人的结论，即引力现象只不过是四维时空世界弯曲所产生的效应。实际上，我们现在可以摒弃"行星直接受到太阳的作用力而以圆形轨道围绕其运行"这一不合时宜的陈旧观点了。[1]更准确的描述是：太阳的质量弯曲了其周围的时空，而行星的世界线之所以如图30中所示的样子，只是因为这是它们在弯曲空间中前进的测地线。

因此，"引力是一种独立的力"这一概念彻底从我们的头脑中消失

---

[1] 经典力学的说法现在仍在中学物理中呈现，原因是对于大多数不从事物理工作的人来说，用经典力学来理解行星运动是最容易的。而且对于当今已经发展得较为完备的经典力学来说，行星运动也是很基础且很有用的物理知识。因而文中所谓的"摒弃"一说，只是为了让大家更好地认识四维时空观对于一切物理现象的普遍解释，译者认为，从经典力学理解行星运动还是有必要的，但是在看过这本书之后，读者也一定要记得相对性原理和四维时空观对物理世界的诠释（译注）。

了，取而代之的是：纯粹几何空间中的所有物体，在因大质量物体的存在而造成的弯曲空间中，都沿着"直线"或者说测地线运动。

4. 闭合和开放空间

在简要讨论爱因斯坦的时空几何学中的另一个重要问题之前，我们还不能结束本章：有限和无限宇宙的佯谬。

至此，我们已经讨论了大质量物体对邻近空间造成的局部弯曲现象，也就是宇宙这张"大脸"上分散的一系列"空间粉刺"。但是，除了这些局部的变化外，宇宙这张"大脸"本身，究竟是平坦的还是弯曲的呢？

图 42 给出了二维的带有"粉刺"的平坦空间，与两种可能的弯曲

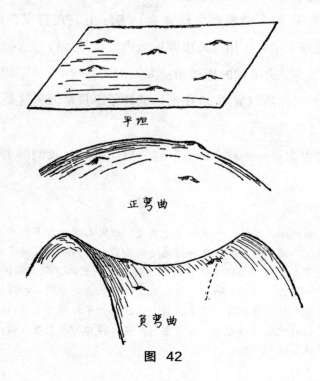

平坦

正弯曲

负弯曲

图 42

空间的图示。所谓的"正弯曲"的空间，对应的是球面或其他的闭合几何面，它们无论朝向哪个方向，都是以"相同方式"弯曲的。反之，"负弯曲"空间则会在一个方向上向上弯曲，而在另一个方向上向下弯曲，就像马鞍。如果你在足球和马鞍上分别裁取两块皮革，尝试将它们摊平在桌子上，你就能清晰地认识到这两种弯曲的区别。你会注意到，两种皮革在不拉伸或不压皱的情况下，都无法摊平，不同的是，来自足球的那块皮革边缘必须要拉伸才能铺平，而来自马鞍的那块皮革则需要压皱——如果将来自足球的那块皮革中间摊平，那么其边缘就会缺少皮料；而来自马鞍的那块皮革的边缘却总是有多余皮料，所以必须将其压皱。

　　我们还可以换一种方法陈述这个观点。假设我们从某一点开始，分别数出周围 1 英寸、2 英寸、3 英寸等范围内的"粉刺"数量（沿着表面数），我们会发现，平面上的粉刺的数量与距离的平方成正比，如 1、4、9 等；球面上粉刺的数量的增长则会慢于平面；而"马鞍"面上粉刺数量的增长则比平面更快。因此，尽管居住在表面上的二维阴影科学家没法从外部观察出其所在的表面的形状，但还是能通过落在不同半径的范围内的粉刺数量来测出曲率。这里还需要注意的是，正弯曲和负弯曲的区别，还能通过测量其对应的三角形内角和来体现。如前文所言，球面上的三角形的内角和总是大于 180°，而如果你在马鞍面上画一个三角形，你会发现，它的内角和总是小于 180°。

　　上述讨论曲面的结论可以推广到三维空间的弯曲，我们会得到这样一张表：

空间的类型	在大尺度上的表现	三角形内角和	球体体积的增长速度
正弯曲 （类似球面）	自身封闭	>180°	慢于半径的立方
平坦 （类似平面）	可无限扩展	=180°	等于半径的立方
负弯曲 （类似马鞍）	可无限扩展	<180°	快于半径的立方

这张表可以用来解答"我们居住的空间是有限的还是无限的？"这一问题——这个问题我们将在第十章中，介绍宇宙的尺寸时进行探讨。

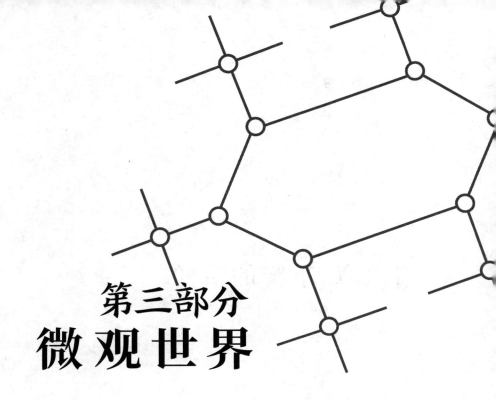

第三部分
微观世界

第六章 下降的阶梯

1. 古希腊人的想法

在分析各种物体的性质时，从熟悉的"普通大小"的物体开始是个好想法，然后一步步深入它的内部结构，直到人眼看不到的物质性质的终极起源。所以，我们就从晚餐桌上的一碗蛤蜊浓汤开始吧。

我们之所以选择蛤蜊浓汤，倒不是因为它口感鲜美，营养丰富，而是因为它是所谓的非均相混合物[1]的好例子，你甚至不需要借助显微镜就能看出，它是由一大堆不同的成分混杂而成的：蛤蜊片、洋葱瓣、番茄块、芹菜段、土豆丁、胡椒粒、肥肉末，还有咸的汤底。

我们在日常生活中见到的大部分物质，尤其是有机物，都是非均相的混合态，尽管我们往往需要显微镜才能认清这一真相。例如牛奶，即使是在小的放大倍率下你也能看到，它是由均匀的白色液体和悬浮

---

[1] 非均相混合物：由具有不同物理性质的分散相和连续相所组成的物系称为非
    均相物系或非均相混合物（译注）。

于其中的小滴奶油组成的乳状液。

在显微镜下，普通的花园土壤是由石灰石、黏土、石英、铁的氧化物、其他矿物质及盐，还有各种动植物腐烂后产生的有机物质组成的上好的混合物。如果我们打磨一块普通的花岗岩表面，就能立刻发现这块石头是由三种不同的晶体（石英、长石和云母）紧密结合而组成的固体。

在我们对物质的内部结构的研究之路上，混合物质的组成仅仅是第一步，或者说，是下降的阶梯中最高的一级台阶，紧接着我们可以对组成这些混合物的每一种均匀成分展开直接研究。

对于真正的均匀物质，如一段铜线、一杯水、充满房间的空气（当然，要除去悬浮于其中的灰尘），即使借助显微镜，我们也看不出其中有不同的组成部分，组成它们的物质看似是贯穿始终的。这倒不假，不论是铜线还是任何其他的固体，情况都一样（玻璃这样的非结晶体除外），它们在高倍显微镜下总是呈现出所谓的微晶结构。但是我们可以看到，在均匀物质中，单个晶体都表现出相同的本质——铜线中的铜晶体，铝锅中的铝晶体等——正如我们在一把食盐中只能找到氯化钠晶体一样。通过使用特殊技术（慢结晶），我们可以增大盐、铜、铝或其他任意均匀物质的晶体到任意体积，而一块这样的"单晶"物质，就像水或者玻璃一样均匀。

我们是否可以通过肉眼或者使用最优良的显微镜进行观察，证明我们所说的这些均匀物质，无论在多大的放大倍率下看上去都是一样的呢？换句话说，我们是否能相信，即使是极少量的铜、盐和水，与更大的样本量相比，它们的性质也永远保持相同，且可以被持续不断地分割成更小的部分呢？

第一个提出并尝试解答这个问题的，是大约二十三个世纪之前居住在雅典的古希腊哲学家德谟克利特（Democritus）。他的答案是否定的，他更倾向于相信，无论物质看上去有多么均匀，也一定是由很大数量（不过他并不知晓具体有多大）的分散开的微小粒子（他也不知道这种粒子有多小）组成的，他将这种粒子称为"原子"或"不可分割者"。这些原子，或者说不可分割者，在不同物质中的数量是不同的，但它们在性质上的区别只是表象，而非事实。实际上，火焰原子和水原子是相同的东西，只是表现形式不同。所有物质都是由同样的、永恒不变的原子构成的。

与德谟克利特同时代的恩培多克勒（Empedocles）则持有不同的观点。他认为，原子的种类各不相同，它们按照不同的比例混合，形成了现今已知的各种物质。

基于当时尚处萌芽阶段的化学知识，恩培多克勒提出有4种原子，分别对应当时已知的4种基本元素：土、水、气和火。

根据恩培多克勒的观点，土壤就是由紧密混合的土原子和水原子组成的，混合得越好，土壤也就越好；从土壤中生长出的植物包含土原子和水原子以及来自太阳射线的火原子，这些共同组合成复杂的木头分子；在燃烧干柴的过程中，水元素消失，这可以视作木头分子的瓦解，其中的火原子在火焰中散去，而土原子则是残存的灰烬。

在科学仍处于婴儿阶段的当时，这一关于植物生长和柴火燃烧的解释看似十分符合逻辑，但现在我们知道，这实际上是错的。我们知道，植物成长所用的大部分物质并不像古人所想，或者在不明真相的情况下大多数人所想的那样，来自土壤，而是来自空气。土壤本身，除了作为水的储备库支持植物生长以外，只向植物提供了极少量的所需的盐分，而若想培养出一大株玉米，其实只需要很小的一块土壤就可以了。

真相是，支持植物成长的主要来源是空气，主要由氮和氧混合而成（不像古人所想的那样是单一元素），也包含了一定量的二氧化碳，这种分子由氧原子和碳原子组成。在阳光的作用下，植物的绿叶吸收空气中的二氧化碳，与根部吸收的水相反应，产生组成植物体的各种有机物质，同时产生的氧气会部分返还到大气中，这也是"房间中的植物能清新空气"的原因。

朽木燃烧时，其中的木头分子与空气中的氧气再度结合，重新变为二氧化碳和水蒸气，在炽焰中消散。

古人相信是"火原子"进入了组成植物的物质结构中，但实际上并非如此。阳光提供的只有能量，这一能量使得二氧化碳分子破裂，因而生长中的植物可以在大气中摄取食物。正因为火原子并不存在，所以显然，火焰并不是火原子"逃脱"形成的，而仅仅是因为被加热的气体流显现了出来，同时伴随着能量的释放。

现在请让我们考虑另一个例子，这个例子同样也描绘了类似的古人和现代人对化学变化的不同观念。

你自然知道各种金属是由对应的矿石在高温熔炉中煅烧得到的，但第一眼看去，大多数矿石与普通的岩石并无二致，因此，古代科学家会认为矿石和其他岩石一样都是由同一种成分组成的，这也就不令人稀奇了。当然当他们把一块铁矿石放进烈火中炙烤时，他们会发现得到的是完全不同于普通岩石的东西——这是一种可以制作锋利的刀刃和矛头的坚硬而闪亮的物质。用最简单的方式解释这个现象就是，这种金属是岩石和火相结合而形成的——换句话说，土原子和火原子结合成金属分子。

为了将这一解释应用到所有金属，他们将不同金属，如铁、铜和金的不同性质，说成是由于土原子和火原子组成比例的不同。闪闪发光的黄金难道不是比黯淡无光的黑铁要含有更多的火吗？

但如果是这样，为什么不再给铁加上点火，或者直接往铜里加上点火，将它们变为宝贵的黄金呢？于是，中世纪的那些实用心态的炼金术士耗费了大量的青春，在烟雾缭绕的火炉旁尝试制造"人造黄金"。

从他们的观点来看，他们的工作就和当今的化学家研发生产人造橡胶的方法一样，他们的理论和实践之所以不切实际，在于他们认为金和其他金属不是单质，而是复合物。不过反过来说，如果不经过尝试，谁又能知道哪种物质是单质，哪种是复合物呢？难道不正是因为早期的化学家无数次将铁、铜变为金银的徒劳尝试，我们才明白"金属是化学元素单质，而含有金属的矿石是金属原子与氧原子的结合"的吗（现代化学家称之为金属氧化物）？

铁矿石在鼓风炉的熊熊烈火中变为金属铁的过程，并非古代炼金术士所想的原子的结合（土原子和火原子），恰恰相反，是原子分离的结果，也就是金属氧化物中氧原子的去除。在潮湿的空气中，铁器表面生成的锈也不是铁分子中火原子逃离后残留的土原子，而是铁原子和空气中或水中的氧原子结合，生成铁的氧化物这种复合分子的结果。[1]

从以上讨论中可以明显得到，古代科学家对于物质内部结构和化学变化本质的观念基本正确，问题只在于他们对基础元素是由何组成的错误概念。

其实恩培多克勒列举出的 4 种元素都不是真正的元素：空气是多种气体的混合物；水分子是由氢原子和氧原子构成的；岩石的组成极其复杂，涉及各种元素；而火原子根本不存在。[2]

事实上自然界中存在的元素不只有 4 种，而是 92 种，也就是说，有 92 种不同的原子[3]。这 92 种元素中，其中氧、碳、铁和硅（大

---

[1] 炼金术士会将处理铁矿石的过程表示为如下公式：

$$（土原子）+（火原子）\rightarrow（铁分子）$$

矿石

铁的生锈则是：

$$（铁分子）\rightarrow（土原子）+（火原子）$$

铁锈

如今我们这么写：

$$（铁氧化物分子）\rightarrow（铁原子）+（氧原子）$$

矿石

和

$$（铁原子）+（氧原子）\rightarrow（铁氧化物分子）$$

铁锈

[2] 我们将在本章的稍后部分看到，在光量子理论的提出中，火原子的概念将有一部分会再次焕发新生。

[3] 截至 2020 年，人类已经发现（或成功合成）118 种不同的化学元素，其中有 94 种可以在自然界中找到。另外，原文的"92 种原子"的说法并不准确，因为同一种元素也有不同的同位素。不过下文中有更详细的讨论，故此处不多谈（译注）。

部分岩石的主要成分）在地球上的含量巨大，我们也颇为熟悉，其他的则相对稀少。你可能从未听过诸如镨（praseodymium，Pr）、镝（dysprosium，Dy）、镧（lanthanum，La）这样的元素。除在自然界中可以获得的元素以外，现代科学还成功实现了人工制造全新的化学元素，我们将在稍后谈到它们。其中的一种名为钚（plutonium，Pu）的元素，无论是战争用途还是和平用途，它在产生原子能的过程中都扮演着重要角色。以不同的比例去组合这 92 种基本元素的原子，我们可以得到无限种复杂的化学物质，如清水和茶水、黄油和石油、木头和骨头、草药和炸药，还有三苯基氯化嘧啶和甲基异丙基环己烷——这些优秀的化学家都已烂熟于心，但大多数人甚至连一口气读出来都难以做到的物质。而如今，有关这些无穷尽的原子组合的列表、它们的化学性质的总结以及制备它们的方法手册，正在一卷卷地问世。

2. 原子有多大？

当德谟克利特和恩培多克勒提出原子的存在时，他们是基于一个模糊的哲学观念，即万物不能永无止境地分割成越来越小的部分，它们总会达到一个再也无法分割的基本单元。

而当一位现代化学家谈及原子时，他所指的对象就更加明确了。因为有关元素原子，以及由它们组合而成的复杂分子的准确知识，对于理解化学的基本定律是至关重要的，根据这个定律，不同的化学元素只能按重量以明确的比例相结合，这个比例必须明确反映出这种物质的每个独立的原子的相对重量。例如，化学家总结出，氧原子、铝原子和铁原子的重量必须分别是氢原子的 16、27 和 56 倍。然而，尽管不同化学元素的相对原子质量已经是至关重要的基础化学信息，但以克计量的原子的实际质量，对于化学工作而言是无关紧要的，并不会影响任何的化学现象，也不会影响化学定律和化学方法的应用。

但是，当物理学家谈及原子时，他最先考虑的问题自然是："原子的真实尺寸用厘米表示是多少？质量用克表示是多少？在给出的一块物质中包含了多少单独的原子或分子？有没有什么方法能观察、计数和操纵单个的原子和分子呢？"

能够估计出原子和分子的尺寸的方法有很多，其中最简单的一种德谟克利特和恩培多克勒在不借助现代实验室设备的情况下就能实现。如果组成任何物体的最小单元，例如一段铜线，是一个原子，那么就不可能让铜线变得比这种原子还要薄。因此我们尝试拉伸这段铜线，直至其变为一连串的单个原子，或者我们可以用锤子敲打它，直至它变成一片只有一个原子厚度的铜薄片。然而，无论是铜线还是其他的物质，都难以进行这种操作，因为在期望的最小厚度达到之前，物体就会不可避免地破裂开。但液体物质，如水面上的一层薄油膜，就可以轻易延展成只由一层分子组成的单层薄膜，即在水平方向上，一层"单个"分子相互连接，而在垂直方向上则没有分子堆叠。如果你有足够的细心和耐心，完全可以自己完成这一实验，从而简单地测量出油分子的尺寸。

取一个浅而长的容器（图43），将它放在绝对水平的桌面或地面上，向其中加水直到没过边缘，然后横放一条线，使其接触水面。在线的一侧滴一小滴某种纯油，油就会扩散至整个水面。如果你顺着边缘移动这条线，远离油膜，油膜会继续扩散，顺着线变得越来越薄，而它的厚度将最终等于单个油分子的直径。如果进一步移动这条线，油面的连续性将被破坏，油层将被扯出一个一个的洞。只要知道你在

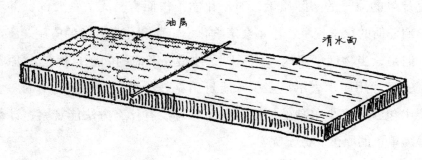

图 43

当拉扯过度时，水面上的油膜会破裂。

水面上滴了多少油以及油面在破裂之前能扩散到的最大面积，你就能
轻易算出单个油分子的直径。

　　在进行这个实验时，你还能观察到另一有趣的现象。当你将油滴
在清水面上时，你起先会注意到油面上泛起的熟悉的虹彩，就如你经
常在船只往来的港口的水面上见到的一样。

　　众所周知，这种虹彩是光在油层的上下界面反射后互相干涉形成
的现象，之所以会产生不同的颜色，是因为油滴下后刚开始扩散时，
油面不同位置的厚度不同。如果你多等一会儿，等油膜均匀铺开，整
个油面最终会呈现出统一的颜色。随着油膜愈加稀薄，油面的颜色也
会逐渐开始从红色变为黄色，再变为绿色、蓝色、紫色，也就是色光
的波长会逐渐减小。如果继续延展油面，颜色会最终完全消失。但这
并不意味着油层本身不存在了，而只是因为它的厚度已经小到比波长
最短的可见光还小，其颜色已经超出我们的可视范围了。但你仍可以
将油膜和清水层区分开，因为从薄层上下表面反射的光会互相干涉，
导致总光强下降。因此，即便油面的颜色消失了，我们还是能将其和
水面区分开，因为油面的反光看上去会更"昏暗"一些。

实际进行这项实验时，你会发现 1 立方毫米的油大约能覆盖 1 平方米的水面——如果再进一步拉伸油面的话，就会导致水面的露出。[1]

3. 分子束

另一项探寻物质的分子结构的有趣方法可以通过研究气体和蒸汽在透过小口流向真空来实现。

假设我们有一个真空的大玻璃泡（图 44），其中置有一个在一侧开了个小孔的陶土圆筒，外面缠绕上用于加热的电阻线制成的小电炉。如果我们在电炉里放上一些低熔点的金属，如钠和钾，圆筒中就会充满金属蒸气，进而通过侧壁上的小孔流向周围的空间。

金属蒸气在与玻璃泡的冷内壁接触后，便会附着在上面，形成一层薄的镜面状的沉积，这可以清楚地告诉我们物质逸出电炉之后的流向。

除此之外，随着电炉温度的变化，我们看到的内壁上薄层的分布也会有所不同。当电炉温度很高时，产生的金属蒸气的密度也会相当高，看上去就像从茶壶或者蒸汽机中喷出的蒸汽一样。这时的金属蒸气从小孔流出后，会向各个方向扩散（图 44a），充满整个玻璃泡，并

---

[1] 那么，油膜在破裂之前能稀薄到什么程度呢？为简便计算，设想一个 1 立方毫米油的立方体，边长均为 1 毫米。为了将这 1 立方毫米的油拉伸到超过 1 平方米的面积上，接触水面的 1 平方毫米油面必须增大 1000 倍（1 平方毫米到 1 平方米）。因此原立方体在垂直方向上必须缩小至 $\frac{1}{1000 \times 1000} = 10^{-6}$，以保持总体积不变。这是油膜的厚度限制，我们也因此得到了油分子的实际大小，大约是 $0.1\text{cm} \times 10^{-6} = 10^{-7}\text{cm}$。因为一个油分子包括许多原子，所以原子的尺寸应当更小。

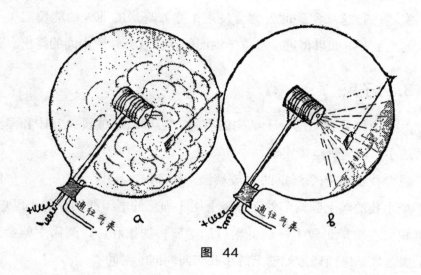

图 44

基本均匀地沉积在内壁上。

而当电炉温度较低时，电炉中的金属蒸气密度也会较低，这时整个过程将完全不同。从小孔流出的金属蒸气不会向所有方向扩散，而是近乎沿直线运动，其中的大部分会沉积在朝向电炉开口那一侧的内壁上。可以在开口前放一小块物体，从而凸显这一事实（图 44b）——放置的物体后面的内壁上不会形成沉积，而这块没有沉积的区域的形状与遮挡物的形状完全一致。

只要记得蒸汽是由大量分离的分子组成的，它们会沿各个方向运动，并持续地相互碰撞，那么就能很容易理解气体在高密度和低密度状况下的不同流动表现。金属蒸气密度较高时，从小孔中流出的气流就如同从失火的剧院的出口蜂拥而出的大股人流一样，在穿过门后，他们会在大街上四散而去，这时候还会互相碰撞。反之，当金属蒸气密度较小时，就像一个个走出门的人一样，他们会走直路，不会受到干扰。

这种从电炉的小孔中流出的低密度物质流被称为"分子束"，是由于大量紧挨在一起的分离的分子一同飞跃空间而形成的。这样的分子束在研究分子的独立性质时是极其有用的，例如，科学家可以用它来测量热运动的速度。

奥托·斯特恩（Otto Stern）最早制造出研究分子束运动速度的设备，他的设备和菲佐测量光速时所用的仪器基本相同（参见图31），由两个同轴的齿轮组成，只有当齿轮以特定的速度旋转时，分子束才能顺利通过（图45）。

斯特恩用一块隔板截获细薄的分子束。利用这一设备，斯特恩发现分子运动的速度一般是极高的（钠原子在 200℃ 的温度下速度是 1.5 千米 / 秒），并且会随着温度上升而提高。这直接证明了热动力学理论，即物体温度的上升仅仅是因为其中分子无规律热运动的加快。

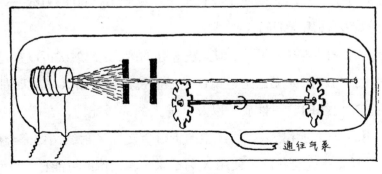

图　45

4. 原子照相

尽管上述例子不容置疑地证明了原子假说的正确性，但终究还是"眼见为实"来得更好，因此，最终确定原子和分子存在的决定性证据，是直接用肉眼看到这些微小单元。这种视觉展示在不久之前，已经由英国物理学家布莱格（William Lawrence Bragg）利用他发明的给晶体内的原子和分子照相的方法实现了。

不过，不要贸然认为给原子照相是件容易的事，因为要给如此之小的物体拍照，除非照明用的光线的波长比被摄物体更小，不然照片会无可救药地模糊。你总不能用刷墙的粉刷去画波斯细密画吧！

与微小的微生物打过交道的生物学家更加明白这种困难，因为细菌的大小（大约 0.000 1 厘米）与可见光的波长相近。为增加图像的清晰度，他们使用紫外线给细菌进行显微照相，这样才获得较好的结果。然而分子的尺寸以及它们在晶体中的距离是如此之小（0.000 000 01 厘米），无论是可见光还是紫外线都无法描绘出它们的准确身形。为了看到单独的分子，我们必须使用波长小于可见光 1/1 000 的射线——或者说，我们必须使用所谓的 X 射线。

但此时我们又遭遇到了看似无法逾越的困难：X 射线可以穿过物体而不发生折射，因此无论是透镜还是显微镜，在使用 X 射线时都不会起作用。X 射线的这一性质，以及其强大的穿透能力，在医学中自然是很有用的，因为穿透人体时产生的折射会使得 X 射线图像完全模糊。但这个性质似乎完全排除了使用 X 射线来放大图像的可能！

起初这一情形令人感到无望，但布莱格想出了一个解决问题的天才办法。他基于阿贝（Abbé）提出的显微镜的数学理论来考虑，也就

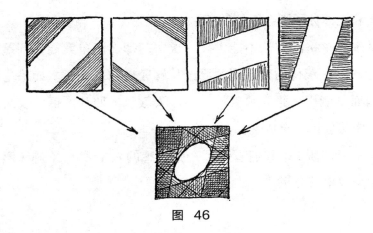

图　46

是显微镜图像可以被视作大量分离图案的叠加，每个图案由视场内成一定角度的平行暗条来表示。上述表述的简单例子可以参考图 46，在暗场中心的明亮的椭圆形区域，是由四幅单独的暗带系统叠加而成的。

根据阿贝的理论，显微镜的运作包括：（1）将原始图像分割为大量单独的条带图案；（2）放大每个图案；（3）再次叠加图案，以获得放大的图像。

这个过程可以和利用一系列单色板印制彩色图片的方法相类比。单看每块单色板，你可能说不出整张图片是什么，而当它们以恰当的方式相互叠加之后，整张图片便清晰明了了。

能自动完成上述三个步骤的 X 射线透镜是无法制造的，因此我们必须一步步进行：从不同方向拍摄大量晶体的 X 射线条带图案，随后以恰当的方式在一张照相纸上将其叠加。至此我们就能实现用 "X 射线透镜" 放大图像的目的了，只不过真正的透镜可以在瞬间完成这件事，而我们的这一过程却需要一位经验丰富的实验员操作几个小时。因此，布莱格的方法只能拍摄晶体的照片，因为其分子都不会移动，而液体和气体分子则会四处乱窜。

尽管布莱格的方法不能像按一次快门那么简单就能得到照片，但利用这一方法获得的合成照片已经足够完美和准确了。如果是因为技术原因而不能用一张底片就拍下整座大教堂的照片的话，没人会反对多拍几张然后进行合成吧！

在附录图版 I 中我们看到了一张熟悉的六甲苯的 X 射线照片，由此化学家写出其分子式：

$$
\begin{array}{c}
H \quad\quad H \\
| \quad\quad\quad | \\
H-C-H \quad H-C-H \\
\quad\quad | \quad\quad\quad | \\
\quad\quad H \quad\quad\quad C \\
\quad\quad | \quad\quad\quad | \\
H \quad\quad C \quad\quad\quad\quad\quad C \quad\quad H \\
| \quad | \quad\quad\quad\quad\quad\quad | \quad | \\
H-C-C \quad\quad\quad\quad\quad\quad C-C-H \\
| \quad | \quad\quad\quad\quad\quad\quad | \quad | \\
H \quad\quad C \quad\quad\quad\quad\quad C \quad\quad H \\
\quad\quad | \quad\quad\quad | \\
\quad\quad H \quad\quad\quad H \\
\quad\quad | \quad\quad\quad | \\
H-C-H \quad H-C-H \\
| \quad\quad\quad | \\
H \quad\quad H
\end{array}
$$

从图像上可以清晰地看到 6 个碳原子形成环，同时分别连接着另外 6 个碳原子，而更轻的氢原子则几乎难以看到。

即使是最多疑的人，在亲眼看到此照片之后，也会同意这是分子和原子存在的确凿证据吧。

5. 解剖原子

德谟克利特给这种微小粒子起名为原子，它在古希腊语中意为"不可分割之物"，他的意思是：这些粒子是对物质进行分割的最终界限。换言之，原子是组成一切物体的最小、最简单的结构单位。几千年后，"原子"的原初哲学思想已经转变为准确的科学语言，它已经被大量的经验证据所证实，变成了有血有肉的实体。同时，"原子是不可

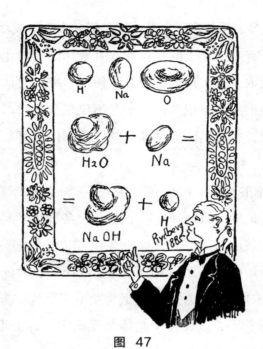

图 47

分割的"这一想法仍被大家所认同，人们依旧假想，不同元素的原子
具有不同的性质，是因为各个原子的几何形状不同，例如，氢原子被
视作一个球体，钠原子和钾原子则被视作长椭球体。

　　而氧原子，在当时则被想象成一个甜甜圈的形状，中心有一个几
乎完全闭合的洞眼，而水分子（H_2O）正是通过将两个球形的氢原子放
置在氧原子两侧的洞眼上形成的（图 47）。至于钠和钾能更好地置换出
水里的氢这一现象，则被解释为：钠原子和钾原子的长椭球形状相比
氢原子的球形更容易填充进氧原子的甜甜圈洞眼里。

　　根据这些观点，各个元素释放的光学光谱的不同，可以归因于不
同形状原子的振动频率不同。考虑到这一点，物理学家曾尝试用实验
测得的各元素的光谱频率来确定不同原子的形状，就像在声学中通过

音色来辨别小提琴、乐钟和萨克斯一样，但并未获得成功。

事实上，所有基于原子的几何形状来解释原子的化学和物理性质的尝试，都没能取得重大进展。而真正使科学家踏出认识原子性质的第一步的，是他们最终意识到，原子并不仅仅是几何形状不同的简单物体，恰恰相反，它们是由大量独立的运动部件以复杂的机制组合而成的。

"在原子精细的身体上切开第一刀"这一殊荣属于英国著名物理学家汤姆逊（Joseph John Thomson），他指出，各种化学元素的原子都包含有带正电荷和负电荷的部分，这两部分靠电场力的吸引相结合。汤姆逊设想，原子是由大体上均匀分布的正电荷体和大量漂浮在其中的负电荷微粒构成的（图48）。[1] 汤姆逊将负电荷微粒称为电子，其电量之和与总正电荷相等，因此原子整体是呈电中性的。根据他的假设，因为原子对电子的束缚力并不是很强，所以电子中的一个或多个可以被移去，留下一个带正电的原子残留物，称为正离子；反之，如果原子成功获取了来自外界的额外电子，则会带负电，称为负离子；原子得到或失去电子的过程称为电离。

汤姆逊的观点是基于法拉第（Michael Faraday）的经典实验，后者证明出了无论原子带有多大的电荷，它的电量一定是 5.77×10^{-10} 静电单位的整倍数。在此基础上汤姆逊又迈出了一大步，他发明了从原子中获取电子的方法，并研究了自由电子束在空间中高速飞行的现象，由此认为这些电荷的本质是单独的粒子。

---

[1] 现在我们通常将汤姆逊的原子模型称为枣糕模型或葡萄干面包模型，也叫西瓜模型，下文中有提到（译注）。

图　48

　　汤姆逊关于自由电子束的研究的一个极为重要的结果，是估计出了它们的质量。他从带有强电场的某种物体（如热电炉丝）中抽出一束电子，使其从一对相对放置的电极板之间通过（图 49）。

　　因为电子带有负电，更准确来说，它本身就是负电体，所以电子束会被正极板吸引，被负极板排斥。汤姆逊在电极板的尽头放置了一块荧光屏，这样就能轻松地看到电子束的偏转。只要知道电子的电量、偏转距离和对应的电场强度，他就能估计出电子的质量了——实际上，电子的质量的确很小。汤姆逊发现，一个电子的质量为一个氢原子质

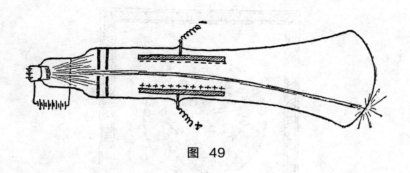

图 49

量的 1/1 840，这表明，原子的绝大多数质量集中在带正电的部分。

尽管汤姆逊对原子中带负电的电子流的认识是完全正确的，但他对均匀分布在原子内部的正电部分的认识却与实际情况相差甚远。1911年，卢瑟福（Rutherford）证明原子的正电部分，同时也是原子的绝大部分质量，集中在原子极为中央的一块很小的核区域内。他通过一个研究所谓的"α 粒子在穿过物体时是否会发生散射"的实验，得到了这一结论。α 粒子是特定的不稳定重元素（如铀和镭）释放的微小的高速粒子，因为它们的质量被证明与原子相近，同时带有正电，由此推断它们必定是原来的原子中带有正电部分的碎片。当一个 α 粒子穿过靶材料的原子时，它会受到原子中电子的吸引力以及原子中正电部分的排斥力的影响。然而，一方面，电子的质量太轻，它们对入射的 α 粒子的影响不会比一群蚊子对一头大象的影响大；另一方面，入射的带正电的 α 粒子在极为靠近占原子主要质量的正电部分时，必定会受到排斥而偏转，散射向各个方向。

因而在研究 α 粒子束穿透薄铝箔时的散射情况时，卢瑟福得到了一个令人咋舌的结论。为了能解释观察到的结果，他必须假设产生散射的 α 粒子与原子的正电部分之间的距离小于原子直径的千分之一。

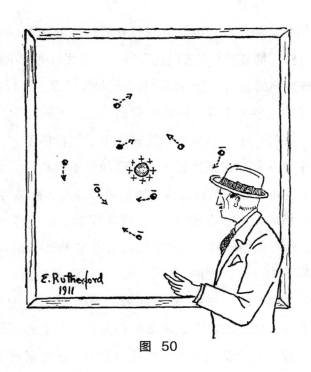

图 50

显然，对此唯一的解释只可能是：α 粒子和原子的正电部分的尺寸都约为原子本身尺寸的千分之一。

卢瑟福的发现将原来汤姆逊的"正电部分大面积分布"的原子模型大幅收缩，变成在原子极为中心的位置上只存在一个微小的原子核，而负电的电子群在它的外面，而不是像汤姆逊的模型那样，电子如同西瓜中的瓜子一般散布。卢瑟福的模型如同一个微缩的太阳系，原子核是太阳，电子是行星（图 50）。

除结构外，原子同行星系的相似性还在于：原子核占原子总质量的 99.97%，而太阳质量占太阳系总质量的 99.87%；电子之间的距离与电子直径之比，与行星之间的距离和行星直径之比的数量级（几千倍）也相当。

更重要的是，原子核与电子之间相互吸引的电场力，与太阳和行星间的引力一样，都遵循着平方反比定律[1]。这使得电子在原子核周围描绘出圆形或椭圆的轨道，正如太阳系中行星和彗星的运行轨迹。

根据上述的这些关于原子内部结构的观点，不同化学元素的原子之间的差异，必然缘于围绕原子核旋转的电子数目的不同。既然原子整体是呈电中性的，那么围绕原子核旋转的电子的数目，必定取决于原子核所携带的正电荷的数目，这一数值可以通过观察 α 粒子在与原子核相互作用后的散射来直接估计。卢瑟福发现，将化学元素按照重量递增排列，所得到的序列中，电子的数目也在连续增加：氢原子有 1 个电子，氦原子有 2 个，锂原子有 3 个，铍原子有 4 个……直到自然界中存在的最重的元素——铀，总共有 92 个电子。[2]

这一代表原子特点的数字也通常被称为有关元素的原子序数，同时也与化学家排列的指示元素化学性质的表中，各元素所占的位置号码相同。

因此，任一给定元素的物理性质和化学性质都可以用围绕其原子核旋转的电子的数目来表示。

19 世纪末，俄国化学家门捷列夫（D. Mendeleev）注意到，在元素的天然序列中，元素的化学性质呈现显著的周期性规律。

他发现，在相隔一定数目之后，元素会复现相近的化学性质。图 51 显示了这种周期律，已知的所有元素都排列在围绕圆柱的螺旋形条

---

[1] 即物体间相互作用力的大小与距离的平方成反比。

[2] 如今我们已经真正了解了炼金术的技艺（参见后文），因而我们可以人工制造更为复杂的原子了。例如在原子弹中发挥作用的人造元素钚，其电子数是 94。

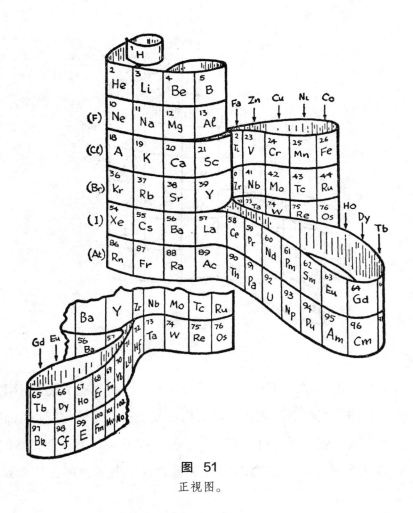

图 51

正视图。

带上，每一列元素的化学性质都相近。

元素周期表呈现在弯曲的条带上，其中 2、8 和 18 为元素性质的重复周期。前一页中的下侧图，显示了从常规的周期律中脱离的另一组元素（稀土元素和锕系元素）。

我们看到，第一周期只有两个元素：氢和氦，随后的两个周期各包含 8 个元素，再往后的周期是每 18 个元素一重复。如果你还记得，

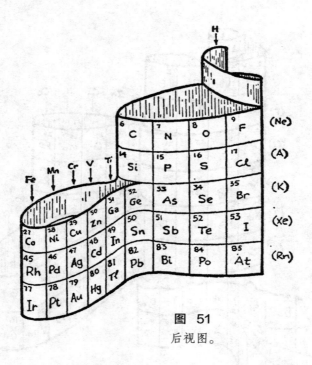

图 51

后视图。

沿元素序列每走一步，原子中的电子就会多一个，那么我们就不得不总结出，我们所观察到的化学性质的周期性规律，必然与某种稳定的电子排列方式，或者说"电子层"的重复出现有关。第一个完整的电子层包含两个电子，往下的两层分别包含 8 个电子，再往后分别是18 个。

我们还注意到，在图 51 中的第六周期和第七周期中，本应严格遵循规律的周期化学性质被两组元素（所谓的稀土元素和锕系元素[1]）扰乱了，必须将它们置于另外的位置。这一异常缘于，在这些元素中，

---

[1]　我们现在将这两组元素称为镧系元素和锕系元素，而之前所称的稀土元素现在不完全对应镧系，因为在主表中有的元素也被划入了稀土的范畴（译注）。

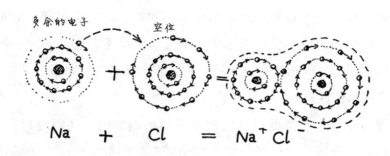

图 52

钠原子和氯原子结合成氯化钠分子的示意图。

我们遭遇了电子层结构的内部重建，这破坏了原子的化学性质。

如今，有了原子结构图，我们就能试着去解答，究竟是何种结合力将不同元素的原子相连，从而组合成无穷无尽的复杂化合物分子了。例如，为何钠原子和氯原子能紧密结合成食盐分子？

图 52 向我们展示了这两种原子的电子层结构，其中，氯原子的第三层缺少一个电子，而钠原子的第二层多出了一个电子。因此钠原子中多余的电子就倾向于去往氯原子，从而填满其缺失的外层。如此电子转移的结果就是，钠原子带上了正电（失去了一个负电子），而氯原子带上了负电。在电场力的吸引下，两个带电的原子（准确来说是离子）会相互附着，进而形成氯化钠分子，通俗点说，就是形成了食盐分子。

同样的原理，最外层缺少两个电子的氧原子会"绑走"两个氢原子仅有的两个电子，最终形成水分子（H_2O）。反言之，氧原子和氯原子，或者氢原子和钠原子之间，就不会有相互结合的趋势，因为前者中的两种原子都想从外界索取电子，而不会给出，后者中的两种原子则恰好相反。

每一层的电子数量都刚好的原子，如氦、氩、氖和氙，是完全自给自足的类型，既不会获取电子也不会给出电子，它们倾向于保持高贵的孤立姿态，因而拥有这一特点的元素（所谓的"稀有气体"）在化学上呈现出惰性。

我们在结束有关原子和它的电子层的内容时，还需要讨论一下，在被称作"金属"的一类物质中电子所起到的重要作用。金属物质与其他物质的区别在于，它们最外层的电子层受到原子的束缚较弱，会经常失去一个电子。因此金属内部充满了大量的自由电子，如同一群无家可归的人一样四处乱窜。当我们给一段金属丝的两端通上电时，自由电子会顺着电场力的方向移动，因而产生所谓的电流。

自由电子的存在也是金属拥有良好的导热性的原因——不过我们会在稍后的章节中讨论这一点。

6. 微观力学和不确定性原理

我们在上一节中看到，在原子中，电子围绕着原子核旋转的系统类似于太阳系，因此人们自然会猜想电子的运动是否会和已经明确建立起来的、支配着太阳周围行星运动的天文学定律一致。尤其是电场力和引力的相似性——两者的吸引力都与距离的平方成反比，是否表明，电子也一定是沿着椭圆轨道围绕着原子核运行，而原子核则位于一个焦点上（图53a）？

然而，一切以行星系统的运行为蓝本给电子的运行方式建立稳定图景的尝试，都出乎意料地失败了，以至于有一段时间人们竟认为，要么是物理学家疯了，要么就是物理学本身就是荒唐的。

问题的根源在于，与太阳系中的行星不同，电子本身是带电的，

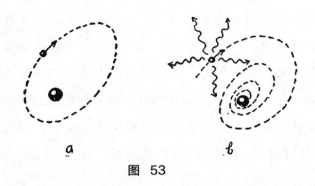

图 53

对于任何振动的或旋转的电荷而言，只要围绕着原子核做圆周运动，就一定会产生强烈的电磁辐射。随之而来的是能量的衰减，随着辐射被带走，按照逻辑，其结果必然是电子沿着螺旋轨迹（图 53b）向原子核下坠，直到旋转的动能全部耗尽，撞到原子核表面。至于这一过程所需的时间，根据已知的电子电量和旋转频率，可以轻易算出，电子耗尽能量直至坠落所需的时间，不会超过百分之一毫秒。

因此，直到不久之前，物理学家还在用他们所知道的最新的知识坚定地说，原子结构的行星系统模型不会存在哪怕万亿分之一秒的时间，它们刚刚形成就会立刻坍缩毁灭。

然而，纵然物理理论做出的预言令人沮丧，实验结果却显示，原子系统是相当稳定的，电子总是好端端地在原子核周围愉快地打转，既不丧失能量，也没有坍缩的趋势！

这怎么可能！为何曾经准确无误的力学定律，在应用于电子运行时，就与通过观察得到的事实大相径庭了呢？

为解答这个问题我们必须要回到科学的最基本的问题上：什么是"科学"？科学的本质到底是什么？大自然的"科学解释"的含义又是什么？

举一个简单的例子，古希腊人认为地球是平坦的，你不能责怪他们有这样的想法，因为如果你走上一片开阔的陆地，或者航船横穿大洋，你也会自认为这一理论是真的，除了偶尔出现的山峦和群峰，地球的表面看上去确实是平的。古人的错误不在于"从特定的观察点去看，地球确实是平的"，而是在于将这一表述外推到能够达到的观察极限之外。况且，事实上，只要远远超越这个常规的极限去观察，例如研究月食中投射在月球表面的地影的形状，或者通过著名的麦哲伦环球航行，就能立刻证明这种外推是错误的。

如今我们说地球看上去是平的，是因为我们能看到的只是整个球面中极小的一片区域。与之类似的，我们在第五章中讨论过，宇宙空间可以是弯曲而有限的，尽管它看上去平坦且无限，但那只是因为观测者的视角是受限的。

可是，这些讨论和我们在研究组成原子的电子的力学表现时所遭遇的矛盾有关系吗？答案是肯定的。在这些研究中，我们已经暗自假定，电子运动的机制和巨大的天体的运行，或者是我们在日常生活中很熟悉的"正常物体"的运动，都遵循完全一致的规律，因而可以用同一种术语来表达。

事实上，我们熟知的力学定律和概念是凭借经验建立在我们对周遭物体的研究之上的，同样的定律在之后还可以用于解释更大的物体，例如行星和恒星的运动。而天体力学的成功，使得我们可以精确计算千万年前后的各种天文现象，这无疑更加证实了传统力学定律外推去解释更大质量的天体运动的可行性。

可是谁又能保证，同样的力学定律，足以解释巨大天体的运动以及火炮炮弹、钟摆、玩具陀螺的运动的力学定律，就一定也能应用于电子——这种体积和质量都比人造最微小的机械装置的万亿分之一还要小的粒子——的运动呢？

当然，预先假设常规的力学定律在解释原子的微小组成部分的运动时必定失败，是毫无根据的，但换个角度来看，如果真的失败了，我们也不该太过惊讶。

因此，原本是天文学家用于解释太阳系中行星运动的定律，被拿来试图解释原子中电子的运动，难免会得到似是而非的结论。此时首先应该考虑的，是经典力学定律在解释如此微小的粒子时，是否需要做出根本性的调整。

经典力学的基本概念是用轨迹描述运动的粒子以及这些粒子在轨迹上的运动速度。任何运动的粒子在特定时刻都会占据一个确定的空间位置，把这些位置连起来就形成一条连续的线，称为轨迹，这是显而易见的，也是描绘所有运动物体的基本概念。给定的物体在不同时刻的位置间的距离，除以对应的时间间隔，得到的就是速度。从位置和速度两个概念出发，整个经典力学的体系就建立起来了。直到最近，还未曾有科学家遭遇用这些最基本的概念去描述运动现象时出现错误的情况，而哲学家也习惯性地将其作为"先验"来考虑。

然而，在尝试将经典力学定律应用于描述微小的原子系统内的运动时，科学家遭遇的惨败表明，有些东西从根本上就错了，进一步扩展就是，经典力学基于的最基本的思想是"错的"。"运动物体的连续轨迹"和"任一时刻的准确速度"这两个基本的概念，应用到原子内微小部分的运动时未免太粗糙了。简单来说，事实证明，如果想要把我们熟知的经典力学，外推到极其微小的质量上，我们就需要对它进行大幅度的改造。但如果经典力学的旧概念真的不能应用到原子世界上的话，那么说明它在反映更大物体的运动情况时，也不是绝对正确的。

因此我们得出结论，经典力学背后的原理只能看作是无限接近于"真实情况"，而这种近似如果应用到超出原先适用范围的更精细的系统上，就会彻底失效。

对原子系统的力学表现的研究，和所谓的量子物理的创建，为科学奠定了新的基础。量子物理的建立，是出于"两种不同物体之间的相互作用存在一定的下限"这一发现，它破坏了关于物体运动轨迹的经典定义。事实上，如果一个物体能按照精确的数学轨迹运动的表述，就暗示了通过某种特定的物理仪器就能记录下这一轨迹的可能。但不要忘记，无论是对于哪种运动物体，记录其运动轨迹意味着，我们会不可避免地干扰其原有的运动。

事实上，如果运动物体对记录其在空间中的连续位置的仪器产生作用，那么根据牛顿第三定律，仪器也会对物体产生反作用。如果我们能像经典物理中假想的那样，可以按要求尽可能地减少两个物体（此处指运动物体和记录位置的仪器）间的相互作用，那么我们就能造出一台理想的仪器，它足够灵敏，在记录下运动物体的连续位置的同时，又不会打扰到它的运动。

物理相互作用的下限这一存在，近乎彻底地改变了我们的前提，因为我们无法将记录仪器对运动造成的干扰减小到任意数值。因此，由于观察造成的对物体运动的干扰变成了运动本身不可分割的一部分，而我们也不再是用无限细的数学曲线来描述物体的运动轨迹，而是被迫使用一条具有一定厚度的扩散条带。经典物理中尖细的数学轨迹线，变成了新生力学眼中宽阔的扩散带。

不过，物理相互作用的最小量，通常称为作用量子（quantum of fiction），却是一个非常小的数值，只有在我们研究非常微小的物体的运动时才会起到重要作用。举个例子，尽管左轮手枪子弹的轨迹确实不是一条清晰的数学曲线，但这条轨迹的"粗细"还是要比组成子弹的单个原子的尺寸小得多，故而可以视其厚度为零。

但是，在研究更轻、更易受到测量的干扰的物体时，我们发现它们轨迹的"厚度"变得越来越重要。对于围绕原子核旋转的电子，它的轨道厚度已经接近于它的直径，因而，电子运动的轨迹不能再用图 53 中的曲线来表示，而是应该像图 54 中那样。此时粒子的运动不能用熟悉的经典力学的术语来表示，它的位置和速度都具有一定的不确定性 [海森堡的（Heisenberg）不确定性关系和玻尔（Bohr）的互补原理]。[1]

新物理学的这项惊人的发现，将我们非常熟悉的运动粒子的轨迹、准确位置和速度的概念统统扔进了废纸篓里，几乎什么都不剩。如果

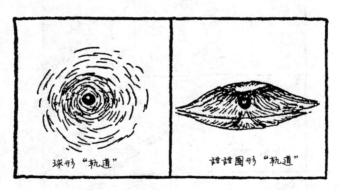

图 54

原子中的电子运动的微观力学图像。

[1] 有关不确定性关系的更详细的探讨可以在作者的另一本书《汤普金斯先生神游仙境》（*Mr. Tompkins in Wonderland*，纽约麦克米兰公司，1940 年出版）中找到。

我们不能继续使用这些曾经被普遍接受的基本原理来研究电子的话，我们又能基于什么去理解它们的运动呢？究竟应该用什么数学公式去取代经典力学的方法，才能兼顾位置、速度、能量的不确定性以及量子物理所求的事实呢？

　　我们可以通过研究古典光学理论领域的类似情况来求得这个问题的答案。我们知道，日常生活中看到的大多数的光学现象，都可以用光沿直线传播的假设来解释，因而我们才将光称之为光线。不透明物体投射下的影子形状、平面镜和曲面镜的成像、透镜和各种更加复杂的光学系统的工作原理，都可以通过光线反射和折射的基本定律来轻而易举地解释（图 55a，55b，55c）。

　　但我们也知道，尝试用几何光学的方法，也就是用光线来解释光

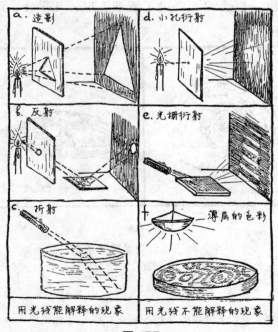

图 55

的传播的经典理论，在描述光学系统中"透光孔的尺寸与光的波长相仿"的情况时就毫无作用了。此时发生的现象被称为衍射，它完全超出了几何光学的范畴。

因此，当一束光穿过非常小的开口（大约 0.000 1 厘米）时，将不再以直线传播，而是分散成折扇状的图样（图 55d）。当一束光照向一块刻有大量平行窄线的镜面（"衍射光栅"）时，它不会按照熟悉的反射定律运动，而是会被反射向不同的方向，具体方向与刻线间的距离以及入射光的波长有关（图 55e）。此外，散开在水面的油膜反射的光也会形成一系列特定的明暗条纹（图 55f）。

在上述例子中，我们熟悉的"光线"的概念彻底失去了描述我们观察到的现象的能力，因此，我们必须用光能在光学系统的整个空间中的连续分布来替代它。

可以很容易看出，光线的概念在应用于衍射现象时的失败，与力学轨迹的概念在应用于量子物理中的现象时的失败，是极为相似的。正如我们不能制造出一束无限细的光束一样，量子力学原理也不允许无限细的运动粒子的轨迹存在。在这两个情况中，我们都必须放弃"某种东西（光或粒子）沿着特定的数学曲线（光线或力学轨迹）传播"这一描述，而不得不将其修改为：我们观察到的现象，是"某种东西"持续分布在整个空间中的结果。在光学中，这里的"某种东西"是光在各个点上的振动强度；而在力学中，这里的"某种东西"就是新近引入的位置的不确定性这一概念。运动粒子在某一时间点被发现时的位置，不再是某个确定的点，而是几个可能的位置中的任一个。我们再也不能说运动粒子在某一时间点位于某个精确的位置了，只能根据"不确定性关系"的计算式来求得位置的可能范围。

　　用来解释光的衍射现象的波动光学，与用来解释力学中粒子运动的新兴"微观力学"，或者说"波动力学"〔由德布罗意（L. de Broglie）和薛定谔（Schroedinger）提出〕之间存在一定的联系，我们可以通过实验轻易看出这一联系。

　　图56向我们展示了斯特恩用于研究原子衍射的仪器。一束由本章前面说明过的方法所产生的钠原子射向晶体表面并被反射回来。此处晶格表面的规则原子层充当了衍射光栅的作用。入射的钠原子从晶体表面反射，被一系列摆向不同角度的小瓶子收集，每个瓶子收集到的原子的数量都会经过精细的测算。图56中的点画线表示了结果。我们看到，与一般的物体反射是朝向一个确定的方向（例如玩具枪发射的小球在金属片上反弹）不同，钠原子在一个确定的角度上分散开，形成了与普通的X射线衍射极其接近的图案。

　　这类实验无法通过经典力学的基本内容——即单个原子的运动是沿着确定的路径这一描述——来解释，却完美适用于新的微观力学的观点，正如光波的传播适用于现代光学一样。

图 56

　　a.用轨迹的概念能解释的现象（小球在金属片上的反弹）。
　　b.用轨迹的概念不能解释的现象（钠原子在晶体上的反射）。

第七章 现代炼金术

1. 基本粒子

我们已经知道，各种化学元素的原子具有相当复杂的力学系统，大量电子围绕着中心的原子核旋转。那么我们难免会问出这样的问题：原子核是不是绝对不可分割的物质结构单元呢？还是说它们还能被分割成更小、更简单的部分？这 92 种不同的原子类型有没有可能被削减为几种非常简单的粒子呢？

早在 19 世纪中叶，这种简化分类的愿望就驱使英国化学家威廉·普劳特（William Prout）提出了一个假说：所有化学元素的原子都具有相同的本质，即氢原子在不同程度上的"聚合"。普劳特的假说，是基于"通常情况下，利用化学方法测得的元素的原子质量，基本上是氢原子质量的整数倍"这一事实提出的。因此，根据普劳特的说法，氧原子的原子量是氢原子的 16 倍，所以它一定是 16 个氢原子团聚在了一起；原子量为 127 的碘原子肯定是由 127 个氢原子组成的。[1]

但在当时，化学上的发现并不能支持这个大胆的假说。对原子量的精确测定显示，大部分情况下它们并不是准确的整数倍，而只是非常接近整数，少数情况下甚至根本与整数倍相差很远（例如氯原子的原子量是 35.5）。这些事实似乎与普劳特的假说直接相悖，所以当时没有得到广泛的认同，直到普劳特去世，他都不知道自己实际上有多么接近事实。

直到 1919 年，英国物理学家阿斯顿（Aston）才让这个假说再度重见天日，他发现普通的氯实际上是两种不同的氯原子的混合物，它们的化学性质相同，却有着不同的整数原子量——35 和 37。化学家测定的非整数 35.5 只是二者混合后的值。[2]

对多种化学元素的深入研究揭示了一个令人震惊的事实：大部分元素都是化学性质相同而原子量不同的几种成分的混合物。这些"成分"被称为同位素，也就是元素周期表中占据同一位置的不同物质。[3]不同同位素的质量依旧是氢原子的整数倍这一事实，让普劳特的假说

---

[1] 原子量的更准确说法是相对原子质量，前者表述的是带有单位的绝对量，后者表述的是不同原子相对某一标准的相对质量。这一标准目前是由碳 -12 原子质量的 $\frac{1}{12}$ 所规定，粗略来看它可以相当于质子或中子的质量，因而前文中说其他原子的质量是氢原子的倍数这一点是有一定道理的。不过例如下文的例子（氯），相对原子质量是每个元素的各同位素分布量的加权平均与碳 -12 相比的结果，所以才会有结果不是整数的情况，而实际上大部分元素的相对原子质量都不是整数，因为存在多种同位素（译注）。

[2] 因为较重的氯原子占 25%，而较轻的占 75%，所以平均原子量一定是：$0.25 \times 37 + 0.75 \times 35 = 35.5$，正好与化学家测定的相等。

[3] 希腊语中 ισοs 意为相等，τοποs 意为位置，结合之后，衍生为英语单词 isotope，即同位素。

焕发新生。因为前一章中说到，原子的主要质量集中在原子核，因而普劳特的假说可以用现代语言改写成：不同种类的原子核是由不同数量的氢原子核组成的。因为它们在物质结构中扮演的角色，它们得到了"质子"的特称。

但是上述论述还需要一个重要的纠正。以氧原子核为例。因为氧是元素自然序列中的第八个，那么它一定带有8个电子，相应地，它的原子核也一定带有8个正电荷，而氧原子是氢原子的16倍重。因此，如果我们假设氧原子是由8个质子构成的，那么它的带电量是正确的，但质量是错的（都是8）；如果假设是16个，那么质量是对的，带电量却是错的（都是16）。

显然，摆脱困境的唯一出路是，假设组成复杂原子核的一部分质子丢失了它原有的正电荷，呈电中性。

这种失去电荷的质子，或者，我们现在称其为"中子"，早在1920年就已经由卢瑟福提出，但在12年后才在实验中被发现。必须说明的是，质子和中子不能被视为两种截然不同的粒子，它们是同一种基础粒子的两种不同电性，如今我们称之为"核子"。事实上，我们知道质子能通过失去正电荷变为中子，中子也能得到正电荷变为质子。[1]

中子作为原子核结构单元的引入消除了前文讨论的困难。为了能理解氧原子核的质量是16个单位而带电量只有8个单位这件事，我们必须接受它是由8个质子和8个中子组成的事实。碘原子的原子量是127，原子序数是53，包含53个质子和74个中子，而重元素铀的原子

---

[1] 简单来说，质子和中子的转换方法是质子与电子相结合得到中子，反之亦然，但这只是简化的说法（译注）。

核（原子量238，原子序数92），是由92个质子和146个中子组成的。[1]

由此，在几乎一个世纪之后，普劳特的大胆假说才收获了应得的荣誉，而且我们现在可以说，已知的无限种类的物质全部都是由两种基本粒子进行不同组合的结果：（1）核子，物质的基本粒子，可以是电中性的，也可能带有一个正电荷；（2）电子，带负电荷的自由粒子（图57）。

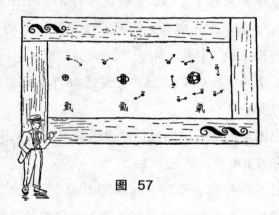

图 57

下面有几道来自"万物烹饪全书"的食谱，展现了宇宙厨房是如何用装满橱柜的核子和电子做出每道菜的：

水。 准备大量氧原子，每个由8个中性核子、8个带电核子以及围绕原子核的8个电子组成；准备两倍数量的氢原子——用一个电子搭配上一个带电核子就可以了；在一个氧原子上加上两个氢原子，将得到的水分子混合均匀，装入大玻璃杯内，放至冷却，即可上桌。

---

[1] 看一下原子量表，你会发现周期律的开始原子量等于原子序数的两倍，说明这些原子核包含相等数量的质子和中子。而更重的元素原子量增长得更快，表明中子的数量更多。

食盐。准备钠原子，由 12 个中性核子、11 个带电核子以及 11 个电子组成；准备相同数量的氯原子，由 18 或 20 个中性核子、17 个带电核子（同位素）以及 17 个电子组成；将钠原子和氯原子摆放成三维棋盘的图案，从而得到食盐晶体。

TNT（三硝基甲苯）。准备碳原子，由 6 个中性核子、6 个带电核子以及 6 个电子组成；准备氮原子，由 7 个中性核子、7 个带电核子以及 7 个电子组成；依照前面的食谱准备氧原子和氢原子（参见"水"）；将 6 个碳原子连成环，第 7 个碳原子接在环外；在碳环的 3 个原子上各连接一个氮原子，每个氮原子上再各连接一对氧原子；在环外的碳原子上连接 3 个氢原子，在环中剩下的两个碳原子上也各连接一个氢原子；得到的分子排列起来，形成大量的小块晶体，再将这些晶体压实。切记谨慎操作，因为这个结构不稳定，极易爆炸。

尽管我们已经看到，中子、质子和带负电的电子已经足够构成我们所需的一切物质，但这份基本粒子表单似乎尚不完整。事实上，如果普通电子是带负电的自由粒子，那么为什么不能有带正电的自由粒子，或者说正电子呢？

同样，如果作为物质的基本单元的中子能带上正电荷变为质子的话，为什么不能带上负电而变成负质子呢？

实际上，在自然界中确实存在正电子，它与普通的负电子极为相似，只是电性相反。至于负质子，也有存在的可能性，只是实验物理尚未成功探测到它们。[1]

正电子和负质子（如果有的话）在我们的物理世界中的数量远少

---

[1] 1955 年反质子被真正探测到（译注）。

于负电子和正质子的原因是，这两组粒子是相互敌对的。众所周知，两种电荷——正电荷和负电荷，在相遇时会互相抵消，因此，既然两种电子表示的只是正电荷和负电荷，那么我们就不能指望让它们共处一室。事实上，当两种电子相遇时，它们的电性便会立刻抵消，且不再是两种独立的粒子。在这两个电子相互湮灭的过程中，强烈的电磁辐射（伽马射线）会从它们的相遇点释放，携带着两个粒子消失前的能量。

根据物理的基本定律，能量既不能凭空创造也不能凭空消失，所以此时我们见证的，只是自由粒子的静电能向辐射波的电动能的转化。波恩（Born）教授将正电子和负电子相遇的现象描述为"狂野的婚姻"[1]，布朗（Brown）教授的说法更加恐怖，他将之称为两个电子的"结伴自杀"[2]。图 58a 显示了这种遭遇的情形。

有另一个与两个电性相反的电子"湮灭"的过程相对的过程，叫作"电子对的产生"，即由强烈的伽马射线"凭空产生"一对正负电子。这里我们说"凭空产生"，是因为这一对新生的电子实际上源于伽马射线提供的能量。事实上，形成电子对所需的能量，刚好与湮灭过程中释放的能量相等。电子对形成的过程通常会在辐射接近一些原子核的时候发生[3]，图 58b 给出了简单示意。这就是原本没有任何电性的地方凭空出现两种相对的电荷的例子，不过这并不令人惊讶，因为在

[1] 参见《原子物理》（*Atomic Physics*），波恩著（纽约 G. E. Stechert & Co. 出版社，1935 年出版）。

[2] 参见《现代物理》（*Modern Physics*），布朗著（纽约 John Wiley & Sons 出版社，1940 年出版）。

[3] 电子对形成的过程在很大程度上受到了原子核周围的电场的帮助，尽管原则上电子对的形成也可以发生在完全真空的环境中。

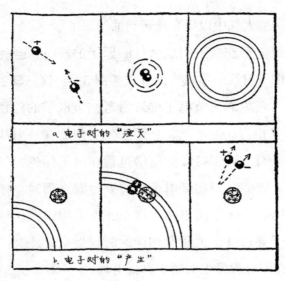

图 58

电子对在"湮灭"的过程中产生电磁波，和靠近原子核的
电磁波"产生"电子对的示意图。

日常生活中我们也遇到类似的情况，比如用硬橡胶棒和毛皮摩擦的时候就会起电。只要能量足够，我们就能制造任意数量的正电子和负电子，但必须考虑到，这些电子对会很快互相湮灭，原本消耗的能量又被"如数"交回。

一个有"大量电子对产生"的有趣例子是"宇宙线簇射"现象，这种现象是由星际空间飞入地球大气层的高能粒子流产生的。尽管这些在空旷的宇宙中纵横交错的粒子流的来源依旧是个谜[1]，但我们已经

[1]　对于运动速度达到光速的 99.999 999 999 999 9% 的高能粒子的来源，最不可思议但可能也是最可信的解释是：它们是由可能存在于巨型气体和尘埃云（星云）之间的极高电势差加速而得到的。事实上，我们可以推测星际气体云可以像大气层中普通的雷雨云一样积累电荷，由此产生的电势差要比雷暴中云层间的闪电现象高得多。

很清楚电子在高层大气中以极高速运动的结果了。

　　高速的初级电子在接近组成大气的原子的核时，会逐渐损失原本的能量，而以伽马射线的形式沿途释放（图 59）。这一辐射又导致大量的电子对产生，新生的正负电子继续沿着初级电子的路径飞奔。这些次级电子仍带有相当高的能量，从而产生更多的伽马射线辐射，进而诞生更多的电子对。这个持续的倍增过程在电子穿越大气层的过程中重复发生多次，因而，当初级电子最终到达海平面时，伴随它的是一大群一半带正电、一半带负电的次级电子。不用说，这种宇宙线簇射也会在高速电子穿过其他大质量物体的时候发生，此时，因为物体的密度更高，分支的过程发生的频率也就更高。（见附录图版 Ⅱ A）。

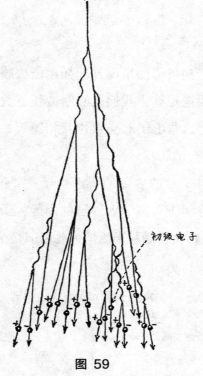

初级电子

图 59

宇宙线簇射的起源。

现在将我们的注意力转向可能存在的负质子，我们推测这种粒子可能是由中子得到一个负电荷或失去一个正电荷而得到的。不难理解的是，这种负质子和正电子一样，不会在自然界中存在多久。事实上，它们会立刻被与之最近的带正电的原子核吸引并吸收，且很有可能在进入原子结构之后转变为中子。因此，即便这种能使现在的基本粒子表更加对称的质子确实存在于物质中，想要探测到它也绝不是一件轻松的事。要记得，正电子是在普通的负电子的概念被引入物理学将近半个世纪之后，才被发现的。假如负质子真的存在，我们可以设想，有一种原子和分子处于——某种意义上说——颠倒的状态，它们的原子核由普通的中子和负质子构成，外面则围绕着正电子层。这些"反"原子具有和普通原子完全一致的性质，就像你无法辨别出水和反水、黄油和反黄油等物质之间的区别，除非把普通物质和"反"物质放在一起。但是，一旦我们这样做，这两种物质内带有相反电性的电子就会立刻湮灭，两种带相反电性的核子会立刻中和，混合后的物质将产生比原子弹更剧烈的爆炸。

由上我们可以知道，宇宙中可能存在有和我们一样的，不过是由反物质组成的行星系统，如果从我们的行星系中飞去一块普通的石头，或反之，无论怎样，当它落到对面的行星上时都会变为一颗原子弹。

说到这里，我们就要抛下有关反原子的奇妙设想了，来考虑另一种基本粒子。它的物理性质不像反物质那么不寻常，在各种物理过程中都能见到它的身影——它就是所谓的"中微子"。中微子算是"走后门"才进入物理学领域的，而且尽管来自各方的反对声从未停歇，但它依然在基本粒子家族中占据着不可撼动的地位。它是如何被发现，又是如何被辨认出来的？这是现代科学中最令人振奋的侦探故事之一。

中微子是通过一种被数学家称之为"反证法"的方法发现的。这一激动人心的发现并非开始于人们发现了什么东西，而是在这个过程中有什么东西丢失了。这个丢失的东西就是能量，而且，根据最古老也是最稳固的物理定律，能量既不能被创造也不能被毁灭，那么，如果发现本应存在的能量找不到了，就意味着肯定有一个扒手，或者是一伙窃贼，盗走了它。于是一些头脑有条理、热衷于给这些甚至他们还看不到的东西起名字的科学侦探，便将这个偷能量小偷称为"中微子"。

不过我们的故事讲得有点快了。我们先回到"能量大窃案"上来：前文中说过，原子核是由核子组成的，其中大约有一半是电中性的（中子），剩余的带有正电荷。如果给原子核加上一个或多个额外的中子或质子 [1]，打破其中子和质子相对数量的平衡，那么就必定会发生电量的调整。若原子核内中子过多，就会有一些中子抛出负电子变为质子；若原子核内质子过多，则会有一些质子释放出正电子变为中子。

图 60 中示意了这两种过程。这样的原子电量调整通常被称为 β 衰变过程，原子核释放的电子被称为 β 粒子。因为原子核的转变是一个确定的过程，释放出的电子必然会携带一定量的能量，因此我们理所当然地认为，同一物质释放出的 β 粒子必定会全部以相同的速度运动。然而，观测到的有关 β 衰变的现象则与这一想法相悖。事实上我们发现，给定物质释放的电子的动能在 0 到某个上限之间。因为在这个过程中没有发现其他的粒子，也没有辐射能平衡这一差异，所以 β 衰变过程中"遗失的能量"成了十分严重的案件。曾有人认为我们遭

---

[1] 这一过程可以通过核轰击的方式实现，我们将在稍后讨论。

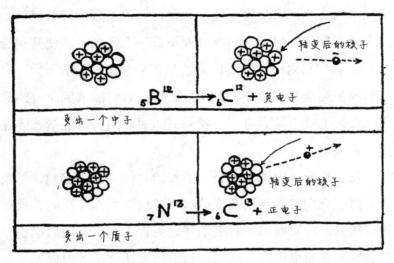

图 60

负 β 衰变和正 β 衰变的示意图（为方便展示，所有核子都
画在同一平面上）。

遇了第一个著名的能量守恒定律失效的实验证据，如果是真的，这会
是构建精巧的物理理论大厦过程中的一场大灾难。

但也有另一种可能：遗失的能量可能是被某种新的粒子带走了，
它躲过了现有的一切观测手段的注视，悄悄溜走。泡利（Pauli）提出，
盗窃核能的"巴格达窃贼"[1]可能是一种假想中的粒子，名为中微子，
它不带电，质量不超过电子的质量。

事实上，根据已知的关于高速运动的粒子与物质的相互作用的事
实，我们可以总结出，这种不带电的轻粒子不会被现存的任何一种物

---

[1] "巴格达窃贼"指的是 1924 年的美国同名电影（*The Thief of Bagdad*），改编
    自阿拉伯民间故事《一千零一夜》中的一则故事。这部电影在当时颇为有名，
    在后来重制和翻拍了多次（译注）。

理仪器探测到，并且完全可以轻易地穿过任何厚重的屏蔽材料。对于可见光来说，只需一根细金属丝就能将其完全阻拦；即使是穿透性极强的 X 射线和伽马射线，也难以逾越几英寸的铅板；然而，一束中微子却能够轻松穿透几光年厚的铅块！所以，它们能逃脱所有的观测和搜索这一点，也就不足为奇了。我们只能通过损失的能量才能注意到它们。

尽管我们不能在中微子逃脱原子核的时候就抓住它们，但我们还是能研究由于它们的离开而造成的次级效应。当你开枪时，枪托会砸在你的肩膀上；在发射出一颗重炮弹之后，大炮也会向后退去。同样地，力学反冲效应也应当会在原子核射出高速粒子的时候发生。而且事实上，我们观察到发生 β 衰变后的原子核，通常会获得一个与抛射出的电子方向相反的速度。但核反冲的特性是，无论被抛射出的电子速度是快是慢，原子核的反冲速度永远是一样的（图 61）。这听起来十分古怪，因为我们理所当然地认为，更快的抛射物会造成更强的反冲。关于这个谜题的一种解释是，原子核在释放电子的同时必定也会释放一个中微子，这一中微子就是导致这种平衡的原因。如果电子运动得更快、携带更多的能量，那么中微子的速度也会相应地更慢，反之亦然，因此我们才会观察到原子核的反冲速度恒定不变，这是两个粒子共同作用的结果。如果这一效应还不能佐证中微子的存在的话，就没有别的办法了！

现在我们已经准备好汇总一些之前讨论的结果，并展现参与宇宙结构构建的基本粒子的完整列表以及它们之间存在的关系了。

首先，我们有核子，它是基本物质粒子。基于现今已知的知识，我们知道它们呈电中性或者带正电，当然其中一些也可能带有负电。

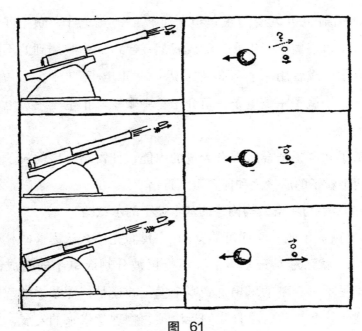

图 61

火炮和核物理中的反冲问题。

其次，我们有电子，它是带有正电或负电的自由粒子。

然后还有诡秘的中微子，它不带电，质量可能远小于电子。[1]

最后是电磁波，它代表着电场力和磁场力在空间中的传播。

所有这些物理世界的基本组成都是相互依存，并且能够以各种方式相互结合的。因此，一个中子可以通过释放一个负电子和一个中微子变为质子（中子→质子＋负电子＋中微子）；一个质子可以通过释放一个正电子和一个中微子变回中子（质子→中子＋正电子＋中微子）；带相反电性的两个电子可以变为电磁辐射（正电子＋负电子→辐射），

---

[1] 最新的研究结果表明，中微子的质量不超过电子的 $\dfrac{1}{10}$。

或反之，辐射也可以变为正负电子（辐射→正电子＋负电子）；最后，中微子可以与电子组合，形成我们在宇宙线中观测到的不稳定单元——介子，或者用一个不准确的说法，"重电子"（中微子＋正电子→正介子；中微子＋负电子→负介子；中微子＋正电子＋负电子→中性介子）。

中微子和电子结合后带有大量的内能，使得结合后的粒子的质量比原本两个粒子的质量之和还要重上百倍。

图62是参与宇宙结构构建的基本粒子的示意图。

"但这就完了吗？"你可能会问，"我们凭什么认为这些核子、电子和中微子就已经是最基本的、不能再被分割成更小的组成部分了呢？原子是不可分割的思想直到半个世纪前还是根深蒂固的，看看如今情况变得多复杂！"尽管我们无法预测物理学未来的发展，但我们现在有更充分的理由相信，这些基本粒子已经是最基础的单元，不能再被进一步分割了。因为曾被断言是不可分割的原子，显示出了完全不同的复杂的化学、光学以及其他性质，而现代物理学中的基本粒子的性质却是很简单的。事实上，它们的性质就如同几何学中的点一样

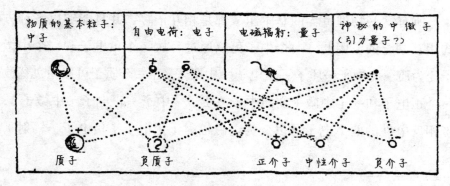

图 62

现代物理学的基本粒子图及其不同的组合方式。

简单。此外，相比经典物理学中大量的不同的"不可分原子"，我们如今只剩三种不同的实体了——核子、电子和中微子。

而且无论我们如何期望、如何努力地将万物都化为最简单的形式，我们也不可能将一切都化为虚无吧。因此，目前来说，我们似乎已经探到了组成物质的基本单元的最底部了。[1]

2. 原子之心

现在我们已经彻底熟悉了参与物质结构构建的基本粒子的本质和性质了，我们可以转向对原子核——原子之心——的更为深入的研究上了。虽说原子的外部结构在某种程度上可以类比为微缩的行星系统，但原子核本身的确表现出完全不同的画面。首先需要明确的是，维持原子核结构的力的本质并不纯粹是电磁力，因为有一半的核粒子（中子）是不带电的，而另一半（质子）则带有正电，质子之间还会相互排斥。显然，你无法把一群相互厌恶的粒子稳定地结合起来！

因此，为了理解原子核的组成部分为何能团聚起来，我们必须假设在中性核子和带电核子之间存在一种作用力，使它们相互吸引。这

---

[1] 随着量子物理的进一步发展，物理学家提出，核子也是能够进一步分割的。后来经实验证明，质子和中子都是由夸克这种更加基本的粒子构成的，准确来说，质子和中子中各有 3 个夸克，这 3 个夸克分别由胶子连接。在此之后，标准模型的提出进一步规范了基本粒子表，标准模型将基本粒子分为两类：费米子和玻色子。前者是组成物质的基本单元，包括夸克和轻子，其中轻子还包含电子、π 子、τ 子以及它们分别对应的 3 种中微子；后者是传递相互作用的粒子，有光子、胶子、W 玻色子、Z 玻色子以及希格斯玻色子。后来随着量子色动力学的提出，又进一步区分了各种粒子的不同味（favour），因而当今标准模型中总共包含 61 种基本粒子（译注）。

种与涉及的粒子本身无关，只是将它们束缚在一起的力，通常被称为"内聚力"（cohesive forces），我们在普通的液体中就会经常遇到，它能够防止分子朝各个方向分散。

在原子核中也有类似的内聚力作用于各个核子之间，以防止整个原子核因为质子相斥而瓦解。因此，相比原子的外层部分中，在不同壳层围绕原子核旋转、有足够的运动空间的电子，原子核中的大量核子就像一个沙丁鱼罐头一样被紧压在一起。本书作者最先提出，我们可以假设原子核的物质组成方式和普通液体是同理的。所以正如普通液体一样，我们认为原子核内部也有重要的表面张力现象。大家应该记得，液体表面的张力现象，是因为液体内部的粒子受到了周围各个方向的均匀拉扯，而位于表面的粒子只受到向内部的拉力（图 63）。

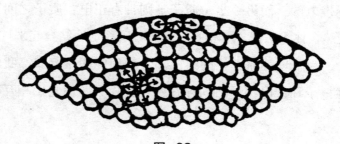

图 63

对液体表面的张力的解释图。

这导致所有液滴都不会受到外力影响，而产生形成球体的趋势，因为在相同体积下，球体是表面积最小的形状。因此我们得出结论：不同元素的原子核，可以被简单地认为是性质相似、尺寸不同的"核流体"液滴。不过我们不要忘记，尽管核流体和普通液体从定性

希望绳子撑得住！

"火卫二"

图 64

角度上看十分相似，但从定量角度上看却大不相同。事实上，核流体的密度超过水 240 000 000 000 000 倍，而它的表面张力大约是水的 1 000 000 000 000 000 000 倍。为了让这些无比巨大的数字更容易理解，我们可以参考下述的例子。假设我们有一个倒 "U" 形的金属框架，边长大约 2 英寸，我们在其底部搭上另一根直的金属丝，如图 64 所示，在围成的区域内填满肥皂液膜。肥皂液膜的表面张力会迫使金属丝上移，我们可以在金属丝上加上一点重量来抵消表面张力。如果这层液膜是由水和溶解在其中的肥皂组成的，厚为 0.01 毫米，那么它大约重 0.25 克，并能额外支持 0.75 克的重量。

现在，如果我们能用核流体制作同样一张膜，它的总重量大约是5 000万吨（约等于1 000艘跨洋巨轮的总重量），并且我们还能在金属丝上挂上大约1万亿吨的物体，相当于一个"火卫二"的质量！由此来看，要从核流体液膜上吹出一个肥皂泡，得需要多强的肺脏啊！

若要把原子核看作核流体液滴，我们必定不能忽视这些液滴是带电的这一事实，因为其中约有一半是质子。它们产生的电斥力会试图将原子核分离成两个或更多的部分，相对地，其表面张力则倾向于使其保持一体。这就是原子核的不稳定性的根本原因。如果表面张力占了上风，那么原子核就绝不会解体，而两个相遇的原子核则会倾向于像普通的液滴那样融合（即"聚变"）；反之，如果电斥力占了上风，那么原子核就会显示出自行分裂的趋势，分裂为两个或多个高速分散的碎块，这一过程通常被称为"裂变"。

1939年玻尔和惠勒（Wheeler）精确计算出了不同元素原子核中的表面张力和电场力，得到了极其重要的结论：在位于元素周期表前半段的元素（大约到银为止）中，其表面张力占据了上风；而在更重的原子核中，则是电斥力占据优势。因此，比银更重的所有元素的原子核，原则上都是不稳定的，并且在受到来自外部的足够强烈的推动的情况下，会分裂为两个或更多碎块，同时伴随着巨大的内部核能释放（图65a）。反之我们也可以认为，总原子量在银以下的更轻的原子核会发生自发的聚变过程（图65b）。[1]

---

[1] 我们现在通常用比结合能来描述原子核中质子和中子结合的强度，同时反映原子核本身的稳定性。比结合能是结合质子和中子的核力除以核子数的结果。目前已知，铁-56的比结合能在所有元素的同位素中是最高的，相应地想要使其裂变，或加上一个原子聚变所需的能量是最高的，即铁-56是最稳定的（译注）。

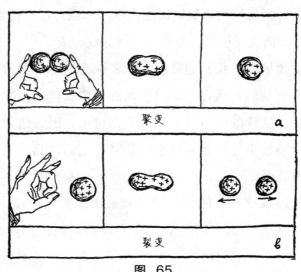

聚变　a

裂变　b

图 65

但必须记住的是，无论是两个轻核的聚变，还是一个重核的裂变，在一般情况都不会发生，除非我们人为地做了什么。实际上，为使两个轻核发生聚变，我们必须克服电斥力，使二者离得足够近；而若要使重核发生裂变，我们则需要猛击它一下，使其以相当大的幅度振动。

这种必须要经过激发过程才能开始作用的状态，在科学中通常被称为亚稳定态，例如悬崖边立着的石块、口袋里的火柴或炸弹里的TNT，都处于亚稳定态。在这些例子中都存在大量的能量可以被释放，但除非用脚踢石块、用鞋底或其他东西摩擦火柴头、用引线引爆TNT，否则它们都不会被触发。

我们居住的世界里，除了银币[1]之外几乎所有物体都是潜在的核

---

[1] 记得银原子核既不会聚变也不会裂变。

爆炸物，只是因为启动核反应的难度极大，或者用更科学的语言来说，启动核嬗变的活化能极高，才不会全都炸成碎渣。

在核能领域内，我们的处境（或者说我们不久前的处境）很像一个因纽特人。他们生活在零下温度的环境中，身边的固体只有冰、液体只有酒精。这样的因纽特人从未听说过火，因为他无法用两块冰摩擦生火，而酒精于他们而言只不过是消遣用的饮品，因为他也无法将酒精加热到燃点。

人类新近发现原子的内部可以释放出巨大的能量时的震惊程度，就如同我们设想的因纽特人第一次发现酒精可以燃烧时的诧异程度一样。

不过，一旦启动核反应的困难被克服，所有的困难都将得到相应的回报。以等量的氧原子和碳原子为例，其化学反应式如下：

$$O+C \rightarrow CO+ 能量$$

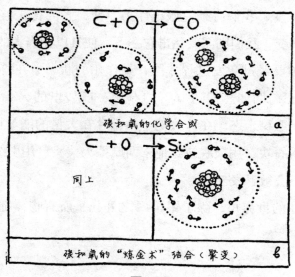

图 66

每克混合物会带给我们 920 卡路里 [1] 的能量。

如果这两种原子之间不是普通的化学结合（分子融合）（图 66a），而是"炼金术"结合（核聚变）呢？（图 66b）那么应该是：

$$_6C^{12} + _8O^{16} = _{14}Si^{28} + 能量$$

此时每克混合物释放的能量将是 14 000 000 000 卡路里，是化学反应的 15 000 000 倍。

类似地，将 TNT 分子裂解成水分子、一氧化碳、二氧化碳和氮气（分子融合，通俗来说就是 TNT 爆炸），则每克释放约 1 000 卡路里，而相同原子量的汞裂变的过程，能够释放 10 000 000 000 卡路里的能量。

不过不要忘记，大多数化学反应都可以轻易地在几百摄氏度的温度下发生，而对应的核嬗变则只在温度达到几百万摄氏度时才会启动！核反应难以启动这件事给了我们莫大的慰藉，因为这意味着，整个宇宙不会因为一场大爆炸就全部变成纯银。

3. 轰击原子

尽管原子量的整数值为原子核的复杂性提供了强有力的证据，但最终我们是通过将某种原子核破裂成两个或多个单独的碎片的直接实验证据，才证明了这一复杂性的。

50 年前（1896 年）贝克勒尔（Becquerel）发现了放射性，那时我们才发现这种碎裂过程真的会发生。事实上，一些位于元素周期表最后端的元素，如铀和钍，会自发地释放一种具有高穿透性的辐射（类

---

[1]　卡路里是能量单位，定义为"1 克水升高 1℃所需的能量"。

似于普通的 X 射线），这源于这些原子的自发衰变。科学家对这一新发现的现象进行了细致的实验研究，很快得到结论：重原子核会自发衰变，碎裂成两个不等的部分——（1）一个小的碎片，称为 α 粒子，即氦原子核；（2）初始原子核的剩余部分，是子元素的原子核。初始的铀原子核碎裂时会抛出一个 α 粒子，余下的子元素的原子核被称为铀–X₁，后者经过内部电荷调整，释放出两个负电荷（普通电子），变为铀同位素的原子核，它比原来的铀原子轻 4 个单位。紧接着又进行了一系列的 α 粒子释放和电荷调整过程，最终得到的是铅原子核，它看上去十分稳定，不会再衰变了。

在另外两个放射性系中，也发现了类似的交替释放 α 粒子和电子的连续放射性嬗变过程：以钍为首的钍系，和以锕–铀（即锕元素）为首的锕系。在这 3 个系中自发衰变会持续进行，直到仅剩铅的 3 种同位素为止。

细心的读者在比较上述对自发放射性衰变的描述和前文的讨论后会惊讶地发现，之前说过，原子核的不稳定性应该存在于整个元素周期律的后半部分，因为它们内部的电斥力凌驾于使原子核保持一体的表面张力之上。那么，既然所有重于银的原子核都是不稳定的，为什么自发的衰变过程只在最重的几种元素——铀、镭和钍——中观测到了呢？答案是：虽然从理论上来说，所有比银重的元素都必须视为放射性元素，事实上它们也确实在缓慢地衰变为更轻的元素，但在绝大多数情况中，这种自发衰变十分缓慢，因而我们没法察觉到它。因此我们熟悉的元素，例如碘、金、汞和铅的原子，在几个世纪内才会有一两个原子发生衰变，如此缓慢的速度，连如今最敏感的物理仪器也无法记录。只有在最重的那些元素中，自发衰变的趋势才足够明显到能被我们观察到放射性。[1] 这种相对的嬗变速率还决定了不稳定的核分裂的方式。以铀原子核为例，它能够以多种不同的方式分裂：可以自发分裂成两个相等的部分、三个相等的部分或者几个大小各不相同的部分。但其中最容易发生的，还是分裂为一个 α 粒子和一个子元素原子核，这种方式发生的频率也最高。我们观察到铀原子自发碎裂成两个相等部分的可能性，是释放 α 粒子的百万分之一。在 1 克铀中，每秒大约有 1 万个原子核释放 α 粒子，但若想要见证一个铀原子核碎裂成两个相等的部分，我们则要等上好几分钟！

放射性现象的发现排除了一切质疑原子结构的复杂性的说法，并为人造（或者说人工诱导）核嬗变的实验铺平了道路。

接下来的问题是：如果重核（尤其是那些不稳定的重核）会自发进行衰变，那我们能不能用高速运动的核发射物，狠狠地轰击在一般情况下稳定的元素，使其原子核分裂呢？

在这一想法的驱使下，卢瑟福决定，要让各种在通常情况下稳定

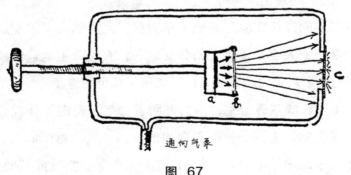

通向气泵

图 67

分裂原子的第一次实验。

---

[1] 以铀为例，1 克铀中每秒有几千个原子发生衰变。

的元素的原子核，遭受来自不稳定放射性原子核自发分裂产生的核碎片（α 粒子）的强烈轰击。卢瑟福在 1919 年第一次核嬗变实验中所使用的仪器（图 67），与现在大多数物理实验室中使用的巨型原子对撞机相比，简直简单到了极致。那台仪器仅仅包括一个用来制造真空环境的圆筒容器，以及位于底部作为显示屏的一扇涂满荧光物质的薄窗（c）。用来轰击的 α 粒子源是镀在金属片上的一层放射性物质薄层（a），而遭受轰击的元素（此实验中为铝）则以细丝（b）的形式放在距离粒子源不远处的位置。细丝靶的位置能够保证所有入射的 α 粒子都能嵌入它，因此，如果轰击没有产生次级核碎片的话，α 粒子是不会在荧光屏上显像的。

一切准备就绪后，卢瑟福通过显微镜向荧光屏看去，他看到的绝非一片漆黑，整个荧光屏上有无数的亮点在闪烁跳跃，如同鲜活的生命一般！每一个亮点都是在一个质子碰撞到荧光屏上的物质时产生的，而每个质子则都是在入射的 α 粒子中靶之后，从铝原子中被"踢出"的。因此，人工嬗变这一理论成为科学上的既有事实。[1]

在卢瑟福的经典实验后的数十年间里，元素的人工嬗变这一科学成为物理学中最大也是最重要的分支之一，有关产生能造成核轰击的高速粒子的技术及观测结果的方法都取得了长足的进步。

云室（亦称威尔逊云室，由其发明者命名）是能够让我们用肉眼就看到核发射物轰击原子核的最理想的仪器，其示意图如图 68 所示。它的运作基于高速带电粒子（如 α 粒子）在穿过空气或其他气体时，

---

[1]　上文描述的过程可以用以下公式表示：
$_{13}Al^{27} + _{2}He^{4} \rightarrow _{14}Si^{30} + _{1}H^{1}$。

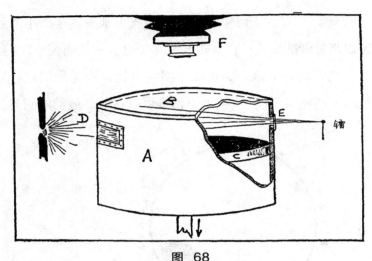

图 68

威尔逊云室的示意图。

会给路径上的原子带来一定扰动这一事实。借助它们强大的电场，这些粒子能够从沿途的气体原子中扯出一两个电子，留下大量电离的原子。这一情况不会持续很久，很快这些粒子路径上电离的原子会再次捕获电子，回到正常状态。但如果这种电离态的气体中充满了饱和水蒸气，那么每个离子上都会形成小水滴——水分子有倾向于吸附在离子和灰尘粒子等周围的性质，它们沿着粒子的轨迹产生一条细细的雾带。

换句话说，任何穿过气体运动的带电粒子都会变得可见，正如在天空中划出尾迹的飞机一般。

从技术角度来看，云室是非常简单的仪器，其主体只是一个金属圆筒（A），筒上盖着一块玻璃盖子（B），其中装有一个活塞（C），可以上下运动（运动部件未画出）。玻璃盖子和活塞之间的空间充满了普通的空气（或者如果有需要的话，换成其他任何的气体也行），其中含有大量的水蒸气。如果在粒子从窗口（E）进入云室后立刻下拉活塞，上面的空气就会冷却，从而使水蒸气凝结成小水滴，这些小水滴沿粒子的轨迹以细雾带的形式存在。这些细雾带会被从侧面窗（D）射入的强光照亮，与黯淡的活塞表面形成鲜明的对比，于是我们就可以用肉眼进行观测或用相机（F）照相了，相机可以在活塞运动的同时自动完

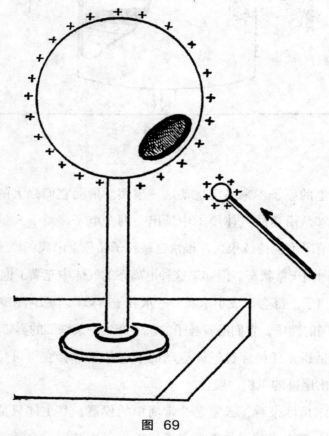

图　69

　　静电发生器的原理。众所周知，根据基本物理学原理，传递给球形金属导体的电荷会分散在其表面，因此我们可以在空心金属球表面开一个小洞，然后将一个小的带电导体伸入洞内，与内表面接触，从而让金属球带上任意强度的电压。在实际应用中，我们使用的是一条通过小洞伸入球形导体的传送带，由它把小型感应起电器产生的电荷带到球上。

成拍照。这一简单的设备，也是现代物理中最有价值的仪器之一，它使我们能够获得核轰击结果的完美照片。

我们自然期望能有一种方法，可以简单地通过在强电场中加速各种带电粒子（离子）就获得高速粒子束。这种方法不需要使用稀有且昂贵的放射性物质，仅仅使用其他种类的粒子（如质子），就能获得比普通的放射性衰变更大的动能。其中，能够制造这种高速粒子的几种最重要的仪器分别是静电发生器、回旋加速器和直线加速器。图 69、图 70、图 71 分别为它们的示意图，配以简短的功能描述。

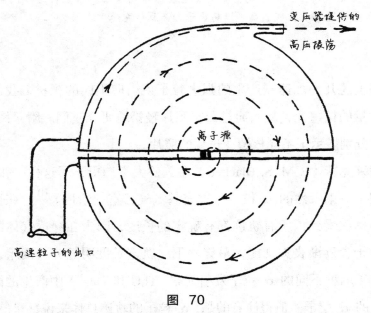

图 70

回旋加速器的原理。回旋加速器主要包括两个置于强磁场（方向垂直于画面）中的半圆形金属盒。两个金属盒由一台变压器相连，并交替携带正电和负电。从中心位置的发射源射出的离子在磁场中沿环形轨迹运动，并在通过两个金属盒之间时得到加速。离子的速度越来越快，划出一道向外扩展的落线，最终以极高的速度飞出。

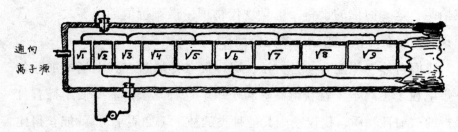

图 71

　　直线加速器的原理。这种仪器包含一系列长度逐渐增大的圆柱体，由变压器交替通上正电和负电。离子在从一个圆柱体飞往另一个圆柱体时，会因为电势差而逐渐加速，因此其能量也逐渐增大。因为速度与能量的平方根成正比，所以只要圆柱体的长度与整数的平方根成比例，离子就会和交变电场保持同相位。只要将这种仪器设计得足够长，我们就可以将离子加速到任意速度。

　　将上述几种加速器产生的强大粒子束引向不同的靶材，我们就能得到大量的核嬗变，从而通过云室照片轻松地研究它们。附录图版Ⅲ、图版Ⅳ分别展示了不同核嬗变过程的照片。

　　布莱克特（P. M. S. Blackett）在剑桥大学拍摄下了这样一张照片，它表现了一束天然的 α 粒子穿过充满氮气云室的情形。[1] 这张照片让我们第一次看到，所有轨迹都有确定的长度，因为在穿透气体的时候这些粒子会逐渐丧失动能，最终停下。轨迹长度明显分为两组，对应粒子源（两种不同的 α 粒子发射元素：ThC 和 ThC'）中产生的两种不同能量的 α 粒子。值得注意的是，α 粒子的轨迹总体来说都是笔直的，

---

[1] 布莱克特的照片（本书未刊载这幅照片）中记录的核反应过程可以表示为：
$_7N^{14} + _2He^4 \rightarrow _8O^{17} + _1H^1$。

直到最后它们丧失了大部分的原始能量，才会与氮原子核发生非正面碰撞，从而显示出不同角度的偏折。在这张星状的粒子图中，有一道 α 粒子的轨迹显示出独特的分叉，一支长而细，另一支短而粗，这显示了入射的 α 粒子和云室中的一个氮原子直接碰撞的结果。没有第三条轨迹对应反弹出去的 α 粒子的事实表明，入射的 α 粒子已经附着在氮原子核上，与其一同运动。

在附录图版 Ⅲ B 中，我们看到人工加速的质子与硼原子核碰撞的效应。高速质子束从加速器喷口（图片中间的黑暗阴影）射出，撞上放置在开口外的硼片，使得核碎片飞向各个方向。有趣的是，这张图片中的碎片似乎永远是三个为一组（共有两组，其中一组标上了箭头），因为被质子轰击的硼核碎裂成了三个相等的部分。[1]

另一张图片，附录图版 Ⅲ A 展现了高速运动的氘核（由一个质子和一个中子构成的重氢的原子核）和靶材中其他氘核的碰撞。[2] 图片中更长的轨迹对应质子（$_1H^1$ 原子核），更短的轨迹对应超重氢的原子核，或者叫氚核。

没有涉及中子的核反应的云室相片是不完整的，因为它和质子是每个原子核的基本单元。

追踪中子在云室中的轨迹看似是一场徒劳的工作，因为它不带电，这些"核物理"中的"黑马"穿过物质时，不会产生任何电离。但如果你能观察到从猎人的枪中冒出的烟及从天空中坠落的野鸭，你就会意识到这把枪射出了子弹，尽管你看不到它。同样的道理，在观察附

[1] 反应式是：$_5B^{11}+_1H^1 \rightarrow _2He^4+_2He^4+_2He^4$。

[2] 反应式是：$_1H^2+_1H^2 \rightarrow _1H^3+_1H^1$。

录图版Ⅲ C 中展示了氮原子核碎裂为氦（向下的轨迹）和硼（向上的轨迹）的云室照片时，你一定会意识到，这个原子核被来自左侧的某个看不到的粒子撞上了。而事实也是，为了得到这样的一张照片，你必须在云室的左壁放上镭和铍的混合物，它们能产生高速中子。[1]

中子穿过云室的直线轨迹，可以通过连接中子源和氮原子核碎裂的位置快速得出。

附录图版Ⅳ展示了铀原子核的裂变过程。这张照片是由包基尔德（Boggild）、布罗斯多姆（Brostrom）和劳里森（Lauritsen）拍摄的，它展现了铝箔上的铀层裂变后，两个碎片飞往相对的方向的现象。当然，这张照片是显示不出制造这次裂变的中子和裂变后产生的中子的。我们通过电加速粒子，使其轰击原子核，从而制造出无穷无尽的各种核嬗变过程，但现在我们要转移到一个更重要的问题上，即这些轰击的效率。必须要记得，附录图版Ⅲ、图版Ⅳ中显示的图片表示的是单个原子分裂的个例，如果要让 1 克的硼完全转变为氦，我们需要击碎其中的全部 55 000 000 000 000 000 000 000 个原子。如今，最强劲的加速器每秒能产生 1 000 000 000 000 000 个加速的粒子，因此，即使能保证每个粒子都能击碎一个硼原子核，我们也需要持续开动机器 5 500 万秒，也就是大约两年，才能完成任务。

但事实是，各种加速器产生的带电粒子的效率要远低于此——通常几千个粒子中只会有一个能造成靶材中的原子核碎裂。为什么核轰击的效率如此之低？其原因是：原子核周围被电子层环绕，它会降低穿

---

[1] 此处发生的核反应的反应式如下。a. 中子的产生：$_4Be^9 + _2He^4$（镭产生的 α 粒子）$\rightarrow _6C^{12} + _0n^1$；b. 中子撞击氮原子核：$_7N^{14} + _0n^1 \rightarrow _5B^{11} + _2He^4$。

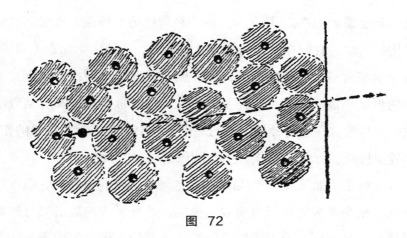

图 72

透其间的带电粒子的速度。因为电子层的靶面要远大于原子核的靶面，况且，我们自然不能将粒子直接瞄向原子核，所以每个粒子都必须刺破大量的电子层，最终才有机会给其中一个原子核致命一击。图 72 绘出了这一情形，黑色小球表示原子核，而灰色阴影则表示电子层。

原子的直径约是原子核的 10 000 倍，因此靶面的比例是 100 000 000：1。另外，我们知道带电粒子穿过原子的电子层时会损失大约万分之一的能量，因此它在穿过约 10 000 个原子之后就会彻底停下。上面引用的数据告诉我们，在 10 000 个粒子中，只有一个有可能在它的初始能量被电子层消耗殆尽之前撞上原子核。考虑到带电粒子轰击靶原子核的效率是如此的低，如果我们想要完全转换 1 克硼的话，就需要现代原子对撞机持续运作 20 000 年！

4. 核子学

"核子学"其实是十分不恰当的用词，但如同许多惯用语一样，我们只能接受这个词。正如"电子学"被用来描述自由电子束的实际应用这一宽泛领域一样，"核子学"应当被理解为对核能大规模释放的实际应用的科学。我们在前面的部分已经看到，各种化学元素（除了银）的原子核都负载了大量的内能，能够以轻元素核聚变或者以重元素核裂变的形式释放。我们也看到了利用人工加速带电粒子实现核轰击的方法——尽管它在对各种核嬗变的理论研究中起到了至关重要的作用，但因效率极低，所以不能指望它产生什么实际的应用。

普通粒子（如 α 粒子、质子和其他粒子）带有电荷，它们在穿透原子的时候会丧失能量，因而效率极低，并且无法与轰击靶材的带电原子核靠得足够近，所以我们只能期望于使用不带电的中子轰击各种原子核能够获得更好的结果。然而问题又来了！因为中子能够轻易穿透原子结构，所以它们不以自由的形态存在于自然界中，而且当一个自由中子被入射的粒子人工"踢出"原子核之后（例如，铍原子核在 α 粒子的轰击下就会产生一个中子），它很快就会被其他的原子核再度捕获。

因此，为了制造强力的中子束以用于核轰击，我们必须从某种元素的原子核中"踢出"每一个中子，这就又回到了使用低效率的带电粒子的问题。

不过有一种方法能解开这个死循环：如果能用一个中子"踢出"另一个中子，并且每个中子都能裂变出更多的中子，那么中子就会像兔子（类比图 97）或受感染的组织中的细菌一样繁殖，很快，一个中子就能产生足够多的"子孙"，多到足以向一大块物质中每一个原子核发起进攻。

人们发现了使中子如此成倍增殖的特定核反应过程，这使得核物理学空前繁荣，从此，原本只关注物质最本质性质的核物理学走下了寂静的纯粹科学的象牙塔，陷入了报纸头条、狂热的政治讨论及发展惊人的工业与军事的喧嚣漩涡之中。每个读报的人都会知道，核能（通常称为原子能）可以由铀原子核的裂变过程释放，这一事实由哈恩（Hahn）和斯特拉斯曼（Strassman）于 1938 年发现。但认为裂变过程本身，也就是将重原子核分裂为两个近乎相等的部分的过程，有助于核反应的继续，这一想法是错误的。事实上，裂变得到的两个碎片携带着大量电荷（分别约有铀核的一半），这会阻止它们靠近其他的原子核。这些碎片会在邻近原子的电子层中丧失原有的高能量，很快趋于静止，不再产生任何进一步的裂变。

裂变过程之所以会对能够发展为自我维持的核反应如此重要，是因为每个裂变的碎片在最终减缓速度之前，都会释放一个中子（图 73）。

裂变的这一特别的后效应缘于：碎裂后的重原子核的两个部分就

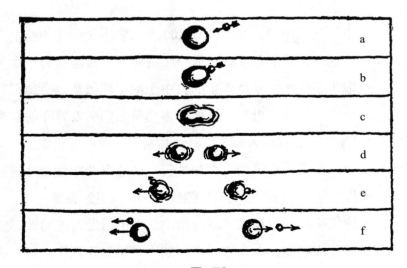

图 73

裂变过程的各个阶段。

如同断成两截的弹簧一样，会开始猛烈地振动。这种振动不会造成次级的核裂变（使得这两个碎片再分别分裂为两个碎片），但也强烈得足以将某些原子核的组成单元抛射出去。我们说"每个碎片释放一个中子"，只是从统计意义上表示，实际上，在某些情况下，一个碎片就能释放两个甚至三个中子——当然也有一个都不释放的。裂变后的碎片释放中子的平均数量自然取决于它振动的强度，而振动强度是由初始裂变过程释放的总能量决定的。因为从上文可知，裂变释放的能量会随着原子核的质量增加而增加，所以我们必定会认为，裂变碎片释放的平均中子数也随着其在元素周期表中位置序号的增加而增加。因此，在金原子核的裂变（因所需的初始能量过高，目前尚未实验成功）中，每个碎片释放的平均中子数会远小于一个；在铀原子核的裂变中，每个碎片释放的平均中子数约等于一个（每次裂变大约释放两个中子）。而在更重的元素的裂变（如钚）中，每个碎片释放的平均中子数应该大于一个。

为了使中子连续增殖，显然要让 100 个入射中子产生 100 个以上下一代中子。这一情况能否实现，取决于特定原子核裂变后产生中子的效率，也取决于每次裂变后产生的新中子的平均数量。必须记得的是，尽管中子要比其他带电粒子高效得多，但它们引发裂变的效率也不是 100%。事实上，在进入原子核时，高速中子很可能只传递一部分动能给原子核，而带着剩下的一部分逃脱。传递出的能量会分别被几个原子核吸收，每一个原子核吸收的能量都不足以引发裂变。

由原子核结构的一般理论可以总结出，中子引发裂变的效率随元素原子量的增加而提高，在位于元素周期表末端的元素中，这一数值接近 100%。

现在我们可以给出两个数学例子，一个有利于中子增殖，另一个不利于。①假设我们有一种元素，高速中子引发其裂变的效率是35%，而每次裂变产生的平均中子数是 1.6 个。[1]在这个例子中，初始的 100 个中子总共会引发 35 次裂变，得到 35×1.6＝56 个下一代中子。很显然这些中子的数量会很快跌落，之后每一代的数量都差不多只有前一代的一半。②假设有一种更重的元素，高速中子引发其裂变的效率是 65%，而每次裂变产生的平均中子数是 2.2 个。在这个例子中，初始的

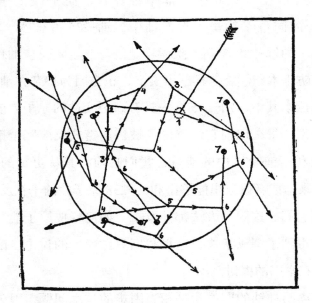

图 74

在球形可裂变材料中，由一个散射中子开始的核链式反应。

尽管有许多中子因为穿出材料表面而散失，但每一代中子的数量仍会增加，并最终导致一场爆炸。

---

[1]　这些数值纯粹是为了举例而选取的，不代表任何真实存在的原子核种类。

100 个中子总共会引发 65 次裂变，得到 65×2.2=143 个下一代中子。因为新一代的中子的数量都会增加约 50%，所以在极短的时间内，它们的数量就足以进攻和击碎样本中的任意一颗原子核。我们所说的这一过程叫作分支链式反应，能够发生如此反应的物质被称为可裂变物质。

对发生稳定的分支链式反应的必要条件进行细致的实验和理论研究之后，我们得出结论：自然界中存在的各种元素中，只有特定的一种核素能够进行这样的反应，就是铀著名的轻同位素——铀-235。

然而铀-235 在自然界中并非单独存在，而是微量掺杂在更重的无法裂变的同位素铀里（天然铀中，铀-235 占 0.7%，铀-238 占 99.3%），其中的铀-238 起到了阻碍稳定的分支链式反应的作用，如同水的存在能防止木柴燃烧一样。事实上，正是因为掺杂在铀-238 这种不活跃的同位素其中，铀-235 这一具有高裂变性的原子才能存在于自然界中，否则，很久以前它们就已经被快速链式反应完全摧毁了。因此，为了能利用铀-235 中的能量，我们必须将其从更重的铀-238 原子中分离出来，或者研究出能够中和铀-238 原子核的干扰反应的方法，而不用分离它们。这两种方法都涉及了"如何释放原子能"这一研究课题，也都得到了圆满解决，这里我们只做简单的讨论，因为其中的技术问题不在本书的探讨范围内。[1]

直接分离两种铀的同位素是相当困难的技术问题，因为它们的化学性质一致，无法使用任何工业化学的常规方法进行分离，这两种原

---

[1] 更详细的讨论可以参考塞利格·赫克特（Selig Hecht）所著的《解释原子》一书。初版由维京出版社于 1947 年印制，新版由尤金·拉比诺维奇博士（Dr. Eugene Rabinowitch）审核并增补。

子的唯一区别在于它们的质量——其中一种只比另一种重 1.3%，这意味着我们需要利用质量来分离原子，可以采用诸如扩散法、离心法或利用离子束在电磁场中的偏转等方法。在图 75a 和图 75b 中，我们给出两种主流的分离方法的示意和简短说明。

所有的这些方法的缺点在于，这两种铀同位素的质量差太小了，所以不能只用一步就完成分离，而是需要大量地重复操作，使得轻同位素逐渐富集。不过，只要重复的次数足够多，最终也能够获得足够纯净的铀-235 样本。

一个更为机敏的方法，是借助所谓的减速剂来消除天然铀的链式反应中较重的同位素的扰动影响。为了能理解这个方法，我们必须记得一点，较重的铀同位素所带来的负面影响主要在于，它会吸收

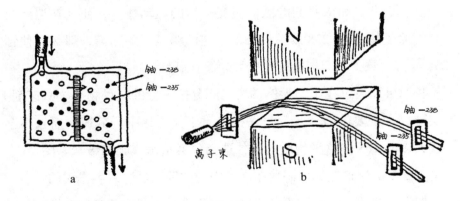

图 75

a.用扩散法分离同位素。包含两种同位素的气体被充入分离室的左侧，并透过中央的隔板向另一侧扩散。因为较轻的分子扩散得更快，所以铀-235 会在右侧富集。

b.用磁场法分离同位素。离子束从强磁场中穿过，其中包含较轻的铀同位素的分子偏转的角度更大。为了获得更大的离子束强度，必须使用更宽的狭缝。分离的两束离子（铀-235 和铀-238）会部分重叠，因此我们只能实现部分分离。

铀–235 裂变产生的大部分中子，从而切断稳定的分支链式反应进一步发生的可能。

因此，如果我们能采取一些措施，防止铀-238 原子核绑架中子，使后者有机会撞击铀-235 原子核并顺利发生裂变，问题就能解决了。乍看之下，阻止数量是铀-235 原子核的 140 倍的铀-238 原子核得到大部分中子这件事是个不可能的任务，但是我们知道，对于运动速度不同的中子，这两种铀同位素"俘获中子的能力"是不同的，这一事实帮助我们解决了这个问题。

对于来自裂变原子核的更快的中子，这两种同位素的俘获能力是一样的，因而铀-238 俘获的中子数量是铀-235 的 140 倍。然而，重要的是，铀-235 原子核的俘获能力会随着中子运动速度的大幅减缓而显著增强。因此，如果我们能减慢裂变中子的运动速度，使其在遇到第一个铀原子核（铀-238 或铀-235）之前就明显下降的话，那么纵使铀–235 只占少数，它们也能拥有更大的俘获概率。

我们可以通过在小的天然铀块之间分撒大量的某种物质（减速剂）来实现这一必要的减速步骤，这种物质不仅能让中子减速，而且不会俘获太多的中子。这种物质的最佳选择包括重水、碳和铍盐。图 76 显示了大量的减速剂是如何同散布在其中的"铀块堆"发生作用的。[1]

如上文所述，轻同位素铀-235（在天然铀中只占 0.7%），是唯一存在的能够进行稳定的分支链式反应的可裂变原子核，能够产生大量的

---

[1] 关于铀块堆的更详细的讨论可以参考有关原子能的专著。

　　这里铀块堆的概念在后来发展为几乎所有核反应堆的核心组成，如今核电已经成为重要的电力来源（译注）。

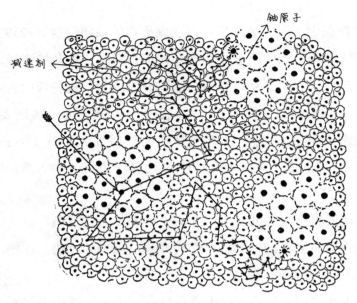

铀原子

减速剂

图 76

　　这张有点像生物细胞的图片，显示了一团团铀原子（较大的原子）嵌在减速剂物质（较小的原子）之中的状态。左侧的一团铀原子中的一个发生了裂变，产生的两个中子在与减速剂的原子核的持续碰撞中逐渐减速。当这两个中子到达另一团铀原子时，它们的速度已经慢到足以被铀-235 俘获，因为铀-235 俘获慢中子的效率要比铀-238 高得多。

核能。但这并不表示我们就不能人工创造出其他在通常情况下自然界中不存在的、与铀-235 具有相同性质的核素。事实上，利用可裂变物质在稳定的分支链式反应中产生的大量中子，我们也能将其他原本不可裂变的原子核转变为可裂变的原子核。

　　上文描述的"铀块堆"就是第一个发生了这种情况的例子，它是天然铀与某种减速剂的混合物。我们知道，使用减速剂能降低铀-238俘获中子的概率，使得铀-235 的原子核能够顺利发生链式反应。然而，有些中子还是会被铀-238 俘获，这又会导致什么结果呢？

铀-238 俘获中子后，必然是立即变成更重的铀同位素铀-239。但我们发现，这种新生成的原子核不会存在很长时间，它会接连释放两个电子，转变为原子序数为 94 的一种新的化学元素。这种新的人造元素被称为钚（plutonium，钚-239），其裂变性甚至比铀-235 还要强。如果我们把铀-238 换成另一种天然存在的放射性元素钍（thorium，钍 -232），它在俘获中子并释放两个电子后，会产生另一种人造的可裂变元素——铀-233。

因此，从天然存在的可裂变元素铀-235 开始，进行循环反应，理论上有可能将所有天然的铀和钍全部转变为可裂变的产物，这些产物可以被用作产生核能的浓缩源。

在结束本文之前，我们可以大致估计一下未来能够用于和平发展或自我毁灭的战争的能量的总量有多少。据估计，所有铀矿中包含的铀-235 的总量能满足全世界工业长达数年的能源需求（全部转化为核能）。但如果我们将铀-238 转变为钚的可能性也纳入在内，这一时间将延长到几个世纪。再算上储量是铀的 4 倍的钍矿（可变为铀-233），这一时间能上升到至少一两千年，足以消除有关"未来原子能短缺"的所有忧虑。

然而，即使我们将这些核能资源全部用尽，再也没有新的铀矿和钍矿被发现，我们的后代还是能从普通的岩石中获得核能。事实上，铀和钍同其他所有化学元素一样，少量存在于普通的物质中，比如每吨普通的花岗岩中，就包含 4 克铀和 12 克钍。乍一看这点含量似乎微不足道，但我们可以做一下如下计算。

我们知道，1 000 克的可裂变物质如果直接爆炸（如原子弹），产生的核能等于 20 000 吨 TNT，即使是作为燃料，其产生的能量也相当于

20 000 吨汽油。因此 1 吨花岗岩中包含的 16 克铀和钍，如果全部变为可裂变物质，就等于 320 吨普通燃料产生的能量。这已经足够抵消之前复杂的分离过程中的一切困难了——尤其在我们富矿源已经面临枯竭之时。

在征服了重元素（如铀）发生核裂变释放能量的问题之后，物理学家开始研究其逆向过程——核聚变，即两个轻元素的原子核融合在一起，形成更重的原子核从而释放巨大的能量。我们将在第十一章中看到，我们的太阳就是通过聚变过程获取能源的，氢原子核在其内部经过剧烈的热碰撞后，结合成更重的氦原子核。能够复制这种所谓的热核反应，使其为人类所用的最佳物质是重氢，或者说氘，它少量存在于普通的水中。氘原子核，简称氘核，包含一个质子和一个中子。当两个氘核相撞时，会发生以下两个反应中的一个：

2 氘核→氦-3+ 中子；2 氘核→氢-3+ 质子

为实现这种嬗变，氘核必须处于上亿度的温度下。

第一个成功实现核聚变的装置是氢弹，其中的氘核反应由一颗裂变原子弹触发。然而，一个更为复杂的问题是，如何才能产生可控的热核聚变从而用于和平用途呢？其中主要的问题在于如何将极度炽热的气体限制起来。要想克服这一难题，我们可以利用强磁场来阻止氘核接触容器壁（这个温度能直接熔化和蒸发容器！），从而将其束缚在高温的中心区域。

第八章 混沌之律

1. 热无序

如果你泼出一杯水然后观察它，你只会看到一摊清澈均匀的液体，看不出其中任何的内部结构或运动（当然前提是你没有摇晃杯子）。但我们知道，水的均匀性只是表面现象，如果放大数百万倍，水会显示出粗糙的粒状结构，它是由大量单独的水分子紧挨在一起而形成的。

在同样的放大倍率之下，你还能明显看到，水绝非处于静止状态，它的分子在剧烈地骚动，四处运动，相互推挤，好似高度兴奋的人群。水分子的这种不规则运动，或者其他任何物质中的分子的不规则运动，被称为热运动，是造成热量这一现象的最简单的原因。尽管分子的运动和分子本身不能直接用肉眼辨别，然而分子运动确实能对人体器官的神经纤维产生一定的刺激，从而产生所谓"热"的感觉。对于那些比人类小得多的生命，例如悬浮在水滴中的微小细菌，热运动的效应就更加明显了，这些可怜的小家伙被永不停歇的分子从各个角度攻击，不停地被踢来踢去，根本得不到安宁（图77）。这种滑稽的现象被称为布朗运动,以英国生物学家罗伯特·布朗的名字命名。一个多世纪前,他在研究植物花粉的时候首次注意到这个现象,并在后续的研究中发现,这是普遍存在的现象,我们在悬浮于任意液体中的任何足够小的微粒上,或者在空气中飘浮的烟雾或尘埃颗粒中,都能观察到这一现象。

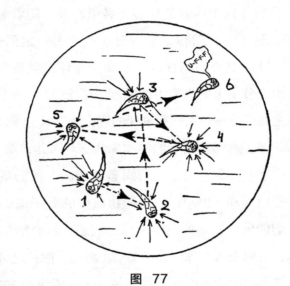

图 77

一个细菌与分子碰撞后被推来推去,连续改变了6次位置(此图在物理学上正确,但在细菌学上不完全正确)。

如果我们加热液体,那么悬浮在其中的微小粒子就会愈加猛烈地狂野舞蹈;反之,如果我们冷却液体,它们运动的强度也会显著降低。毋庸置疑,我们观察到的确实是物质隐藏的热运动效应,而我们通常所说的温度,只不过是对分子运动剧烈程度的一种度量。通过研究布朗运动对温度的依赖性,我们发现,在 -273℃(或 -459 ℉)的温度下,物质的热运动会完全停止,所有分子都会保持静止。很显然,这是我们能达到的最低温度，因而得到了"绝对零度"这一名称。如果说还有比这更低的温度，这显然是荒唐的，因为怎么可能会有比绝对静止还慢的运动！

在接近绝对零度时，所有物质的分子只含有极小的能量，因而作用于它们的内聚力会将它们黏合起来，形成一块固体，此时这些分子唯一能做的，只有在这个冰封的状态下微微颤动。随着温度升高，颤动会愈加强烈，到了一定阶段之后，分子获得了一定的运动自由性，可以相互滑动，冰冻物质的刚性消失，变为流体。满足熔化需求的温度，取决于作用在分子上的内聚力的强度（图78）。一些物质，如氢气或组成大气的主要成分——氮气和氧气的混合物，其分子间的内聚力很弱，只需极低的温度就能打破它们的冰冻状态。因此，氢气只在14K[1]（−259℃）以下时才会变为固态，而固态氧和固态氮的熔点则分别为55K和64K（−218℃和−209℃）。一些物质中的分子间的内聚力更加强大，因而它们能够在较高的温度下保持固态：纯酒精在−130℃还能保持冰冻状态，而固态水（冰）直到0℃才融化。除此之外，其他的一些物质能在高得多的温度下继续保持固体状态：铅块在327℃时才会熔化，铁则是1 535℃，而稀有金属锇直到2 700℃都还是固体。尽管固态物质的分子被紧紧束缚在各自的位置上，但这并不意味着它们就不会受到热运动的影响。实际上，根据热运动的基本定律，任何物态——

----

[1]　此处的"14K"原文为"14° abs"，即绝对零度之上14°。开尔文在1848年提出，从绝对零度开始取一种新的温标，以摄氏度作为单位增量，故原文如此表示。在作者写作本书时，尚未有明确的热力学温标定义，其符号K也是很久之后才获得确定，但因为定义相同，所以后文的"° abs"均用"K"替代，以后不再说明（译注）。

图 78

固态、液态、气态，在给定温度下，其每个分子中的能量数值都是相同的，唯一的区别在于，对于某些物质来说，这些能量足以让分子逃脱固定的位置，从而自由运动。而对于另外一些物质来说，这些能量只能使其分子在一个点位上颤动，如同被短锁链拴住的恶犬一般。

这种固体分子的热颤动，或者说热振动，在上一章中提到的 X 射线照片中就可以轻易地观察到。我们知道，因为拍摄晶格中的分子的照片确实需要大量的时间，所以在曝光的过程中保证它们不从固定的位置上移动是很有必要的。然而事实上，围绕固定位置的持续颤动会影响成像，得到的结果就是，会拍出一些模糊的照片。这一效应我们在附录图版 I 所示的分子照片中就能看到。所以，为了得到更清晰的照片，我们必须尽可能地冷却晶体——有时实验者会将其置于液态空气中。反过来说，如果有人加热晶体，照片就会越来越模糊，到达熔点时，晶格图案就会彻底消失。这是因为，熔化后的物质中的分子会离开自己原本的位置，开始无规则地运动。

固态物质熔化之后，其分子还会继续聚在一起，因为热运动虽然强到能将它们从晶格上的固定位置驱离，但还不足以彻底分散它们。不过当温度更高时，内聚力便再也无法使得分子聚集了，这些分子会四散飞去，除非周围有墙能阻止它们继续扩散，此时，物质自然就是处于气体状态。对于不同物质而言，固体熔化和液体蒸发这两种现象自然发生在不同的温度下，内聚力较弱的物体会先于内聚力更强的物体变为蒸汽。此外，这个过程也强烈依赖于帮助内聚力维持分子固定位置的外界压力。众所周知，水在密闭的水瓶中沸腾所需的温度，要高于在敞开的水瓶中需要的温度；反之，在高山之巅，因为那里的大气压要明显低于海平面，所以水在 100℃ 以下就会沸腾。这里顺便提示一下，我们只需测量水沸腾时的温度，就能计算出所处位置的大气压和对应的海拔高度。

不过千万别跟着马克·吐温（Mark Twain）的例子走歪路，把无液气压计放进煮着豌豆汤的锅里。[1] 这样做不会让你得到任何有关海拔高

---

[1] 马克·吐温在《漫游外国记》中描述了一个有趣的故事：几个去阿尔卑斯山登高的人想测量一下山的高度。他们带了无液气压计，显然，他们既可以通过气压计的读数，也可以通过测量水沸腾时的温度计算出山的海拔。但他们记错了，他们把气压计放进了煮沸的水中，最终他们没有得到任何结果（译注）。

度的信息，其中的氧化铜反而会让你的汤变得很难喝。

物质的熔点越高，它的沸点也就越高：液氢的沸点是 −253℃，液氧和液氮的沸点分别是 −183℃ 和 −196℃，酒精是 78℃，铅是 1 620℃，铁是 3 000℃，只有锇的沸点能达到 5 000℃以上。[1]

在固体美妙的晶体结构被破坏后，分子会首先像一群蠕虫一样爬来爬去，随后又如同受惊的鸟儿一样四散而飞，但此时并不意味着逐渐增强的热运动的破坏力已经达到了极限。如果温度继续上升，分子本身的存在甚至也将受到威胁，因为随着分子间碰撞得愈发剧烈，它们有可能会被撞碎成单个原子，这种现象被称为热分解。促发这一现象的温度取决于分子的强度，一些有机物分子仅在几百度下就能破裂成单个原子或原子团，还有一些更加坚固的分子，如水分子，当温度超过 1 000℃时，它们的结构才会被破坏。然而，当温度上升到几千摄氏度时，没有任何分子能够留存下来，所有物质都会变为由纯粹的化学元素组成的混合气体。

这就是在我们的太阳的表面发生的情况，那里的温度达到了 6 000℃。另外，在红色恒星较冷的大气层中，[2] 一些分子仍能存在，我们能够通过光谱分析证明这一事实。

高温条件下，猛烈的热碰撞不只能破碎分子，使其变为一个个原子，甚至还能剥离位于原子外层的电子，进而损坏原子本身。随着温度上升到数万甚至数十万度，这种热电离现象会越来越显著，直到达到上百万度时，实现完全电离。这样的极高温度已经高于我们的实验

---

[1] 所有数值均是标准大气压下的情况。

[2] 参见第十一章。

室所能承受的范围。但在恒星内部，尤其在我们的太阳中，这一现象是普遍存在的，原子在那里将不复存在。所有的电子层都被完全剥离，物质变为一种等离子态混合物，裸露的原子核和自由的电子在其间以无比巨大的力量横冲直撞。然而，尽管此时原子的结构已经彻底瓦解，但这些物质依然会保留它们的基本化学属性，因为其原子核依然保持完整。一旦温度降低，原子核会重新捕获电子，再度形成完整的原子（图 79）。

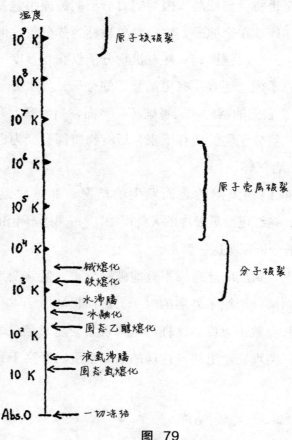

图 79

温度的破坏性效应。

要想使物质完全热分解，即将原子核本身也分裂为单独的核子（质子和中子），温度至少要上升到几十亿摄氏度。即使在最炽热的恒星内部，我们也找不到这样高的温度，尽管这个温度很有可能曾在数十亿年前出现过，因为那时我们的宇宙还年轻。我们将在本书最后一章继续讨论这个振奋人心的问题。

通过上述内容我们知道，热运动效应会一步步摧毁基于量子定律构建的物质的精巧结构，将这些宏伟建筑变为一团混乱粒子，这些粒子横冲直撞的，我们无法从中看出任何明显的规律。

2. 如何描述无序运动？

但如果你因为热运动是无规则的，就认为没有任何物理语言能够描述这一现象，那就大错特错了。的确，热运动完全是不规则的，但同时，这一事实又使得它服从于一个新的规律——无序定律（law of disorder），或者更准确地说，是统计行为定律（law of statistical behavior）。为了理解这一描述，我们可以转向著名的"醉汉的脚步"的问题上。

假设我们正观察一位倚靠在广场中央的路灯旁的醉汉（没人知道他是怎么到的这儿，或者什么时候到的），他突然决定随意走走，因此他开始出发，朝一个方向走了几步，又朝另一个方向走了几步，然后换方向继续，再继续，如此毫无规律地乱走，每走几步就改变一次方向（图 80）。那么，在这个醉汉在弯弯折折地走了（比如说）100 步之后，他距离路灯多远呢？你的第一反应可能"因为他每次转身都是不可预测的，所以这一问题不可能有答案"。但如果我们再聚精会神地想一想，就会发现，尽管我们确实不能说出醉汉走了 100 步后的具体位置，但我们却可以回答出他与路灯之间最有可能的距离。现在，我们就用严谨的数学方法来解答这一疑问。请以路灯为原点画两条相互垂直的坐标轴，X 轴指向我们，Y 轴指向右侧。设醉汉在转了 N 次方向后与路灯的距离为 R（图 80 中，$N=14$）。如果用 X_N 和 Y_N 表示第 N 段路程在对应坐标轴上的投影，根据毕达哥拉斯定理，显然可以得到：

$$R^2=(X_1+X_2+X_3+\cdots+X_N)^2+(Y_1+Y_2+Y_3+\cdots+Y_N)^2$$

其中 X 和 Y 可取正值或负值，这取决于醉汉的行进方向是走近路灯还是远离路灯。

值得注意的是，因为醉汉的运动完全是无序的，所以 X 和 Y 取正值或负值的次数大约是相等的。我们现在根据代数的基本规则展开括号——即将括号内的每一项与其自身及其他项互乘。

图 80

醉汉的脚步。

因此有：

$$(X_1+X_2+X_3+\cdots+X_N)^2$$

$$=(X_1+X_2+X_3+\cdots+X_N)\times(X_1+X_2+X_3+\cdots+X_N)$$

$$=X_1^2+X_1X_2+X_1X_3+\cdots+X_2^2+X_1X_2+\cdots+X_N^2$$

这一长串加和包含了所有 X 的平方（X_1^2，$X_2^2\cdots X_N^2$）和所谓的"混合积"，如 X_1X_2、X_2X_3 等。

到目前为止，我们所做的还都是简单的数学运算，但接下来我们就要开始从统计学的角度来考虑醉汉脚步的无序性了。因为醉汉几乎完全是在随机运动，他走向路灯的可能性和远离的可能性是一样的，因此 X 的取值应该是一半正、一半负。所以，在这些"混合积"中，你应该总能找到数值相同但符号相反，可以互相抵消的一对，并且醉汉转变方向的次数越多，这种相互补偿发生的可能性就越大。最后，算式中留下的就只有 X 的平方，它们永远是正的。因此上式就可以写成：$X_1^2+X_2^2+\cdots+X_N^2=NX^2$，其中，$X$ 是所有路径在 X 轴上投影的平均长度。

同理，第二个括号也可以化简为 NY^2 的形式，其中 Y 是所有路径在 Y 轴上投影的平均长度。这里我们必须再度声明，我们刚刚所做的不是严格意义上的代数计算，而是基于统计学的观点，鉴于路径的随机性而将"混合积"相互抵消后的结果，因而醉汉与路灯之间最有可能的距离现在可以化简为：

$$R^2=N\cdot(X^2+Y^2)$$

或

$$R=\sqrt{N}\cdot\sqrt{X^2+Y^2}$$

又由于平均路程在各个轴上的投影都成 45° 夹角，因而 $\sqrt{X^2+Y^2}$（依旧是根据毕达哥拉斯定理）就可以简单看成是所有路程的平均长度。我们将该平均长度取值为 1，于是得到：

$$R=1 \cdot \sqrt{N}$$

通俗地说，我们的结果意味着：醉汉在无规律地改变足够多次方向之后，他与路灯之间最有可能的距离，等于每一次走过的路程的平均长度乘以改变方向的次数的平方根。

因此，如果醉汉每走 1 码（约等于 0.9 米）就改变一次方向（当然角度是无法预测的！），那么他在总共走了长达 100 码的路程之后，与路灯之间最有可能的距离仍旧只有 10 码。如果他一次都没有改变过方向，就直直地走，那么他就会距离路灯 100 码——这说明走路的时候，保持头脑清醒能够占到很大便宜。

上述例子完全是依据统计学进行的计算，所以我们说"这是醉汉与路灯之间最有可能的距离"，而不是每一个独立情况中的准确距离。在独立事件中，醉汉也有可能沿着直线远离路灯，尽管这个可能性不大。或者，他也有可能每次转向都是 180°，因而每转两次就会重新回到路灯旁边。但如果有大量醉汉从同一个路灯开始，沿着不同的路径弯弯折折地走，并且互不干扰，你就会发现，在足够长的时间之后，他们会分散在路灯周围特定的范围内，而他们与路灯间的平均距离就可以用上述规律计算。图 81 给出了这种不规则运动的分布图，图中我们只画出了六个醉汉。当然，醉汉的数量越多，他们无规则转向的次数越多，这条规律也就越准确。

现在，我们将醉汉替换成一些微小个体，例如植物花粉或悬浮在液体中的细菌，你会看到和生物学家布朗在他的显微镜下看到的完全

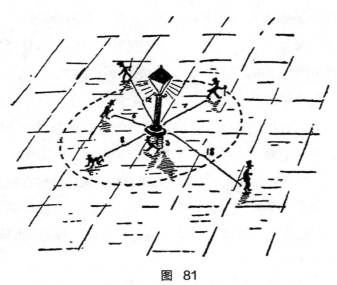

图 81

六个醉汉在一盏路灯周围走动的统计学分布。

一样的图景。当然，花粉和细菌不会喝醉，但我们在上文提到过，它们被周围进行热运动的分子不断地踢来踢去，从而被迫做着无规则运动，如同在酒精的作用下失去方向感的人类一样。

你在透过显微镜观察悬浮在水滴中的数量更多的微小粒子的布朗运动时，可以将注意力集中于其中的某一片很小的范围内（在路灯附近）。你会注意到，随着时间的流逝，它们会在视野内逐渐分散开，而它们与原始位置的平均距离，恰好与时间的平方根成正比，正如我们计算的醉汉与路灯的距离所遵循的数学定理一样。

同样的运动定理自然也适用于水滴中的每个独立分子，只是你无法看到它们，即使你能看到，你也无法分辨它们。为了让这种运动肉眼可见，我们必须使用两种分子，通过某种方法（如根据颜色）区分它们。我们可以在试管中装上半管呈鲜艳紫色的高锰酸钾水溶液，然后在上面加上一些清水，要小心操作，确保二者不会混合。我们会注意到清水逐渐染上了颜色，如果你等上足够长的时间，你会发现，试管中从上到下的全部液体都着上了均匀的颜色（图 82）。这一过程你我都很熟悉，叫作扩散，它是高锰酸钾的染料分子在水分子间做无规则热运动导致的。我们必须把每个高锰酸钾分子都想象成一个袖珍的醉汉，它们被周围的分子不断地撞来撞去，一方面，在水中，分子的堆积相对紧密（与气体相比），所以每个分子在两次连续的碰撞间的平均路程很短，只有 1 英寸的一亿分之一；另一方面，室温环境下的分子会以大约 0.1 英里每秒的速度运动，所以分子每次撞击的间隔就只有一万亿分之一秒。

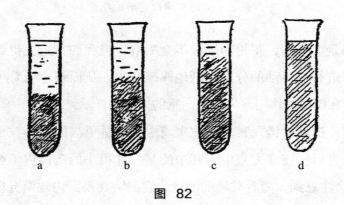

图 82

因此，在仅仅 1 秒之内，每个高锰酸钾的染料分子就会受到大约一万亿次连续的撞击，也会改变一万亿次运动方向。第 1 秒内，分子的平均距离将会是一亿分之一英寸（自由运动路程的长度）乘以一万亿的平方根，得到的平均扩散速率只有百分之一英寸每秒，这一进程可以说是非常慢了。同样情况下，一个没有受到任何碰撞的分子已经跑到了 0.1 英里之外了！如果你等上 100 秒，分子跋涉的距离将会是刚才的 10 倍（$\sqrt{N}=10$）。而 10 000 秒后，也就是大约 3 小时后，分子的扩散程度将会是刚才的 100 倍（$\sqrt{10\,000}=100$），也就是 1 英寸远。

是的，扩散是很缓慢的过程，当你往一杯茶中放进一勺糖时，你一定更愿意把它们搅开，而不是等着糖分子自己在水中扩散开。

现在，我们来说说扩散过程的另一个例子，这也是分子物理中最重要的过程之一。让我们来设想一下，当把铁质烧火棍的一端插进火堆之后，热量在其中传播的方式吧。你自身的经验告诉你，等到烧火棍的另一端烫到用手拿不住的时候，需要很长的时间，但你可能不知道的是，热量是通过金属棍中电子的扩散而传递的。是的，普通的铁质烧火棍中其实也充满了电子，其他所有的金属物体也一样。金属与其他物质（如玻璃）之间的区别在于，前者的原子会丧失掉一部分外层电子，这些电子会在金属晶格间游荡，参与到不规则的热运动中去，就像普通气体中的粒子一样。

金属的外表面会对电子施加作用力，防止它们逃离金属，[1] 但它们在金属内部的运动几乎是完全自由的。如果在金属线上施加电场力，这些自由电子就会朝向施力的方向运动，产生电流。从另一个角度来说，非金属通常是良好的绝缘体，因为它们的电子都被原子束缚着，不能自由运动。

当把金属棍的一端放进火焰中时，金属这一部分的电子的热运动

---

[1] 当我们将一根金属丝加热到高温时，其中电子的热运动会变得足够剧烈，其中的一部分会从表面逃离，这一现象被用于电子管。所有的业余无线电爱好者都熟知这一电子元件。

将会显著增强，快速运动的电子开始向其他区域扩散，并携带着额外的热能。这一过程与染料分子在水中的扩散十分相似，不同的是，染料分子的例子中有两种不同的粒子（水分子和染料分子），而这里只是热电子气向冷电子气领域的扩散。不过在这个例子中，"醉汉的脚步"的定律依然适用，热量在金属棒中传递的距离，同样与对应时间的平方根成正比。

关于扩散，我们最后举一个完全不同的例子，一个关于宇宙的例子。在之后的章节中我们将了解到，我们的太阳的能量是由其内核深处的化学元素的核反应产生的，这些能量以高能射线的形式释放"光的粒子"，或光量子，进而开始了它们从核心到太阳表面的长途跋涉。因为光速是 300 000 千米／秒，太阳的半径只有 700 000 千米，因此，如果光量子不受任何干扰以直线前进的话，只需 2 秒多就能到达太阳表面。然而这与实际情况大相径庭，在向上爬升的路上，光量子会遭遇构成太阳的数不尽的原子和电子的撞击。光量子在太阳物质中自由运动的路程大约是 1 厘米（这要比分子自由运动的路程长多了），而且因为太阳的半径是 70 000 000 000 厘米，我们的光量子必须走过 $(7 \times 10^{10})^2$ 或 5×10^{21} 段"醉汉的脚步"一样的路程，才能最终抵达太阳表面。又因为，每段路程所需的时间为 $\frac{1}{3 \times 10^{10}}$ 或 3×10^{-11} 秒，所以整个旅程所需的全部时间就是 $3 \times 10^{-11} \times 5 \times 10^{21} = 1.5 \times 10^{11}$ 秒，或大约是 5 000 年！[1] 至此，我们再一次看到了扩散的过程是多么的缓慢。光从太阳的核心到太阳表面需要 50 个世纪之久，然而在空阔的行星际空间

---

[1] 根据现在天文学家对太阳内部物质密度的推测，光在太阳内传播的时间大约为几十万年（译注）。

中，光沿直线从太阳传播到地球只需 8 分钟！

3. 计算概率

上文的扩散过程只是我们将概率统计学定律应用于分子运动的一个简单例子。下面我们将进行更深层次的讨论，尝试理解最为关键的统领一切物质——无论是小水滴还是群星璀璨的整个宇宙——的热行为的熵增定律，在此之前，我们必须先学习一点计算简单或复杂事件中的概率的方法。

你能遇到的最简单的概率计算问题就是抛硬币问题。众所周知，在这个过程中（不作弊的情况下），我们得到正面和反面的可能性是相同的。我们总说正反面出现的情况是五五开，但在数学中通常说，正面和反面出现的概率各为 $\frac{1}{2}$。如果你将正反面出现的可能性相加，结果就是 $\frac{1}{2} + \frac{1}{2} = 1$。在概率理论中，整数 1 意味着"必然"——你抛出一枚

图 83

抛两枚硬币的四种可能组合。

硬币后一定会得到正面或反面，除非它滚到沙发底下，毫无痕迹地消失了。

假如你连续抛出两枚硬币，或者同时抛两枚硬币——这两种做法其实是同样的意思，那么你很容易就知道，会出现图83中显示的四种可能情况。

第一种情况是得到两次正面，最后一种是两次反面，中间的两种得到的结果一样，因为你无须考虑正面或反面出现的先后顺序（或具体是哪一枚）。因此你会说，得到两次正面的可能性是四种之一，或 $\frac{1}{4}$，两次反面的可能性也是 $\frac{1}{4}$，而出现一正一反的可能性是四种中的两种，也就是 $\frac{1}{2}$。此时又是 $\frac{1}{4}+\frac{1}{4}+\frac{1}{2}=1$，这意味着你能得到的可能的组合只有这 3 种。现在我们来看看抛三次的情况，下表总结了可能出现的 8 种情况：

三次抛硬币出现的8种情况

第一次抛掷	正	正	正	正	反	反	反	反
第二次抛掷	正	正	反	反	正	正	反	反
第三次抛掷	正	反	正	反	正	反	正	反
	I	II	II	III	II	III	III	IV

从这张表中可以看出，抛三次硬币得到全部是正面或全部是反面的概率都是 $\frac{1}{8}$。其余的可能性包括二正一反和一正二反，概率都是 $\frac{3}{8}$。

随着投掷次数的增加，这张表中可能出现的情况也在快速增加，不过我们还是可以再看看抛四次的结果，共有 16 种可能：

四次抛硬币出现的16种情况

第一次抛掷	正	正	正	正	正	正	正	正	反	反	反	反	反	反	反	反
第二次抛掷	正	正	正	正	反	反	反	反	正	正	正	正	反	反	反	反
第三次抛掷	正	正	反	反	正	正	反	反	正	正	反	正	正	反	正	反
第四次抛掷	正	反	正	反	正	反	正	反	正	反	正	反	正	反	正	反
	I	II	II	III	II	III	III	IV	II	III	III	IV	III	IV	IV	V

此时四次全部是正面或全部是反面的概率是 $\frac{1}{16}$，一正三反或三正一反的概率都是 $\frac{4}{16}$ 或 $\frac{1}{4}$，而二正二反的概率是 $\frac{6}{16}$ 或 $\frac{3}{8}$。

如果继续投掷更多次硬币，你会得到很多种可能性，多到超出你所用的纸面的范围。例如，投掷十次硬币，你就会得到 1 024 种不同的可能性（即 $2 \times 2 \times 2 \times 2 \times 2 \times 2 \times 2 \times 2 \times 2 \times 2$）。但你大可不必构建如此长的可能性表，因为你可以通过观察我们已经列出的简单例子，找出概率的简便定律，并且将其直接应用于更复杂的情形中。

在投掷两次硬币的例子中，你会发现，得到两次正面的概率等于两次得到一次正面的概率的乘积，即 $\frac{1}{4} = \frac{1}{2} \times \frac{1}{2}$。同样的，在接下来的例子中，得到三次或四次正面的概率，也分别是每一次得到正面的概率的乘积（$\frac{1}{8} = \frac{1}{2} \times \frac{1}{2} \times \frac{1}{2}$，$\frac{1}{16} = \frac{1}{2} \times \frac{1}{2} \times \frac{1}{2} \times \frac{1}{2}$）。因此，如果有人问你抛十次硬币全部得到正面的可能性有多大时，你可以通过 10 个 $\frac{1}{2}$ 相乘很快给出答案。答案是 0.00098，说明出现这种情况的可能性实际上非常低——大约 1 000 次中才有可能出现一次！这里我们有一个"概率乘法"的规则，具体来说就是，如果你想得到几样不同的东西，那么你可以通过计算得到其中每一样东西的概率的乘积，从而求出得到所有东西的概率。如果你想要的东西有很多，而其中的每一样都不是那么有可能得到的话，那么你全部得到的可能性就会低得令人沮丧！

这里还有另一条规则——"概率加法"。具体来说就是，如果你只想要某些东西中的一样（前提是哪一个都行），那么你得到它的概率就是得到其中每一样东西的概率的和。

用抛两次硬币出现正反各一次的例子可以轻松解释这一规则：在这种情况下，你想要的其实就是"先正后反"或者"先反后正"中的任意一种。上述两种组合的概率都是 $\frac{1}{4}$，因而得到其中任意一种的概率就是 $\frac{1}{4}$ 加 $\frac{1}{4}$，即 $\frac{1}{2}$。总的来说，如果你想要"这个、这个和这个……"，你就需要将单独得到每个物件的概率相乘。但如果你想要的只是"这个，或这个，或者这个……"，你需要做的就是将单独得到每个物件的概率相加。

在前一种情况中，随着你想要的物件的增加，你得到所有物件的可能性会下降；在后一种情况中，当你只想要一堆物件中的任意一件时，随着可选物件的增加，你得到其中之一的可能性也会令人满意地升高。

抛硬币的实验就是所谓的"尝试的次数越多，概率定律越准确"的典例。图 84 描绘了抛掷 2 次、3 次、4 次、10 次和 100 次硬币后，分别得到正面和反面的相对次数的概率图。你会发现，随着抛掷次数的增加，概率曲线会愈发陡峭，并且正反面五五开的趋势也会愈发凸显出来。

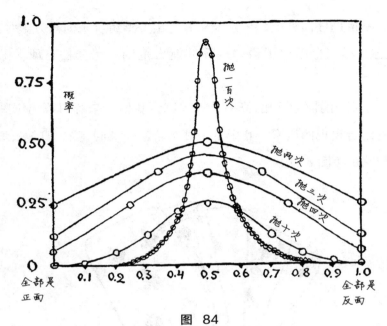

图 84

出现正面和出现反面的相对次数。

从图中可以看出，在抛掷 2 次、3 次甚至 4 次硬币时，全部得到正面或反面的可能性比较大。但当抛掷 10 次时，哪怕只有 9 次出现正面或反面的可能性都非常小。如果抛掷更多次数，比如 100 次、1 000 次，概率曲线就会变得如针般尖锐，你几乎不会得到五五开以外的可能性。

现在请让我们用刚刚学到的简单的概率计算规则，来判断在一种有名的扑克游戏中，5 张手牌出现各种组合的概率。

或许你还不知道这个游戏，简单来说，就是每位玩家各摸 5 张牌，牌型组合最好的那位就是赢家。这里我们略去了为得到更好的组合而与对手换牌的复杂情况，以及为了让对手相信你的牌比你实际拥有的更好而采取的虚张声势的心理战术——尽管这种"虚张声势"才是游戏的核心玩法，而且丹麦著名物理学家玻尔还曾提出一种全新的游戏形式，不借助任何纸牌，玩家全靠假想出牌型组合来向对方虚张声势。当然这已经完全超出了概率计算的能力范围，完全是心理学上的问题了。

为了巩固刚才提到的概率计算规则，我们先来练习算出纸牌游戏中一些组合出现的概率。其中有一种组合叫作"同花"，即5张牌都是同一种花色（图85）。

图 85
同花（同为黑桃）。

想得到同花，你抽到的第一张牌的花色其实是无所谓的，你只需要计算剩下4张仍是同一花色的可能性。一副牌中总共有52张牌，每种花色各13张，[1]因此，在你摸到第一张牌后，同花色的牌在牌堆中还剩下12张，此时下一张牌是同花色的可能性是$\frac{12}{51}$。类似的，第三张、第四张和第五张牌是同花色的可能性分别为：$\frac{11}{50}$、$\frac{10}{49}$和$\frac{9}{48}$。

---

[1] 此处略去了"'大小王'可以作为百搭牌，替换成任何想要的牌"这一更复杂的情况。

因为你的要求是"5 张牌都是同一种花色"，因此，此时应该用概率乘法的规则。通过计算你会发现，得到同花的概率是：

$$\frac{12}{51} \times \frac{11}{50} \times \frac{10}{49} \times \frac{9}{48} = \frac{13\,068}{5\,999\,760}，\text{或约}\frac{1}{500}$$

但不要认为只要摸 500 手牌你就一定会得到同花。实际上你可能一手也得不到，或者也有可能得到两手。我们这里做的只是概率计算，而在真实情况下，你可能在摸过 500 手之后还没得到想要的组合；反之，你在第一次摸牌时就得到了同花。概率理论能告诉你的只是：在你摸 500 手牌中，可能会有一手同花。以同样的方式计算，你还会知道，每玩 30 000 000 次游戏，你有可能得到 10 次 5 张 A（包括王牌）的情况。

另一种组合在扑克游戏中更加稀有，因而也更有价值，就是所谓的"满堂红"。满堂红其实也就是我们常说的"三带二"（指其中 2 张牌牌面相同花色不同，另外 3 张牌也如此——如图 86 中 2 个 5 和 3 个 Q 的例子）。

图 86

满堂红。

　　如果你想得到满堂红，最初的两张牌是什么同样是无关紧要的，但在这之后，你需要补齐"3 张"中的另 2 张，和"2 张"中的另一张。此时有 6 张牌可以配齐你的牌面（如果你有 1 张 Q 和 1 张 5，就还有另外 3 张 Q 和 3 张 5），那么第三张牌能满足你要求的可能性就是 $\frac{6}{50}$；第四张是 $\frac{5}{49}$，因为此时牌堆中只剩 49 张牌，其中 5 张是你需要的，最终第五张的概率是 $\frac{4}{48}$。因此摸到满堂红的总概率是：

$$\frac{6}{50} \times \frac{5}{49} \times \frac{4}{48} = \frac{120}{117\,600}$$

或者说，大约是得到同花的概率的一半。[1]

　　以此类推，我们还能计算出其他组合出现的概率，如"顺子"（牌面连续递增的序列），同时还能进一步考虑引入可以变为任意普通牌的"大小王"之后概率的变化。

　　通过这样的计算可以看出，一副牌的好坏是由它的数学概率决定的。作者也不知晓，这是某位古代数学家提出的规则，还是全球数百万玩家，在或豪华或破烂的赌厅中，以损失金钱为代价，纯粹依靠经验得出的规律。如果是后者，我们不得不承认，人类对于复杂事件的相对概率，做过非常好的统计学研究！

　　还有一个有关概率计算的有趣例子，这个例子同样也会有出人意料的结果，就是"同日出生"问题。试着回忆一下，你是否有过在同一天被邀请去两位不同朋友的生日派对的经历。你可能会说自己同一天收到两份邀请的可能性很小，因为你只有 24 个会邀请你的朋友，而

------

[1] 事实上这里对于"满堂红"的计算是很不严谨的，因为作者忽略了一些情况，具体计算法还请读者自行尝试（译注）。

一年有 365 天，他们的生日可能是其中的任意一天。有这么多可选的日期，所以在你的 24 个朋友中，有两个在同一天邀请你去切生日蛋糕的可能性极小。

然而，你的判断大错特错，尽管这听上去令人难以置信。真相是：24 个人中，出现一对同一天生日的可能性相当高，甚至可能会有好几对！事实上，有人碰巧是同一天生日的可能性要比所有人生日都不同的可能性更大。

想要证实这一点，你可以做一张 24 个人的生日表，或用更简单的方法，直接在《美国名人录》这样的参考书中任意点出 24 个人，比较他们的生日。当然，我们也可以使用前文抛硬币和扑克游戏的问题中已经充分熟悉的概率计算，来得到所要求的概率。

首先我们来计算 24 个人中每个人的生日都不一样的可能性。我们先来"问"第一个人的生日，显然这可能是一年 365 天中的任意一天。那么第二个人的生日与第一个人不同的可能性有多大呢？因为第二个人也有可能出生在一年中的任何一天，而两人生日相同的可能只有一天，因而二人生日不同的概率是 $\frac{364}{365}$。类似的，第三个人的生日与前两人皆不相同的概率是 $\frac{363}{365}$，因为需要排除 2 天。接下来每个人的生日都与前面所有人不同的概率分别是：$\frac{362}{365}$，$\frac{361}{365}$，$\frac{360}{365}$，等等，直到最后一人是 $\frac{(365-23)}{365}$，即 $\frac{342}{365}$。

我们已经知道，这些独立概率全部发生的情况是将每个概率相乘，因而有：

$$\frac{364}{365} \times \frac{363}{365} \times \frac{362}{365} \times \cdots \times \frac{342}{365}$$

用高等数学的方法可以在几分钟内计算出乘积，但如果你不知道方法的话，你也可以用直接相乘的困难办法，[1] 也不会花上太多的时间。最后的结果是 0.46，这表明所有人的生日都不同的概率略小于 $\frac{1}{2}$。换句话说，如果你有 24 个朋友，那么他们的生日完全不同的概率只有 46%，相同的却有 54% 的可能，他们中有两个或两个以上的人的生日是同一天。因此，如果你有 25 个朋友或者更多，而你从未有过同一天被邀请去两个不同人的生日派对的经历，那么极大的可能是，要么你的朋友根本没有组织生日派对，要么他们没有邀请你！

"同日出生"问题是一个典例，它表明我们对复杂事件相关概率的常规判断，也有可能完全是错误的。作者已经问过很多人这个问题，包括一些主流科学家，但对方都以 2∶1 甚至 15∶1 的赔率打赌，同日出生的情况不会发生，只有一个人例外 [2]。如果作者真的同这些人打了赌的话，那他一定会变成一个大富翁！

有一点需要再一次强调，根据上面给出的规则，我们可以计算出各种事件发生的可能性，以及其中最有可能发生的情况，但这并不意味着那些事件就一定会发生。即使我们进行上千次、上万次甚至上亿次实验，预测出的结果也只是"很有可能"，而不是"一定"。在实验次数较少的情况下，概率定律就不那么奏效了，比如对于篇幅很短的代码或密文，我们就无法用统计分析的方法进行破译。举个例子，我们来研究一下埃德加·爱伦·坡（Edgar Allan Poe）在他著名的故事《金甲虫》中描述的一个事例。故事中有一位勒格朗先生，一天，他在南卡罗来纳州的某片荒凉海滩溜达时，捡到一张半埋在湿沙中的羊皮

---

[1]　如果可以的话，请尽可能使用对数表或对数计算尺！

[2]　这一例外当然是一位匈牙利数学家（参见本书第一章的开头）。

纸。当他在他的沙滩小屋中享受火焰带来的温暖时，羊皮纸却在火焰的烘烤下变得通红，清晰地显现出了原本看不见的一系列神秘符号。其中有一个骷髅标志，说明这些内容是一位海盗所写；还有一只山羊头，进一步证明了这张山羊皮一定是著名的基德船长的笔记。上面记录了几行符号，显然是在指示一处秘密宝藏的位置（图 87）。

我们暂且尊重埃德加·爱伦·坡的权威性，假定 17 世纪的海盗已经熟知分号、引号以及诸如‡、+、¶等其他符号。

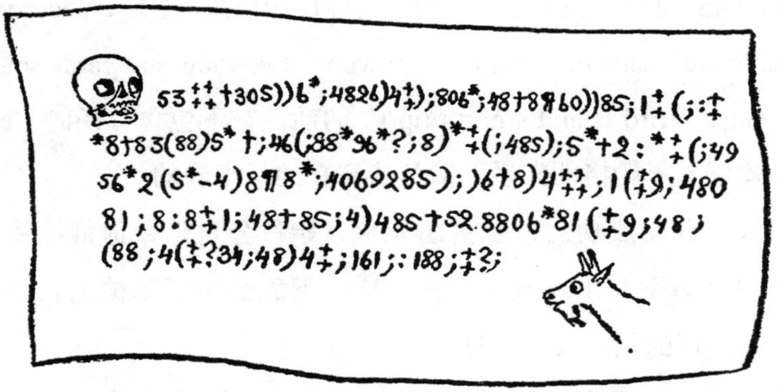

图 87

基德船长的信息。

对金钱的渴求驱使勒格朗先生用尽他全部的脑力来尝试破译这个神秘的密文，并最终通过英语中不同字母出现的相对频率成功破解。他的方法基于一个事实：如果你数一下任意一份英语文本中每个字母出现的次数，无论是莎士比亚的十四行歌剧还是埃德加·华莱士（Edgar Wallace）的悬疑小说，你会发现，字母 "e" 出现的频率最高。除 "e" 以外，其他字母出现的频率由高到低分别是：

a, o, i, d, h, n, r, s, t, u, y, c, f, g, l, m, w, b, k, p, q, x, z。

勒格朗先生数了一下基德船长的密文中各个符号出现的次数，发现出现最频繁的符号是数字8。"啊哈，"他说："这就说明8最有可能对应字母e。"

好吧，在这个故事里他猜对了，但显然，8只是"很有可能"对应e，而不是"肯定是"。

事实上，如果这段密文的内容是"你会在伯德岛北端的旧屋子以南2000码的树林中找到一个装满金子和钱币的铁盒子（You will find a lot of gold and coins in an iron box in woods two thousand yards south from an old hut on Bird Island's north tip）"的话，它不包含有任何"e"！但概率定律偏爱了勒格朗先生，他的猜测真的是正确的。

第一步获得成功后，勒格朗先生开始过分自信，他继续将字母和符号按出现概率和出现次数一一对应。下表给出了基德船长的信息中所有符号出现的相对次数（见下页）。

第二列是按照出现的相对频率排列的英文字母。由此，我们自然可以假设第一列中列出的符号与第二列中的字母是一一对应的。然而，基于这种对应关系解码出来的基德船长的信息，我们发现其开头是：ngiisgunddrhaoecr……

这串字母毫无意义！

发生了什么？难道是这位老海盗诡计多端，使用了不符合普通的英语语言中字母频率规律的特殊单词？当然不是，这仅仅是因为，这段信息的长度还不足以满足理想的统计抽样条件，其中字母的出现频率并不完全符合概率分布。若是基德船长用一种极其精妙的方法藏起

基德船长密文字符出现次数排序

符号 8 出现了 33 次			
;	26	e ←——→ e	
4	19	a	t
‡	16	o	h
(	16	i	o
*	13	d	r
5	12	h	n
6	11	n	a
†	8	r	i
1	8	s	d
0	6	t	
g	5	u	
2	5	y	
i	4	c	
3	4	g ←——→ g	
?	3	l	u
¶	2	m	
-	1	w	
.	1	b	

了宝藏，指示其位置的信息占据了好几页的篇幅，或干脆像一册指南那么厚，那么勒格朗先生使用频率规则解开谜团的可能性就大得多了。

倘若你抛 100 次硬币，你会清楚地知道出现正面的次数可能是 50 次；但倘若你只抛 4 次硬币，那么你很可能只会得到三正一反，或者反过来，一正三反。实验的次数越多，得到的结果也就越符合概率定律。

由于密文中的符号数量不足，统计分析这种简便方法失败了，于是勒格朗先生只好使用另一种方法——基于英语中不同单词的详细结构的分析手段。首先他进一步确认了符号 8 对应字母 e 的假设，因为他观察到，"88"这一组合在这段信息中出现得很频繁（5 次），而众所周知，英语单词中"ee"也是最经常出现的 [如 meet（ 相见 ），fleet（ 舰队），speed（速度），seen（看见），been（豌豆），agree（同意）等]。此外，若 8 真的对应 e，那么我们应该能多次看到它作为单词 "the" 的组成部分而出现。在检视密文后我们发现，"；48" 这一组合出现的频率排在了第二位。如果 "；48" 就代表 "the" 的话，那我们就可以得出结论："；" 对应 t，"4" 对应 h。

推荐读者亲自去阅读一下埃德加·爱伦·坡的原文，以详细了解破译基德船长信息的过程。总之，最后我们得到的完整文本是：

"主教旅舍的恶魔坐像上有面绝好的镜子。北偏东 41 度 13 分。主干东侧的第七根树枝。从骷髅头的左眼开枪。从那棵树开始沿子弹方向走 50 英尺。"（A good glass in the bishop's hostel in the devil's seat. Forty-one degrees and thirteen minutes northeast by north. Main branch seventh limb east side. Shoot from the left eye of the death's head. A bee-line from the tree through the shot fifty feet out.）

219 页的表格的最后一列呈现了勒格朗先生破译出的符号和字母的正确对应关系。你会发现，它们并非完全符合概率定律分布。显然，由于文本太短，概率定律在这个例子中没能发挥作用。不过，即使是在这种小的 "统计抽样" 中，我们还是能注意到，字母会倾向于按照概率理论的顺序排列，如果信息的篇幅足够长的话，这种趋势将很难被打破。

通过大量的实验检验概率理论规则的例子似乎只有一个（其实还有另一个事实：保险公司永远不会破产），那就是著名的 "星条旗和火柴" 的问题。

为了进行这个特别的概率问题实验，你需要一面美国国旗，准确来说，是需要上面红白条纹的那部分。如果找不到这样的旗子，就找一大张纸，在上面画上一系列等距的平行线。然后你还需要一盒火柴——随便哪种都行，只要它们短于条纹的宽度就行。此外你还需要希腊字母"派"，当然不是吃的那个派，而是希腊字母表中的"π"，它对应的英语字母是"p"。这个字母还表示圆的周长与直径的比率。你应该知道，它在数值上等于 3.141 592 653 5…（它实际上是无限的，但我们不必全部用上）。

现在，将旗子展开在桌子上，抛出一根火柴，看着它落到旗子上（图 88）。它可能会落在一道条纹的中间，也可能会压在两道条纹的交界线上，那么，这两种情况发生的可能性各有多大呢？

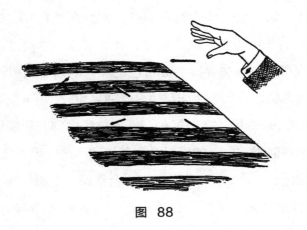

图 88

根据我们探寻其他事件的可能性的步骤，我们首先必须弄清楚所有可能出现的情况。

然而你很清楚，火柴落在旗子上的方式有无限多种，你又怎么能全部罗列出来呢？

我们再更细致地分析一下这个问题。火柴掉落的地方与条纹的相对位置关系，可以利用火柴中点与临近的边界线的距离及火柴与条纹

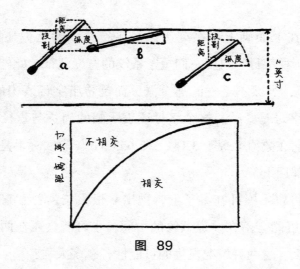

图 89

的夹角来描述，如图 89。图中给出了三个典型的例子，为了简化说明，我们假设火柴的长度等于条纹的宽度，比方说都是 2 英寸。如果火柴中心离边界线很近，与边界线的夹角也足够大的话（a 情况），火柴就会横跨边界线；反之，如果火柴与边界线的夹角较小（b 情况）或距离较大（c 情况），火柴就会完全落在一道条纹线内部。更确切地说，如果火柴的一半在竖直方向上的投影大于条纹宽度的一半的话（a 情况），火柴就会横跨边界；反之（b 情况）则不会横跨。上面的表述可以用图 89 下方的图像来表示：横轴以弧度为单位，表示火柴与边界的夹角；纵轴表示火柴的一半在竖直方向投影的长度，在三角函数中，与给定弧度对应的这一长度就是正弦。显然，弧度为零的时候，正弦的值也为零，因为此时火柴处于水平方向。当弧度为 $\frac{\pi}{2}$ 时，对应的夹角为直角[1]，此时正弦值等于 1，因为火柴刚好为竖直方向，与其投影相重合。

---

[1] 半径为 1 的圆，其周长是直径的 π 倍，即 2π。因此圆周长的四分之一是 $\frac{2\pi}{4}$，或 $\frac{\pi}{2}$。

当弧度处于 0 和 $\frac{\pi}{2}$ 之间时，正弦的取值范围就是大家熟知的波形数学曲线——正弦曲线（图 89 中我们只给出了完整正弦曲线的四分之一，弧度的范围为 0 到 $\frac{\pi}{2}$）。

有了这种图形，我们就可以用它很方便地估计出火柴落在边界线上或落在条纹内部的可能性了。事实上，就像我们之前见到过的那样（再看一下图 89 上面的三个例子），当火柴的中心点与边界线的距离小于其对应的投影长度，也就是小于夹角对应的正弦值时，火柴就会与边界线相交。这种情况意味着，我们会在下方的图像中得到一个低于正弦曲线的点。相反，如果火柴完全落入条纹内部的话，我们就会得到高于正弦曲线的点。

因此，根据概率计算的规则，火柴与边界线是否相交的可能性的比值，就等于正弦曲线以下的面积与正弦曲线上方的面积的比值，或者说，可以通过计算上下两块区域的面积占整个矩形面积的比例，求出这两种情况的概率。我们可以用数学方式证明（参见第二章），图像中正弦曲线以下的面积正好等于 1。因为矩形的总面积是 $\frac{\pi}{2} \times 1 = \frac{\pi}{2}$，所以我们发现，火柴与边界相交（在火柴长度与条纹宽度相等的情况下）的概率是 $\frac{1}{\pi/2} = \frac{2}{\pi}$。

此时 π 又蹦了出来。这一有趣的事实最早由 18 世纪的科学家布封（Count Buffon）发现，因而火柴与条纹的问题也叫布封问题。

一位勤奋的意大利数学家拉泽里尼（Lazzerini）对此问题进行过一次真实的实验，他共抛出了 3 408 根火柴，最后观察到，其中有 2 169 根与边界线相交。将这次实验记录的准确数据代入布封公式，即 $\frac{2}{\pi} = \frac{2\ 169}{3\ 408}$，解得 π=3.1415929，这一数值直到小数点后第七位才与实际上 π 的准确数值不同！

　　这自然是证明概率定律有效性的一个极有趣的例子，但也并不比抛硬币有趣多少——如果你抛掷上千次硬币，用抛掷的总次数除以正面朝上的次数，得到的结果也一定会是"2"。当然，你实际上算出的结果应该是 2.000000…其中的误差就同拉泽里尼算出的"π"的误差一样小。

4. "诡秘"的熵

　　上文讨论的概率计算的例子，每一个都与日常生活相关。我们已经知道，当样本的数量较小时，这种预测会得到令人沮丧的结果；样本数量越大，预测的效果才会越好。因此，这一定律尤其适用于数量极大的原子和分子，因为即使是我们平时能用到的最小的物体，其中也包含着无穷多的原子或分子。尽管在"醉汉的脚步"的例子中，统计学定律只能告诉我们一个大概结果——毕竟在这个例子中只有六个醉汉，每个醉汉可能只转过 24 个方向，但如果将其应用到每秒钟会发生数十亿次碰撞的几十亿个染色分子上，我们就能得到最严谨的扩散物理学定律。我们可以说，原本只溶解在试管里一半的水中的染料，之所以会倾向于通过扩散过程均匀散布到整个液体中，是因为这种均匀分布要比原先的情况出现的可能性更大。

　　基于同样的原因，当你在阅读这本书时，你所在的房间四面八方也均匀充斥着空气，从未发生过房间内的空气突然聚集在一个角落里，导致你窒息的情况。但是，从物理学角度来说，这种恐怖的情况并非完全不可能，只是发生的概率极低而已。

　　为了弄清楚这一问题，我们假设有一间被垂直平面分隔成两个相等部分的房间，然后问问自己，这两个部分之间的空气分子最有可能以什么状态分布。这个问题显然与前文讨论的抛硬币的问题相同，如果我们先考虑一个分子，那么它处在左半边和右半边的可能性是相等的，就像抛出的硬币掉到桌面后得到正面或反面的可能性一样。

第二个分子、第三个分子……其他所有的分子分布在房间的左边或右边的可能性也都是相等的，无论它们处于什么位置。[1] 因此，分子在房间的两半边的分布问题，就等同于多次抛掷硬币得到正反面的次数的分布问题，如图 84 所示，五五开分布的可能性是最大的。我们从图中还能看出，随着抛掷次数（也就是这个例子中的空气分子数量）的上升，五五开的概率会越来越大；当样本基数足够大时，这一概率几乎就成了确定的情况。普通大小的房间中大约包括 10^{27} 个分子，[2] 因此它们全部同时聚集在房间的一半（比如说右半边）的可能性为：

$$\left(\frac{1}{2}\right)^{10^{27}} \approx 10^{-3 \times 10^{26}}$$

也就是 $\dfrac{1}{10^{-3 \times 10^{26}}}$。

另外，由于空气分子在以大约每秒 0.5 千米的速度运动，所以它从房间的一头运动到另一头仅需 0.01 秒，也就是说，它们在房间中的分布每秒就会重新排列 100 次。因此得到完全处于右边的组合所需的等待时间是 $10^{299\,999\,999\,999\,999\,999\,999\,999\,998}$ 秒，而宇宙从诞生开始，迄今为止也只存在了 10^{17} 秒！所以你完全可以镇定自若地继续阅读本书，不用担

---

[1] 事实上，由于气体中单个分子间的空隙较大，所以空间并非完全占满的，给定体积内的分子不会完全阻止新分子的进入。

[2] 一个长 15 英尺、宽 10 英尺、高 9 英尺的房间，体积是 1 350 立方英尺，或 5×10^7 立方厘米，房间内包含 5×10^4 克空气。因为空气分子的平均质量是 $30 \times 1.66 \times 10^{-24} \approx 5 \times 10^{-23}$ 克，因此房间中的总分子数是 $\dfrac{5 \times 10^4}{5 \times 10^{-23}} = 10^{27}$ 个。

心会有窒息的风险。

再举一个例子，现在我们来考虑放在桌上的一杯水。我们知道，参与无规则热运动的水分子会朝向任何可能的方向运动，但因为相互之间的内聚力，所以它们还不至于完全分散。

鉴于每个单独的分子的运动方向完全是由概率定律控制的，我们可以思考一下，在某一时刻，杯中一半的分子（比如说杯中上半部分的分子）都向上运动，而另一半的分子——杯中下半部分的分子——都向下运动的可能。[1] 假设此时两组分子间分界面上的内聚力是作用于水平方向的，不再能阻止它们"分离的共同愿望"，这样一来我们就能观察到十分反常的物理现象了：杯子里上半部分的水会以子弹一样的速度自动射向天花板！

还有一种可能是，水分子热运动的能量都集中在了上半部分，此时杯子下半部分的水会瞬间结冰，而上半部分的水则会猛烈地沸腾。为什么你从没见过这些情况发生呢？这不是因为它们绝对不可能发生，而是因为它们发生的概率极小，"几乎不可能"发生。事实上，如果你试着计算出原本向各个方向随机运动的分子的突然发生上述情况的概率，你会发现，得到的数值和"空气分子聚集在房间的一角"的可能性一样小。同样的，由于水分子的相互碰撞，而导致"一些分子丧失绝大部分动能，而另一个则获得大量动能"的可能性也是微不足道的。因此，我们观察到的分子运动的实际情况，总是会按照其最有可能的状态进行。

---

[1] 我们必须考虑这种五五开的分布情况，因为从动量守恒定理的角度考虑，不可能出现所有分子都朝一个方向运动的情况。

如果我们从与"分子的位置或速度最有可能呈现的状态"相反的情况开始考虑，比如从房间的一角开始释放一些气体，或在冷水上面倒上一点热水，此时将会发生一系列物理转变，使得整个系统从低概率状态向高概率状态转换——气体会逐渐扩散，直到均匀分布在整个房间；杯子上层的热量会向下流动，直到整杯水都具有相同的温度。

因此我们可以说，所有依赖于分子无规则运动的物理过程都会朝向概率更大的方向发展，而平衡态，也就是什么都不会发生的情况，往往对应最大概率。我们从房间中的空气的例子可以看出，分子的分布概率通常是很不方便表达的极小数字（如空气都聚集在一半房间的概率是 $10^{-3 \times 10^{26}}$），我们通常会取对数来表示这一数值，这个对数的值就叫作熵，它在关于物质的无规则热运动的一切问题中，都扮演着主导角色。现在我们可以将前文描述物理过程中的概率变化的论述改写为：一个物理系统中的任何自发改变都是朝着熵增的方向发展，而最终的平衡态对应着最大的熵值。

这就是著名的熵定律，亦称为热力学第二定律（第一定律是能量守恒定律），你应该能看出，这条定律并没有什么可怕的。

熵定律也可以被称为无序递增定律，因为我们可以从上面所有的例子中看出，当熵值达到最大时，分子的位置和速度的分布都是处于完全随机的状态，因而任何想要在它们的运动中引入秩序的企图都会导致熵减。此外，我们可以从"将热量转变为机械运动"的问题中，推导出一个更具有实际意义的熵定律公式。你应该还记得，热量实际上就是分子的无规则机械运动，那么你就很容易理解，将给定物体中包含的热量转变为大规模运动的机械能，这与迫使物体中的所有分子朝向一个方向运动的操作是一个意思。然而在"杯中一半的水可能会自发射向天花板"的例子中，我们知道，这种现象发生的概率极低，几乎可以说是不可能的。因此，尽管机械运动的能量可以完全转变为热量（例如通过摩擦），但热能却不可能完全转变为机械运动。这一规则排除了所谓的"第二类永动机"存在的可能[1]——这种设想出来的机器可以从常温物体中提取热量，随后将其冷却，同时把获得的能量运用于机械工作上。因此你也不可能设计出这样一艘汽船：它不靠烧煤来提供动力，而是从海水中吸收热量从而产生蒸汽，最后再将因被抽走热量而冷却成冰块的"海水"扔回大海。

那么普通的蒸汽机是如何在不违背熵定律的情况下，将热量转化为运动的呢？关键在于，蒸汽机中只有一部分燃料燃烧释放出的热量转化为了能量，其余更大的一部分则与排放出去的蒸汽一同消散在了空气中，或者被特制的冷却设备吸收。在这个过程中，我们的系统遇到了熵的两种截然不同的变化：①一部分热量转变为活塞的机械能，对应熵减。②其余热量从锅炉进入到冷却设备中，对应熵增。熵定律只要求系统的总熵值提高，那么只要让第二部分大于第一部分就能轻易实现这一点。我们可以用一个例子更好地说明这一情况：假设在高出地面6英尺的架子上放着一个5磅重的物体。根据能量守恒定律，物体显然不可能自发地升高，顶到天花板上。但从另一方面来说，它可以通过向地面甩下自身的一部分重量而得到能量，并利用这些能量让剩余部分升高。

同样的，我们可以让系统中的一部分发生熵减，只要同时另一部

---

[1] 如此称呼是因为还有"第一类永动机"，这种装置试图在不依靠任何能量来源的情况下工作，这违背了能量守恒定律。

分的熵增足以补偿差值就可以。换句话说，对于一些无序运动的分子，你可以让其中的一部分变得有秩序起来，只要你不在意这么做会让另一部分的运动更加无序就好。而实际上，在所有的热功能机械中，我们都不会在意这一点。

5. 统计涨落

前文中的讨论一定让你清晰地认识到了一个关于熵定律及其所有推论的事实：大尺度物理中的所有物质都是由极大数量的单个分子构成的，因此，任何基于概率考虑的推测都几乎是绝对确定的。但是当样本的数量过小时，这种推测的确定性就会大幅下降。

例如，如果我们不像上文的例子那样考虑充满大房间的空气，只选取极小体积的气体，比如边长为 $\frac{1}{100}$ 微米[1]的立方体，那么情况就会变的大不相同了。事实上，因为该立方体的体积是 10^{-18} 立方厘米，所以其中只包含了 $\frac{10^{-18} \times 10^{-3}}{3 \times 10^{-23}}$ =30 个分子，而它们会聚集在该立方体的一半范围内的可能性是 $(\frac{1}{2})^{30}$ =10^{-10}。

从另一方面来说，因为该立方体足够小，所以分子每秒会被打散 5×10^{9} 次（分子的运动速度是每秒 0.5 千米，而该立方体中的距离仅有 10^{-6} 厘米），因此我们每秒都有可能发现立方体中的一半是真空的。不用说，在该立方体中，有一小部分分子聚集在立方体的一端的情况会更频繁地发生。例如其中的 20 个分子挤在一端，而余下的 10 个分子挤在另一端（也就是说立方体其中一端只比另一端多出 10 个分子），

---

[1]　1 微米等于 0.0001 厘米，通常由希腊字母 μ 表示。

这种情况发生的概率是 $(\frac{1}{2})^{10} \times 5 \times 10^{10} = 10^{-3} \times 5 \times 10^{10} = 5 \times 10^{7}$，也就是每秒 50 000 000 次。

因此在小尺度下，空气中分子的分布将不再是均匀的。如果可以放大足够大的倍数，我们应当能注意到气体中的一些分子会不断地集中在某个位置，随后迅速分散，而同时其他位置也会出现这种集中现象。这一效应被称为密度涨落，它在许多物理现象中都扮演了重要角色。当阳光穿透大气层时，这种不均匀性就会造成光谱中蓝光的散射，为天空刷上我们熟悉的颜色，并使太阳看上去比实际更红。这种使太阳看起来更红的效应在日落时尤为明显，因为此时的大气层要更厚一些。正是由于这种密度涨落，天空才不会永远黑暗，而星星也无法在白天闪耀。

同样的，密度和压力的涨落也发生在普通的液体中，尽管强度较弱。所以描述布朗运动成因的另一种方式是：悬浮在水中的微小粒子之所以会被推来推去，是因为它们的两侧受到的压力总是迅速改变。当液体被加热直到接近沸点时，密度涨落才会变得更明显，从而使液体看起来略带乳白色。

现在我们不禁要问，在这些由统计涨落占据主导地位的小物体中，熵定律是否还适用呢？显然，即使是一个一生都在被周围的分子撞来撞去的细菌，它也会对热量不能转化为机械运动的说法嗤之以鼻！但在这种情况中，我们并非说熵定律失效了，更准确地说，是熵定律失去了实际意义。事实上，熵定律所描述的一切，都是分子运动不能被完全转化为包含无数分子的大型物体的运动这件事。而细菌的体积并不比分子大多少，所以对它们来说，热运动和机械运动之间几乎毫无区别。遭受分子碰撞对它们来说，就好像我们在激动的人群中被冲得东倒西歪一样。如果我们是细菌，那我们只需把自己绑在一个飞轮上就能造出第二类永动机，但此时我们已经没有大脑能够想到这件事了。因此，"我们不是细菌"这件事实际上也没什么好可惜的！

实际上，一个看似相悖于熵增定律的特例是生命体：生长中的植物吸取二氧化碳（从空气）和水（从地面）分子，然后将其组合成更复杂的有机分子，作为其自身的组成部分。简单分子向复杂分子的转化表明熵在减少，而正常的与之对应的熵增情况应当是燃烧木头，将其分子分解为二氧化碳和水蒸气。那么植物是不是真的违背了熵定律呢？它们是不是借助了某种古代哲学家认为的神秘力量来帮助自身生长呢？

通过分析我们得出结论，这一过程并没有违背熵定律，因为除了二氧化碳、水和一些盐分之外，植物生长还需要充足的阳光。阳光中含有能量，这些能量被生长中的植物储存在自身的物质中，并在植物燃烧时再次被释放。除此之外，阳光中还有所谓的负熵（低熵），当阳光被绿叶吸收时，负熵也随之消失。因此，在植物叶片中发生的光合作用包含两个彼此关联的过程：①将阳光的光能转化为复杂的有机分子的化学能。②通过阳光中的负熵来降低简单分子转变为复杂分子这一过程的熵值。用"有序对抗无序"来类比就是：太阳辐射在被绿叶吸收时，其内部秩序也被打乱，而分子的排列却因此而变得更复杂、更有序。植物从阳光中获取负熵（秩序），利用无机成分构建自己的躯体，而动物则需要吃掉植物（或相互厮杀）来补充负熵，所以，动物是负熵的二手使用者。[1]

---

[1]　热力学中的负熵通常是指某些途径下的熵减，而在信息学中还有一种负熵，它指的是信息本身。不过广义来谈，负熵都是混乱向秩序的变化（译注）。

第九章 生命之谜

1. 我们由细胞组成

在探讨物质的组成结构时，我们刻意忽视了一类相对来说数量较少但却极其重要的物体，它们与宇宙中一切的其他物体都有所不同，具有特殊的性质——它们是活的。那么生命物质和非生命物质的组成之间有什么重要区别呢？在利用基础物理定律成功解释了非生命物质的性质之后，我们再一次利用这些定律来理解生命现象又是否可行呢？

当我们说起生命现象时，我们通常会想到一些庞大且复杂的生命体，如一棵树、一匹马或一个人。但通过如此复杂的有机系统来尝试研究活物质的基本性质，注定会是一场徒劳，就如同试图借由汽车这样的复杂机械去研究无机物的性质一样。

这种研究方法的困难程度是显而易见的。我们知道，飞驰的汽车是由几千种处于各种物理状态的零件组合而成的，而这些零件又是由不同的材料制作的，且形状各异。其中一些（例如钢制车架、铜线和挡风玻璃）是固体，一些（例如散热器中的水、油箱中的汽油及气缸中的机油）是液体，还有一些（例如汽化器送入气缸的混合物）是气体。因此，研究这些组成汽车的复杂物件的第一步，是将其拆解为具有相同物理性质的独立部件。由此我们发现，这些零件都是由各种金属物质（例如钢、铜、铬等）、非晶体（例如玻璃和塑料）和各种均匀液体（例如水和汽油）等组成的。

现在我们可以进行下一步研究了。利用已知的物理学方法我们得知：铜质部件是由一个个微小的晶体组成的，而每个晶体又都是由铜原子一层层有规则地堆叠而成的；散热器中的水是由大量松散的水分子组成的，每个水分子都包含一个氧原子和两个氢原子；通过汽化器阀门进入气缸的混合气体是一群快速运动的氧气分子和氮气分子，其中还掺杂了汽油蒸汽分子，后者是由碳原子和氢原子组成的。

同样的，在分析复杂有机物（例如人体）时，我们也必须先将其拆解为单独的器官，如大脑、心脏和胃，再进一步将这些器官拆解为各种生物性质均匀的材料，也就是我们通常所说的"组织"。

组织是构建复杂生命体的原料，所以从某种意义上说，生命体与由各种物理性质均匀的物质构成的机械设备是一样的。根据构建生命体的组织的性质来分析生物体功能的科学叫作解剖学和生理学，这两门科学在一定程度上可以类比于工程学，后者同样是根据构建各种机械物质的力学、电磁学和其他物理性质来研究机械的功能的。

因此，我们不可能只依靠观察组织是如何构成更复杂的机体的，就得出生命之谜的答案，而应该弄清楚组成每个生命体的器官究竟是由哪些原子组成的。

如果你认为生物性质均匀的活组织与普通的物理性质均匀的物质是差不多的，那就大错特错了。事实上，任意选取一些组织（无论是皮肤、肌肉还是脑组织）放在低倍显微镜下分析，我们都能看出它是由极大数量的独立单元组成的，这些单元的本质基本上决定了整个组织的性质（图90）。这种生命物质中的基本结构单元通常被称为"细胞"，也可以称之为"生物原子"（即"不可分割者"），因为保持给定组织的生物学特质的基本单位是细胞组。

植物组织细胞　　　肌肉组织细胞　　　脑组织细胞

图 90

各种细胞。

例如，当肌肉组织被切分到只有半个细胞大小时，它就会完全丧失肌肉收缩的性质。这就好像当一块镁只剩半个镁原子时，它就不再是金属镁，而是一小块煤炭一样！[1]

构成组织的细胞的尺寸极小（经测量，其平均尺寸在 0.01 毫米左右[2]）。我们熟悉的任何植物或动物，都是由无穷多的细胞组成的，比

---

[1] 记得我们在讨论原子结构的时候说过，一个镁原子（原子序数 12，原子量 24）包含一个原子核（由 12 个质子和 12 个中子构成）和 12 个电子。将一个镁原子等分之后，我们将得到两个新的原子，每个新原子包含 6 个核质子、6 个核中子及 6 个外层电子——换句话说，也就是 2 个碳原子。

[2] 有时单个细胞也会具有较大的尺寸，例如大家熟悉的鸡蛋的蛋黄，它就只是一个细胞。但即使是在这种情况下，细胞中有生命的关键部分还是只能借助显微镜看到，而剩余的大块黄色物质只不过是为胚胎的发育而积累的储备食物。

方说，在成年人类的躯体中，就包含几百万亿个细胞！

更小的机体自然是由更少数量的细胞组成的，例如家蝇或蚂蚁，它们包含的细胞数量不超过几亿个。也存在一大类单细胞生物，如变形虫、真菌（例如那些造成皮癣感染的罪魁祸首）及各种细菌，都是只由一个细胞构成，并且只在高倍显微镜下才能看到。这些独立的活细胞在复杂生命体中究竟默默担当了什么样的"社会职责"？对这一问题的研究是当今生物学界最激动人心的篇章之一。

为了能大体理解生命之谜，我们必须从活细胞的结构和性质中寻求解答。

活细胞的几项基本特殊性质包含以下能力：①从周围的物质中汲取自身结构所需的成分。②将这些成分转化为供自身生长的物质。③当自身体积过大时，会分裂成两个相似的细胞，每个细胞都与原细胞一样大小，而且能够自行生长。显然，这些"进食""生长""繁殖"的能力也普遍存在于所有由多个细胞组成的更复杂的生命体中。

思维敏锐的读者可能会反对这一点，因为这些性质在普通的非生命物质中也能找到。例如，如果我们向一杯过饱和盐溶液中丢一小块盐晶体，[1] 盐分子就会持续从水中析出（或者说"被踢出"），一层层附着在晶体表面。我们甚至能想象到，因为某些力学效应，例如晶体不断增加的重量，晶体在达到一定尺寸后会破裂成两半，而得到的"婴

---

[1] 将大量的盐溶于热水，随后冷却至室温便可以制成过饱和溶液。因为盐在水中的溶解度会随着温度的降低而下降，导致水中盐分子的数量超过了水的溶解能力。但是，超出的盐分子会在很长时间内继续保持溶解状态，除非我们放入一小块晶体，它可以说是给予了"第一推动力"，组织盐分子从溶液中析出来。

儿晶体"还会继续增大。那么，我们为什么不能将这一过程也定义为"生命过程"呢？

为了解答这个问题和其他类似的疑惑，我们必须首先声明，生命只不过是普通的物理现象和化学现象中更为复杂的一种情形，我们不应该将其明确区分开来看。就好像在使用统计学定律描述由大量分子构成的气体的行为时（参见第八章），我们也不能确定这种描述的明确界限。事实上，我们知道房间里的空气不会突然聚集在一个角落里——至少这种不寻常事件发生的可能性小到可以忽略不计，另外，如果一个房间中只有 2 个、3 个或 4 个分子，那么它们都聚集在一个角落里这件事也就不足为奇了。

可是，这两种情况发生的可能性在数量上的明确界限是多少呢？是一千个？一百万个？还是十亿个？

同样的，将这一问题类比到基本的生命过程中，我们也不能指望这种简单的分子行为——如盐在水溶液中结晶的现象——和本质相同但情况要复杂得多的活细胞的生长和分裂的现象之间有什么明确的界线。

但是在这个特殊的例子中，我们可以明确地说，晶体在溶液中的生长不能等同于生命现象，因为晶体为了生长而从溶液中吸取的"食物"，在进入晶体体内后不会发生任何变化。原本溶于水中的盐分子只是独立地聚集在晶体的表面，在这个过程中发生的只是物质的机械堆积，而非典型的生物化学上的吸收。同样，晶体的"繁殖"也只不过是由重力造成的偶然性的碎裂，分裂出的晶体不过是几块不规则的、不成比例的晶体碎块，与活细胞在内部作用力下精确而持续地分裂为两个相同部分的生物过程，没有任何可比性。

我们或许可以举一个更接近生物过程的例子，比如说，将单个乙

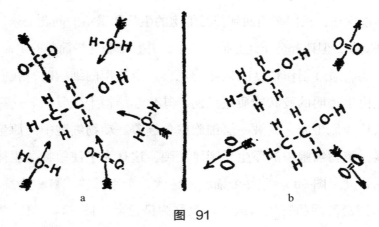

图 91

乙醇分子利用水分子和二氧化碳分子合成另一个乙醇分子的示意图。如果乙醇的这种"自我合成"的过程真的存在的话，我们就应当将乙醇视为活物质。

醇分子（C_2H_5OH）放入二氧化碳气体的水溶液中（图91），如果该分子能够立刻开始自我合成，将水中的水分子和溶解气体中的二氧化碳分子结合，生成新的乙醇分子，[1] 那么，只要把一滴威士忌滴进一杯普通的苏打水中，整杯苏打水就会完全转变为纯威士忌。如此一来，我们就不得不认为乙醇是活的物质了！

其实这个例子并不像看上去的那么异想天开，因为稍后我们将看到一种真实存在的复杂的化学物质，叫作病毒，它较为复杂的分子（由成百上千个原子构成）确实在将周围介质中的其他分子组织转化为与它们自身相似的结构单元。这些病毒粒子既是普通的化学分子又是有机生命，它们正是生命物质和非生命物质间"缺失的一环"。

---

[1] 上述假想反应的化学式为：$3H_2O+2CO_2+[C_2H_2OH] \rightarrow 2[C_2H_2OH]+3O_2$，一个乙醇分子会生成另一个乙醇分子。

不过现在，我们必须回到普通细胞的生长和繁殖的问题上来，尽管它十分复杂，但比起分子还是简单多了，并且细胞是最简单的生命体。

当我们通过制作精良的显微镜观察一个典型的细胞时，我们能看到它是由半透明的胶状物质组成的，其化学结构十分复杂。这种物质一般被称为原生质，它被一层细胞壁包裹着。动物细胞中的原生质薄且柔软，植物细胞中的原生质则厚而硬，这是为了使植物的躯体拥有足够的强度（图 90）。[1] 每个细胞内包含一个小球体，被称为细胞核，它是由精密的网状物质组成的，被称为染色质（图 92）。值得注意的是，细胞中原生质的各个部分的透光度都是相同的，因而我们通常无法直接在显微镜下观察到细胞。为了能清楚看到细胞结构，我们需要利用"细胞中不同结构对染料的吸收程度不同"这一优势，对其进行染色。组成细胞核的网络的物质对染色过程尤为敏感，所以在浅色背景下更加清晰可见，[2] 它因此得名"染色质"（chromatin），在希腊语中意为"染上颜色的物体"。

在细胞准备进行关键的分裂过程时，原子核的网状结构会与之前大不相同，看上去是由一系列单独的粒子组成的（图 92b、图 92c），且通常呈纤维状或棒状，因而被称为染色体（意为"吸收颜色的物

---

[1] 准确来说，动物细胞的最外层是细胞膜，而植物细胞的最外层是细胞壁，内层是细胞膜。文中所说的动植物细胞外壳的性质，分别对应的是细胞膜和细胞壁的性质。通常情况下动物需要全身运动，而植物则是静止的，结合细胞壁和细胞膜的性质，就能明白为什么动植物细胞的外壳会有所不同了（译注）。

[2] 有一个与之类似的例子：用蜡烛在纸上写一点东西，写出的字迹当然是不可见的，这时你可以用铅笔将纸面涂黑，因为石墨不会附着在有蜡的地方，所以字迹在黑色背景下便会非常清晰。

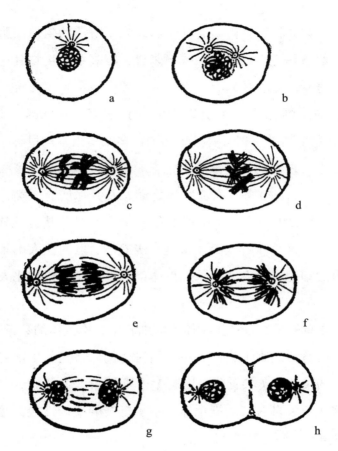

图 92

细胞分裂（有丝分裂）的各个阶段。

体"）。见附录图版ⅤA、图版ⅤB。[1]

————————————

[1]　有一点必须记住，在对活细胞进行染色时，我们通常会先杀死它以停止其进
　　一步的活动。因此细胞分裂的连续画面，如图92，并不是观察同一个细胞得
　　到的，而是通过对分别处于不同分裂阶段的几个细胞染色（和杀死）得到的。
　　当然，这并不影响我们对细胞分裂的研究。

　　某一生物物种躯体内所有的细胞（除了所谓的生殖细胞）所包含的染色体数量是完全一致的，一般来说，越高级的生物其细胞内的染色体数量越多，反之越少。

　　小小的果蝇拥有一个引以为豪的拉丁名——Drosophila melanogaster，它在生物学家理解有关生物的许多基本内容的过程中，发挥了极大的作用。果蝇的每个细胞中包含 8 条染色体，豌豆植株的细胞中有 14 条，玉米有 20 条。而那些生物学家及其他所有人类，则可以骄傲地表示，自己的每个细胞中都带有 46 条染色体！毕竟纯粹从算术角度出发的话，这意味着人类比果蝇高级 6 倍。然而让人类哑口无言的是，蛤蜊的细胞里竟有 200 条染色体，这难道说明蛤蜊比人类要高级 4 倍？

　　值得注意的是，各种生物体内的细胞中，染色体的数量总是偶数。事实上，所有活细胞（我们将在后面讨论例外情况）中都有两套几乎一模一样的染色体（参见附录图版ⅤA），一套来自母亲，另一套来自父亲。这两套来自双亲的染色体携带了复杂的遗传性状，并将代代相传，这一点在所有生物中都一样。

　　生物的细胞分裂是由染色体开始的，每条染色体都会沿着长度方向，分裂成两条形状一致只是比原来更细的纤维，而此时，细胞仍是一个完整的独立单元（图 92d）。

　　当这团原本纠缠在一起的染色体变得有秩序，准备开始分裂的时候，两个位于细胞核外缘、相互离得很近的中心体逐渐散开，运动到细胞的两端（图 92a、图 92b、图 92c）。这两个中心体也会伸展出一些细线，与核中的染色体相连。当染色体一分为二时，其中的每一半都会与对应的中心体相连，并在细线的拉扯下与另一半分离（图 92e、图

92f）。在这个过程接近尾声时（图92g），细胞膜开始沿中心线向内凹陷（图92h），分裂出的每一半细胞都长出一层膜，并最终彼此脱离，形成两个新生细胞。如果两个新生细胞从外界得到了充足的食物，它们将生长到和母辈一样大的尺寸（即长大一倍），在一段时间的休息后开始下一轮分裂，与造就它们的方式如出一辙。

这一系列细胞分裂的步骤是我们通过直接观察得出的，至于这一现象的科学解释，由于我们对导致这一过程的物理作用和化学作用的本质还不了解，所以尚不能做出回答。细胞整体过于复杂，我们似乎还无法直接对其进行物理分析，并且在攻克这一问题之前，我们还必须要清楚染色体的本质——相比之下这就简单多了，我们将会在后文进行讨论。

不过首先我们需要考虑清楚，对于由大量细胞组成的复杂的生命体，细胞分裂是如何在其生殖过程中发挥作用的，这一点十分重要。这就好像那个古老的问题——先有鸡还是先有蛋？其实，在描述诸如此类的循环过程的时候，无论我们是先从蛋演化成鸡（或其他动物）的，还是先演化成鸡再下蛋的，其结果都是一样的。

假设我们是从一只刚刚破壳的鸡开始的，从它孵化（或者说出生）的那一刻开始，体内的细胞开始持续分裂，从而导致躯体快速生长和发育。大家应该还记得，成年动物体内包含上万亿个细胞，它们全部都是由一个受精卵经过源源不断的分裂后得到的。乍看之下我们会自然而然地认为，要得到这样的结果，必然经历无数次持续分裂的过程。但如果你还记得我们在第一章讨论过的两个问题：西萨·班·达伊尔诱使他仁慈的国王在不经意间许下了赏赐他成几何级数增长的64堆麦粒的承诺，以及在世界末日问题中想要移动64个碟片需要花上多少年的问题，你便可以看出，其实只需要为数不多的几次连续的细胞分裂，我们就能够得到大量的细胞。假设一个人成年的过程中必须经历的细胞分裂次数为 x，细胞的数量在每次分裂后都会翻番（因为一个细胞会变成两个），我们便能得到从单个卵细胞开始到最终成年的过程中，人体内细胞分裂的总次数公式：$2^x=10^{14}$，求解后 $x=47$。

因此我们看到，一个成年人身体中的每一个细胞，都是那个带给我们生命的原始卵细胞的大约第五十代子孙。[1]

虽然在年轻动物体内，细胞分裂的速度很快，但成年个体体内的大多数细胞通常都处于"休眠状态"，只会偶尔进行分裂以"保养"身体，补偿老化和损耗的细胞。

现在我们开始讨论一种极其重要的特殊类型的细胞分裂，它会生成所谓的"配子"或"婚姻细胞"，是负责生殖功能的细胞。

任何双性别生命体中，都会有一些细胞在生长的最早期阶段被隔开，为未来的生殖活动做"储备"。这些细胞位于特殊的生殖器官中，在生命体的生长过程中，其分裂的次数明显少于一般的细胞，因而在准备繁衍下一代时，它们依然充满活力。当然，这些生殖细胞还是会发生分裂，只是比普通细胞的分裂方式更特别，也更简单。这些细胞的细胞核中的染色体不会像普通细胞那样一分为二，只是简单地相互分开（图 93a、图 93b、图 93c），因此每个子细胞中只包含原始染色体

---

[1] 有趣的是，我们可以将这一计算过程类比到"如何维持原子弹爆炸"的计算（参见第七章）中。设使 1 000 克物质（总计 $2×5×10^{24}$ 个原子）中的每个铀原子都发生裂变（"受精"），所需的连续原子核分裂次数为 x，则可以推出等式：$2^x=2×5×10^{24}$，求解后 $x=61$。

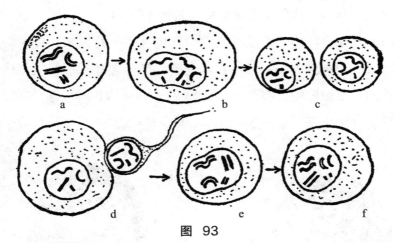

图 93

　　配子的形成（a，b，c）和卵细胞的受精（d，e，f）。在第一个
过程（减数分裂）中，储备的生殖细胞中的染色体没有经过初步分
裂，就分离成了两个"半细胞"；在第二个过程（配对）中，精细胞
钻入卵细胞中，它们的染色体再度成对。随后受精的细胞开始进行
正常的分裂（如图92所示）。

的一半。

　　这一导致这些"染色体缺失"的细胞形成的过程，被称为减数分
裂，与之对应的常规分裂过程则被称为有丝分裂。通过减数分裂得到
的细胞被称为精细胞和卵细胞，或雄配子和雌配子。

　　细心的读者可能会疑惑，生殖细胞在分裂为两个相同的部分时，
是怎样产生雄配子、雌配子两种不同的配子的呢？答案就藏在我们之
前描述的内容中。染色体通常都是成对存在的，但是有一个例外，有
一对特别的染色体，它们在女性身体里是相同的，但在男性体内却不
同。这对特别的染色体被称为性染色体，以符号 X 和 Y 区分。女性体
内的细胞中有两条 X 染色体，而男性体内的细胞中有一条 X 染色体和

一条 Y 染色体，[1] 这便是性别的基本差异（图 94）。

因为女性身体内所有的生殖细胞都包含完整的 X 染色体对，所以经由减数分裂得到的每一半细胞或配子，都会含有一条 X 染色体。而在男性的生殖细胞中，因为 X 染色体和 Y 染色体各有一条，所以经由减数分裂得到的两个配子会分别包含 X 染色体和 Y 染色体。

X、Y 染色体各一条　　两条 X 染色体

图 94

　　男性和女性之间的"面值"差异。女性体内的所有细胞都包含 24 对相互对称的染色体，而男性体内的细胞中则有一对染色体是不对称的。女性有两个 X 染色体，男性则是一个 X 染色体和一个 Y 染色体。

在受精过程中，雄配子（精细胞）与雌配子（卵细胞）结合，从而得到含有两条 X 染色体的细胞，或含有一条 X 染色体、一条 Y 染色体的细胞的可能性各占一半，前一种情况会发育为女孩，后一种情况则会发育成男孩。

---

[1]　这一描述适用于人类及所有的哺乳动物。但在鸟类中情况却正好相反；公鸡拥有两条同样的性染色体，而母鸡的两条性染色体却是不同的。

在下一节中我们会重新讨论这个重要问题，现在让我们继续叙述生殖过程。

雄性精细胞与雌性卵细胞结合（即"配合"），会形成完整的细胞，它随即开始有丝分裂，一分为二，如图92所示。新生成的2个细胞在短暂的休息后，会继续各自一分为二，得到的4个新细胞，进而再次重复这一过程。每个子细胞都会获得原始受精卵的全部染色体，其中一半来自母亲，一半来自父亲。图95为受精卵逐步发育为成年个体的过程的简单示意图，从图95a中我们可以看到，精子正在进入静止卵子的体内。

两个配子的结合促使新生细胞开始活动，它首先一分为二，继而再分裂成4个、8个、16个，等等（图95b、图95c、图95d、图95e）。当细胞数量增长到一定程度时，它们便倾向于排列成最有利于从周围的营养物质中吸收食物的形状。在这一发育过程中，生命体看上去就像一个有内腔的小泡泡，它被称为囊胚（图95f）。随后，外层的细胞会向内凹陷（图95g），生命体开始进入原肠胚阶段（图95h），此时的它看上去像一个"小荷包"，"小荷包"的开口既用于摄取新鲜食物，同时又用于排泄消化产生的废物。像珊瑚虫这样的简单动物在这一阶段就会停止发育，而更高级的物种则会继续生长、分化。其中的一些细胞会发育为骨架，另一些则发育为消化系统、呼吸系统及神经系统。在经历了多个胚胎阶段（图95i）之后，生命体最终会长成一个能够辨识出物种的年轻个体（图95k）。

正如上文所说，在生命体发育的最早期，一部分发育中的细胞会被隔开，为未来的生殖功能做储备。当生命体发育成熟时，这些细胞开始进行减数分裂，产生配子，进而重新开启整个的生命过程。生命便是这样开始繁衍生息的。

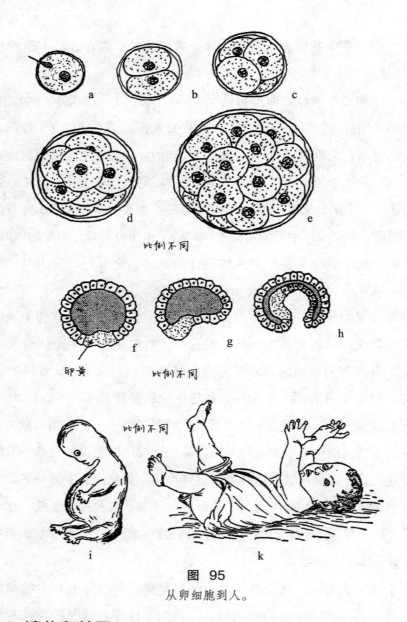

图 95

从卵细胞到人。

2. 遗传和基因

在生殖过程中，最显著的特性便是：由双亲的配子结合成的新生命不会随意生长，而是长成与其父母或祖辈极其相似的样子，尽管它并不是一个完全的复制品。

事实上我们确信，一对爱尔兰塞特犬生下的幼崽最终只会长成狗的形态，而不会长成大象或兔子的样子，体形也是一样，并且它会有四条腿和一根长尾巴，头的两侧会各有一只耳朵和一只眼睛。我们还能颇有把握地确信，它的耳朵会是柔软而下垂的，它会拥有金棕色的长毛，而且它很可能会喜欢狩猎。此外，它也一定会保留它的父母、甚至更早的某一代祖先的一些细节特点，同时又具有自己的独特特性。

然而，所有这些被赋予一只良种爱尔兰塞特犬的特征，是怎样被放进两个相结合的配子中，使其发育成小狗的呢？

我们在上文中看到，每个新的生命体都会从父母那里分别得到恰好一半的染色体。很明显，某一物种的主要特征必然同时包含在父母双方的染色体中，而每个个体间细微的个性化特征，应当来自其中一方。并且，尽管鲜有人怀疑，在历经漫长的时间之后，随着世代的更迭，存在于各类动物和植物之中的（即使是最基本的）性状也会发生改变（生物的进化便是证明），但在人类有限的观察时间内，我们也只能注意到一些次要特征的微小变化。

对这些特征及其从双亲传递到子女的过程的研究，是遗传学这一新兴科学的主要内容，尽管它尚处于萌芽阶段，但已经告诉了我们许多令人兴奋的故事，那是有关生命的最深层的秘密。例如，我们已经了解到，与大部分的生物现象截然不同，遗传过程完全遵从简单的数学规律，这表明，我们观察到的这一过程只是一种基本的生命现象。

我们以色盲这一众所周知的视力缺陷为例，其中最常见的一种是不能区分红、绿二色。为了解释色盲，首先我们必须理解为什么我们能看到颜色，这就涉及视网膜的复杂结构和性质、不同波长的光造成的光化学反应等等。

说起色盲是如何遗传的，乍一看这一问题的解释似乎更加复杂，但答案却是出乎意料地简单。我们观察到的事实有：①男性色盲的比例比女性高得多。②色盲男性和"正常"女性的孩子绝不可能是色盲。③色盲女性和"正常"男性的孩子中，儿子是色盲，女儿则正常。这些事实清晰地反映出了一个现象——色盲的遗传似乎与性别相关。我们只能先假定色盲这一特征是由于一条染色体出现了缺陷造成的，这条染色体代代相传，再结合我们已有的知识和逻辑，我们进一步推测，色盲是 X 染色体中的缺陷造成的结果。

由此，关于色盲的遗传规律就大白于天下了。你应该还记得女性的细胞中携带两条 X 染色体，而男性的细胞中只携带一条（另一条是 Y 染色体）。如果男性这条仅有的 X 染色体出现了这种特殊缺陷，那么他必定就是色盲。但若女性为色盲，则说明该女性细胞中的两条 X 染色体都受到了影响，否则仅有一条正常染色体也足以维持其对颜色的感知能力。如果 X 染色体出现这种颜色上的缺陷的可能性（比方说）是 $\frac{1}{1000}$，那么 1000 个男性中就会有一个是色盲；而女性体内的两条 X 染色体都出现颜色缺陷的可能性，应该经由概率乘法计算，（参见第八章）得到：$\frac{1}{1000} \times \frac{1}{1000} = \frac{1}{1000000}$，因而每 100 万个女性中才会有一个是色盲。

现在我们来思考色盲丈夫和"正常"妻子的情况（图 96a）。他们的儿子将不会从父亲那里得到 X 染色体，而会从母亲那里得到一条正常的 X 染色体，因而不可能是色盲。他们的女儿则会分别从母亲那里得到一条正常的 X 染色体，又从父亲那里得到一条有缺陷的 X 染色体，因此她也不会是色盲，但她的孩子（儿子）可能会是。

　　相应的，在色盲妻子和"正常"丈夫的情况中（图96b），儿子必定会是色盲，因为他唯一的一条X染色体来自母亲。而女儿会从父亲那里得到一条正常的X染色体，从母亲那里得到一条有缺陷的X染色体，所以她将不会是色盲，但与前一种情况相同，她的儿子可能会是色盲。瞧，这多简单啊！

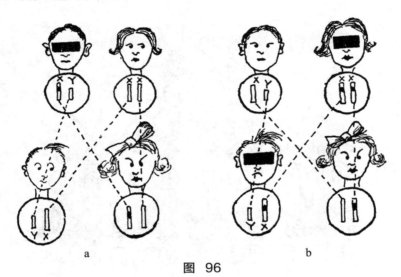

图　96

色盲的遗传。

　　像色盲这样必须一对染色体全部受到影响，才能表现出效应的遗传性状，被称为隐性遗传。它们可以隐匿在染色体中，从祖辈传递到孙辈，两只漂亮的德国牧羊犬之所以会偶然生出一只长得不像德国牧羊犬的小狗，罪魁祸首就是它。

　　与之相对的是显性遗传，即只要有一条染色体受到影响，这种性状就会显现出来。此时我们离开一下遗传学的实例，想象一种可以长出"米老鼠耳朵"的奇怪兔子，以此来描绘这一情况。首先我们假设

"米老鼠耳朵"是显性遗传特征，也就是说，只要有一个染色体改变了，就足以让兔子的耳朵长成这种丢人（对于兔子而言）的形状。其次我们再假定，第一只拥有"米老鼠耳朵"的兔子及其后代兔子都会与正常的兔子交配，我们可以预测一下从第一只"米老鼠耳朵"兔子开始，后代的遗传情况如图 97 所示。造成"米老鼠耳朵"的染色体的变化位置已用黑点标出。

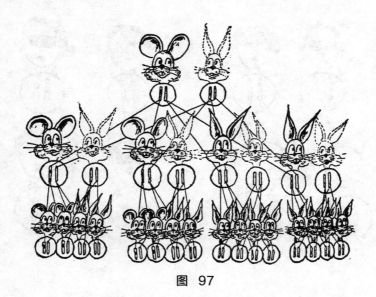

图 97

除了显性和隐性这种非此即彼的遗传特征外，我们还找到一种中间特征情况。假设我们的花园中有红、白两种颜色的草茉莉，当开红花的花粉（植物的精细胞）随着风或昆虫散播到另一朵红花的雌蕊上，它们会和雌蕊根部的胚珠（植物的卵细胞）结合，发育成种子，最终再次开出红色的花。同样的，如果白花的花粉传授给了另一朵白花，那么它们的下一代也一定会是开白色的花。但是，倘若白花的花粉落到了红花的雌蕊上，或反过来，红花的花粉落到了白花的雌蕊上，那么新长出来的植株就会开出粉红色的花。

　　然而，应该很容易就能看出，粉红色花并不是一种生物学上的稳定品种。当这种粉红色花互相授粉时，我们会发现，在其下一代中，有 50% 是粉红色花，25% 是红花，25% 是白花。

　　如果我们假设红色或白色的性状是由植物细胞中一个染色体携带的，那么上述情况就很容易解释了：若想得到纯色的花，两条染色体携带的特征必须一致，如果一条染色体携带红色特征，另一条携带白色特征，那么二者结合后的结果就是粉红色花。图 98 中简单呈现了"颜色染色体"在后代中的分布，我们能清楚看出上文说到的数字关系。如果再绘制一幅如图 98 一样的图示，我们也能很容易地展示出

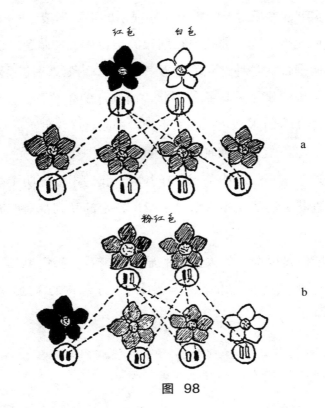

图 98

白花与粉红色花互相授粉后的遗传情况——我们得到的第一代应当有50%是粉红色花，50%是白花，而没有红花。同样地，红花和粉红色花的后代中，应该有50%是红花，50%是粉红色花，没有白花。这些便是差不多一个世纪前，朴实的摩拉维亚僧侣孟德尔（Gregor Mendel）在布鲁恩附近的寺院里种植豌豆时，最先发现的遗传定律。

　　至此，我们已经将新生生命继承的各种性状，与它们父母双方的不同染色体联系起来了。但是，因为性状的种类几乎是无穷无尽的，而染色体的数量是有限的（果蝇的每个细胞中有 8 条染色体，人体的每个细胞中有 46 条染色体），所以我们不得不承认，每条染色体都携带了一长串的单独特征，可以将其想象成是沿着一条极其细长的纤维分布的。事实上，参见附录图版 V A 中显示的果蝇唾液腺的染色体[1]，我们会自然而然地认为，那些横在细长的染色体上的暗色条纹所表示的，就是它所携带的各种性状的位置。其中一些条纹决定了果蝇的颜色，一些条纹则决定了其翅膀的形状，而其他的条纹则决定了它有 6 条腿、身长大约$\frac{1}{4}$英寸及成为果蝇而不是蜈蚣或鸡这些事实。

　　事实上，遗传学也确实证实了，我们的这一猜想是完全正确的。染色体上的这些微小的结构单元叫作基因，我们不但证明了基因携带着各种遗传性状，还能在多数情况下指出特定的基因都对应着哪些特定的性状。

　　当然，即使是以最大放大倍率的显微镜来看，我们也几乎看不出基因之间的差别，它们的功能性差异潜藏于分子结构的深处。

---

[1]　与大多数情况不同的是，在这个特殊例子中，染色体罕见地大，因而它们的结构可以通过显微照相，从而轻易地被我们研究。

因此，想要了解不同基因的"生命的意义"，我们就只能仔细研究在给定的植物或动物物种中，不同的遗传性状是如何世代相传的。

我们看到，任何新生的生命都会从父母那里各得到一半的染色体，而父辈和母辈的染色体也是从祖辈那里各得一半，因此我们会理所当然地认为，孙辈只会分别从父母双方的祖辈中遗传到其中一位的染色体。然而事实却并非如此，有时候，孙辈会同时遗传到四个祖辈的一些性状。

难道这意味着前文所说的染色体的传递规律是错的吗？不，我们并没有错，只是做了简化而已。在这个问题中，我们还需要纳入考虑的因素是，在减数分裂的过程中，储备的生殖细胞会分裂为两个配子，但在这之前，成对的染色体是纠缠在一起的，它们有可能发生部分的互换。这种互换过程（图99a、图99b）导致父母的基因序列混杂，从而造成混合遗传。有时单条染色体也可能折叠成环，随后再以不同的方式断裂，导致基因顺序错乱的情况（图99c，附录图版ⅤB）。

显然，一对染色体间或单条染色体内的基因重排，更有可能影响到那些原本距离很远的基因的相对位置。这就好像，我们在切牌时改变了整副牌上半部分和下半部分的相对位置（会让最上方的牌和最下方的牌凑到一起），但这只会分开一对相邻的牌，其他相邻的牌的位置关系并没有改变。

因此，若我们观察到有两种遗传性状几乎总是在染色体的交叉中结伴出现，我们就可以认为，这两种性状所对应的基因是近邻关系；相反，若某两种性状总是分开出现，那么它们对应的基因在染色体上的相对位置一定较远。

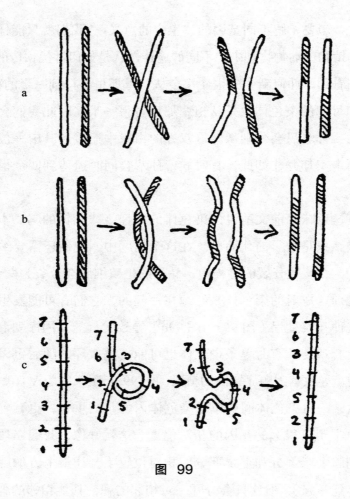

图 99

美国遗传学家摩根（T. H. Morgan）和他的学派继续顺着这一思路进行研究，他们成功确定了果蝇染色体完整的基因序列。图 100 是他们发现的在组成果蝇的 4 条染色体中，决定不同特征的基因的位置分布图。

当然，我们也可以为人类等更复杂的动物编制出如图 100 一样的基因分布图来，但这需要经过更多认真细致的研究。

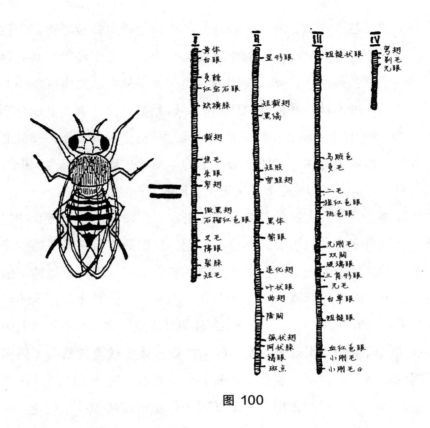

图 100

3. 作为"活分子"的基因

在一步步分析生命体极度复杂的结构之后，我们现在似乎已经弄清楚了组成生命的基本单元。事实上我们看到，生命体的整个发育历程及成熟后的几乎所有性状，都是由深藏于细胞内的一组组基因决定的，换句话说，每个动物或植物都是"围绕着基因生长"的。如果要用一种高度简化的物理学内容做类比的话，我们可以将基因与生命体之间的关系，类比成原子核与一块无机物的关系。

同样地，给定物质的几乎所有物理性质和化学性质，也都可以归纳为原子核的基本性质，并且可以通过原子核的带电数量来描述。例如，携带 6 个基本电荷单位的原子核周围会有 6 个电子环绕，具有这种结构的原子会倾向于排列成规则的六角图案，从而形成极度坚硬并且折射率极高的晶体，我们称之为钻石。以此类推，一组带电量分别是 29、16 和 8 的原子核会使原子聚集成柔软的蓝色晶体物质，即硫酸铜。当然，相较于晶体，即使是最简单的生命体也要复杂得多，但二者都说明了，是微观的核心单元决定了它们的宏观特征。

从玫瑰的芬芳到大象的长鼻，这些决定了生命体的一切性状的组织核心究竟有多大呢？想要解答这一问题，我们只需将一条普通的染色体的体积，分割为一系列包含于其中的基因即可。根据显微镜下的观察，染色体的平均厚度大约是千分之一毫米，因此其体积约为 10^{-14} 立方厘米。繁殖实验表明[1]，一条染色体通常决定了多达几千种不同的遗传性状，而果蝇（附录图版 V）较大的染色体上横跨的暗条（假定是不同的基因）的数量，也直接证明了这一数据。用染色体的总体积除以基因的个数，我们得出，一个基因的体积不超过 10^{-17} 立方厘米。而一个原子的平均体积约为 10^{-23} 立方厘米 $[\approx (2 \times 10^{-8})^3]$，因此我们可以总结出，每个基因必定由大约 100 万个原子组成。

据此，我们还能进一步估计出人体内的基因总重量。

正如上文所述，成年人体内大约有 10^{14} 个细胞，每个细胞中包含 46 条染色体，因此人体内所有染色体的总体积是 $10^{14} \times 46 \times 10^{-14} \approx 50$ 立方厘米，（因为生命物质的密度接近水的密度）它的重量一定不超过两

---

[1]　普通染色体的尺寸太小，因而即使在显微镜下我们也无法分辨出单个基因。

盎司（约为 57 克）。就是这点微不足道的"组织物质"，在其自身周围建造了上千倍于自身重量的、组成动植物躯体的复杂"外壳"，并且"由内而外"地控制着生命体的每一步生长及其结构中的每一个特性，甚至是生命体的行为。

但基因本身又是什么呢？它是否可以被认为是一种复杂的"动物"，甚至，是否能够被细分为更小的生物单元呢？答案是显而易见的——不能，基因是组成生命物质的最小单元。此外，基因不仅具有区分生命物质和非生命物质的一切特性，而且与其他的复杂分子（例如蛋白质）之间也存在一定联系，这些复杂分子也都服从普遍的化学定律。

换句话说，基因似乎正是有机物和无机物之间缺失的那一环，也就是我们在本章开头考虑的"活分子"的问题。

确实，一方面，基因具有非凡的持久性，它能将物种的性状传递上千年而几乎不产生偏差；另一方面，组成基因的原子数目相对较少，我们不能将它视为一个一成不变的结构，每个原子或原子团都不会老实待在预先设定好的位置。不同基因的性质的差异，决定了生命体的外部特性，我们可以理解为，是基因结构中原子分布的变化，造成了这些特性。

举一个简单的例子，我们以 TNT 分子为例——这是一种爆炸性物质，它在两次世界大战中扮演了主要角色。一个 TNT 分子由 7 个碳原子、5 个氢原子、3 个氮原子和 6 个氧原子按如下的 3 种构造之一排列而成：

这 3 种构造的区别在于 $N{\overset{O}{\underset{O}{\diagup\!\!\diagdown}}}$ 基团在碳环上的连接位置，得到的 3 种物质分别被命名为 αTNT、βTNT 和 γTNT。这 3 种物质都可以在化学实验室中合成，并且都很容易爆炸，只是在密度、溶解度、熔点、爆炸威力等性质上有微小的差别。借助化学的基础方法，我们能轻易地将 $N{\overset{O}{\underset{O}{\diagup\!\!\diagdown}}}$ 基团从一个连接点移植到另一个连接点，从而将一种 TNT 转化为另一类。类似的例子在化学中也相当常见，而且分子越大，能够生成的变体（同分异构体）的种类也越多。

如果我们将基因视作由上百万个原子组成的巨大分子，那么不同原子团在这个分子中的位置的排列组合方式也将会有无限多种。

我们可以将基因想象为一条由周期性重复的原子团及各种附属基团组成的长链，就像系在手镯上的饰坠。事实上，生物化学最新的进展也的确能帮我们绘制出一幅这串"遗传手镯"的确切图像。它是由碳原子、氮原子、磷原子、氧原子和氢原子组成的，被称为核糖核酸。图 101 中给出了一幅有些超现实主义的"遗传手镯"的图片，其中展现的是决定新生儿眼睛颜色的一部分基因（略去了氮原子和氢原子）。由这 4 个"饰坠"决定的婴儿的眼睛颜色是灰色。把这些"饰坠"轮换悬挂，我们就能得到无限种排列组合。

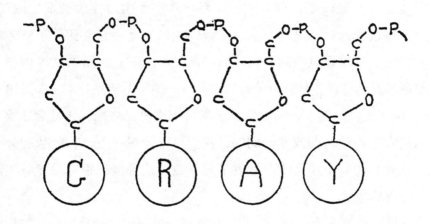

图　101

　　决定眼睛颜色的"遗传手镯"（核糖核酸分子）的一部分。（只是一张高度抽象的图！）

　　因此，假如我们有一条由 10 个不同的饰坠组成的手镯，我们就可以得到 $1 \times 2 \times 3 \times 4 \times 5 \times 6 \times 7 \times 8 \times 9 \times 10 = 3\,628\,800$ 种不同的排列方式。

　　如果其中一些饰坠是相同的，那么这个排列组合的数量就要小得多。例如，在只有 5 种饰坠（每种 2 个）的情况下，我们就只有 113 400 种不同的排列方式。不过，随着饰坠总数的增加，排列方式的数量也同样会急剧增加，比如，依旧是 5 种饰坠的情况下，如果我们有 25 个饰坠，即每种饰坠各 5 个，那么能够产生的排列组合的数量就大约是 62 330 000 000 000！

由此我们可以看出，在长链状的有机分子中，不同"饰坠"在不同"挂钩"上的排列组合情况显然有足够多种可能，不仅能够满足目前已知的生命形式的所有变化，还能创造出我们想象不到的奇异特性。

关于这些不同性状的"饰坠"的分布问题，有一点极其重要：它们可能会自发地改变排列方式，从而导致整个生命体宏观发生改变。导致这种改变的最常见的原因，是普通的热运动，它会让分子整体弯折和扭曲，就像强风中的树杈。当温度足够高时，分子的这种振动运动便会强烈到足以将其自身分裂成碎片——即所谓的热分解（参见第八章）。但即使在低温下，当整个分子保持完整时，热振动还是会导致分子结构发生一些内部改变。例如，我们可以设想一下，长链状的分子发生扭曲，使某个"饰坠"靠近了另一点，这种情况很容易导致"饰坠"脱离原位置，与新的点连接。

这种现象被称为同分异构[1]，在常规化学领域的简单的分子结构中十分常见，它与所有的化学反应一样，都遵循基本的化学动力学定律，即温度每上升 10℃，其反应的速率就会提高 1 倍。

基因分子的结构太过复杂，因而在很长一段时间内，有机化学家尽管已经尽了最大的努力，仍旧没有什么进展，如今还是无法通过直

---

[1] "同分异构"的概念上文已经解释了，指的是原子种类相同但排列顺序不同的分子。

接的化学分析证明其异构变化。[1] 然而，从某一角度来看，有一种方法
要比在实验室进行化学分析容易得多：当这样的异构变化发生在雄配
子或雌配子的基因里时，它们结合成的细胞会忠诚地延续这一变化，
并通过细胞分裂代代相传，最终影响到动物或植物的宏观特性。

事实上，1902 年，荷兰生物学家德弗里斯（De Vries）确实发现了
一项重要的遗传学研究结果：生命体总是会自发地发生跳跃性的遗传
改变，我们称之为突变。

举个例子，我们继续回到上文提到过的果蝇的繁殖实验。果蝇的
正常状态是灰色身体和长翅——基本可以完全确信，你在花园中任意抓
到一只果蝇都是这样的。然而在实验室的繁殖实验中，曾获得过一只
特别的"畸形"果蝇，这只果蝇与众不同地拥有短翅和几乎全黑的身
体（图 102）。

重点是，除了这只短翅黑色果蝇，你不会发现其他身体颜色深浅
不一、翅膀长度各异的果蝇，也就是说，这种极端例外（近乎全黑和
极短翅）并非在世代更迭中逐渐调整，它和正常的祖辈之间没有中间
过程。根据规律，新一代的所有成员（它们可能有几百个之多！）通
常都是一样的颜色和一样的翅膀长度，只有一个（或少数几个）是完
全不同的，要么没有发生任何改变，要么就发生了极大的变化（突

---

[1] 基因是染色体上显示生物性状的特定片段，而染色体和基因的本质实际上是
DNA 链。DNA 即脱氧核糖核酸，是由脱氧核苷酸组成的大分子聚合物。脱
氧核苷酸由脱氧核糖、磷酸和碱基组成，其中脱氧核糖和磷酸相连接，形成
链状，而两条链中的碱基两两相配，从而两条链缠绕在一起，形成众所周知
的双螺旋结构。上文提到的"遗传手镯"和"饰坠"分别指的就是 DNA 双
螺旋链和碱基，而决定形状和遗传特性的实际上也正是碱基（译注）。

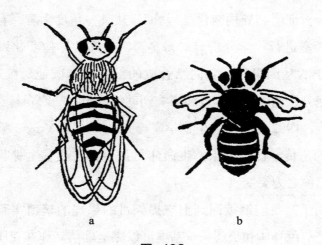

图 102

果蝇的自发突变。

a. 正常类型：灰色身体，长翅。

b. 变异类型：黑色身体，短翅（退化翅）。

变）。在另外几百个例子中，也观察到了类似的情况。比如色盲就不完全是来自遗传，有些婴儿就是天生色盲，并非遗传自任何一位祖先。人类的色盲就同果蝇的短翅情况一样，都保持着"要么都是，要么没有"的准则，这不是一个人分辨颜色的能力高低的问题——他要么就是能辨别，要么就是完全无法辨别。

所有听说过查尔斯·达尔文（Charles Darwin）的人都知道，新一代性状的改变，伴随着适者生存的斗争，指引了物种进化的稳定过程，[1] 这也是数十亿年前地球上的王者——最简单的软体动物，最终能够演化为像你我一样（甚至连本书这样极度复杂的书籍也能够阅读和

---

[1] 突变的发现对达尔文经典理论的唯一修订是，进化是不连续的跳跃式改变，而不是达尔文所想的连续的微小改变。

理解）的高级智慧生命的原因。

从上文谈到的基因分子异构改变的角度出发，就可以完美理解遗传性状的这种跳跃式改变：在基因分子中决定性状的"饰坠"更换位置的过程中，它不可能暂停在半路上，只能是要么留在原始位置，要么连接上新的位置，从而造成生命体性状的不连续改变。

突变是由于基因分子的异构改变而产生的这一观点，在"生物的突变率依赖于动植物周围的培养环境的温度"这一点上同样获得了强有力的支持。事实上，由蒂莫费耶夫（Timoféëff）和齐默尔（Karl Günter Zimmer）进行的实验性工作，考察了温度对突变率的影响，其结果表明，（除了一些由周围介质和其他因素引起的额外的复杂变化外）与其他普通的分子反应一样，基因突变也遵循着相同的基础物理化学定律。这一重要发现促使马克思·德尔布吕克（Max Delbrück，曾为理论物理学家，现为实验遗传学家）提出了一个划时代的观点：生物突变的现象与分子异构变化这一纯粹的物理化学过程是等效的。

我们可以无休止地继续讨论基因理论的物理基础，尤其是在 X 射线和其他辐射产生的突变提供了重要证据的基础上。但对于各位读者而言，前文的叙述已经足以让大家认识到，现今的科学正在跨越对神秘的生命现象进行纯粹的物理解释这道门槛。

在结束这一章之前，我们不能不提到一种名为"病毒"的生物单元，它似乎是没有被细胞包裹的自由基因。直至不久前，生物学家仍相信最简单的生命形式是细菌—— 一种在动物和植物体内的活组织中生长繁殖的、有时会造成各种疾病的单细胞微生物。例如，科学家通过显微镜观察揭示出，伤寒就是由一种特殊的细菌引起的，这种细菌身形细长，大约 3 微米（μm）[1] 长，0.5 微米宽；猩红热是由一种直径为 2 微米的球状细菌引起的。还有一些疾病，例如人体的流行性感冒和烟草植物的花叶病，在常规显微镜下未能找出任何正常尺寸的细菌。但因为这些"无菌"疾病会通过患病的个体向健康的个体传播，与其他普通疾病的传播方式相同，而且这种感染会迅速扩散至被感染个体全身，所以我们顺理成章地假设它们与某种生物携带者有关。这种生物携带者就被称为病毒。

直到最近，微生物学家才通过超显微技术（使用紫外线），尤其是电子显微镜（使用电子束而非普通的光线，可以获得更高的放大倍率），初步揭开了潜藏已久的病毒的神秘面纱。

我们发现，病毒其实是大量不同种类的粒子，同种病毒的大小相同，且远小于普通的细菌（图 103）。流行性感冒病毒是直径约 0.1 微米的球形粒子，而烟草花叶病毒是长 0.28 微米、宽 0.15 微米的细长形粒子。附录图版Ⅵ展示了一张令人惊叹的烟草花叶病毒粒子的电子显微镜照片，这是已知的最小的活性单元。你应该还记得一个原子的直径是 0.000 3 微米，而烟草花叶病毒大约只有 50 个原子宽、1 000 个原子长，其总共包含的原子数不过几百万个！[2]

看到这个数值，此时另一个熟悉的数值——单个基因中的原子的数

---

[1] 1 微米等于 $\frac{1}{1\,000}$ 毫米，或 0.000 1 厘米。

[2] 组成病毒粒子的原子的个数实际上应该比这一数值更小，因为这些病毒很有可能是"中空"的螺旋分子链形态（图 101）。我们假设烟草花叶病毒确实是这样的结构（图 103），则各种原子团就只位于圆柱体的表面，因此每个粒子的原子总数会减少到只有几十万个。当然，单个基因中的原子可能也是这种情况。

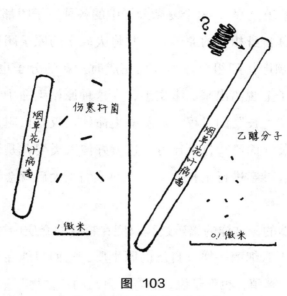

图 103

细菌、病毒和分子的大小比较。

量——立刻浮现于我们脑中，其中存在一种可能性：病毒粒子是否可以被看作是"自由基因"？因为它们既没有连成长条得到染色体，也没有被移动迟缓的细胞原生质所包围。[1]

的确，病毒粒子的繁殖过程看上去与细胞分裂中染色体复制的过程是一样的路线：它们的整个躯体沿轴线分离，产生两个完整的病毒粒子。显然我们所看到的是一个基本的繁殖过程（如图 91 所示的想象

---

[1]　病毒的结构简单来说是一层名为衣壳的蛋白质外壳包含 RNA 或 DNA 链，RNA 就是下文提到的核糖核酸。RNA 在高等生命体中也存在，主要负责遗传信息的转录和蛋白质的合成，与 DNA 的工作相对应。与 DNA 不同的是，RNA 只有一条单链，其中的组成单元核糖核苷酸在组成上与 DNA 的区别在于核糖与脱氧核糖，以及 DNA 的 4 种碱基中 RNA 替换掉了一种（译注）。

中的酒精的繁殖过程），整个复杂分子中的各种原子团都在从周围的介质中吸取与其自身相似的原子团，并将吸取来的原子团按照与原分子完全一致的顺序排列组合。当排列完成时，新的分子也已经成熟了，从原来的分子上脱离出来。事实上，在这种原始生命中，似乎并不会发生普通的"生长"的过程，而新的生命体仅仅是依附在旧的生命体上进行"组装"而已。打个比方，这就好像人类婴儿是诞生在母亲体外的，连接着母亲进行生长发育，等到他们长大后就会和母亲的身体分离。

理所当然的，这样的繁殖过程只能在特殊的介质中进行。事实上，病毒粒子并不像细菌一样有自己的原生质，它们只能在其他生命体的活的原生质中繁殖，也就是说，病毒对自己的"食物"非常挑剔。

病毒的另一个普遍的特性是，它们能发生突变，并且突变后的个体能依据我们熟悉的基因学定律，将它们新获得的特性传递给下一代。事实上生物学家已经能辨别出同一种病毒的多条遗传谱系，并对它们的种族繁衍展开追踪。当一场新的流行性感冒横扫整个社区时，我们清楚地知道它们是由突变的新种类流行性感冒病毒引起的，它具备某些针对人体的新的凶残性状，人体暂且还没有对此建立起相应的免疫机制。

在前文中，我们已经发展出一系列表明病毒必须被视作活的个体的有力论据。现在我们同样可以坚定地说：这些粒子也一定是常规的化学分子，它们服从所有的物理化学规律。事实上，有关病毒物质的纯粹化学研究已经证实了，病毒是有确定组成的化学物质的，我们可以将其与一般的复杂有机（但不是活的）成分同等对待，并且，病毒可以参与各种类型的置换反应。如此看来，生物学家迟早能像写出酒精、甘油或糖的化学式一样，轻松地写出病毒的化学结构式，一切只是时间问题。更令人惊异的是，同种病毒粒子竟然拥有完全一样的尺寸。

实际上，病毒粒子在脱离了营养介质后，就会排列成普通的晶体的形状。例如，所谓的番茄矮丛病病毒就会结晶成大而美丽的菱形十二面体！你可以把这种晶体与长石、岩盐一同放进矿物展示柜里，但若是你将其放回到番茄植株中，它就又会转变成一团活生生的个体了。

利用非有机物质人工合成生命物质的最重要的第一步，是最近由美国加州大学病毒研究所的海因茨·弗兰克尔·康拉特（Heinz Fraenkel-Conrat）和罗布利·威廉姆斯（Robley Williams）率先跨出的。在研究烟草花叶病毒时，他们成功地将病毒粒子分成了两部分，每一部分都是非活性的复杂的有机分子。我们早已知道，这种长条形的病毒（附录图版Ⅵ）的中心是一束长而直的组织物质分子（名为核糖核酸），外面缠绕着长长的蛋白质分子，就像电磁铁中围绕在铁块周围的线圈一样。通过使用各种化学试剂，弗兰克尔·康拉特和威廉姆斯成功破坏了这些病毒粒子，将核糖核酸毫发无损地从蛋白质分子中分离出来，从而得到了一试管的核糖核酸水溶液及一试管的蛋白质分子溶液。从电子显微镜照片上来看，两个试管中只包含了这两种物质分子，完全没有生命的迹象。

然而，当两种溶液混合在一起时，核糖核酸分子就会开始成群地结合，每一束都包含 24 个分子，而蛋白质分子则开始自发地缠绕在其周围，完全复制成实验开始前病毒粒子的样子。将这些被拆解后又重新组装的病毒粒子置于烟草的叶片上时，它们仍旧会引发植物的花叶病，就好像它们从未被拆解一样。显然，在这个实验中，试管里的两种化学成分是由活的病毒拆解出来的，更重要的是，生物学家已经具备了将普通的化学元素合成为核糖核酸及蛋白质分子的能力。尽管如今（1960 年）我们只能人工合成这两种物质的小分子，但可以肯定的是，在不久的将来，我们一定能够通过最简单的元素制造出与核糖核酸和蛋白质一样长的分子，将这些分子组合在一起，我们就能制造出人造病毒粒子。

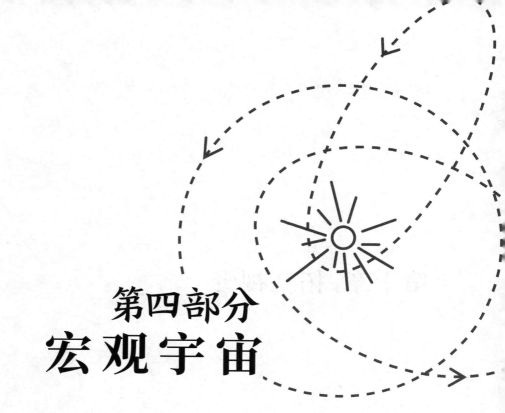

第四部分
宏观宇宙

第十章 拓宽视野

1. 地球与它的邻居们

现在请让我们从去往分子、原子和原子核的旅程中返回，回到那些我们更熟悉的宏观物体上，我们已经准备好开启一趟全新的旅程，只不过现在我们要去往另一个方向，去往太阳、恒星、遥远的星云及宇宙的终极边疆。如同微观世界的旅程一样，科学在这里的发展引领我们从熟悉的事物，走向越来越广阔的遥远边界。

在人类文明发展的早期，我们称之为"宇宙"的东西可以说是难以置信地小。在那时，地球被认为是一个巨大的扁盘，漂浮在"世界海洋"之上。地表之下只有深不可测的海水，头顶上的天空是神明的居所。这个扁盘非常大，能够承载当时已知的所有陆地，即地中海沿岸，包括欧洲、非洲和亚洲的一小部分。地球扁盘北面的边缘被高大的山脉阻断，山后是夜晚太阳在世界海洋上休息的地方。图104相当准确地表示出了当时的人们眼中的世界。然而，在基督降临前的三世纪，有人对这个简单且被普遍接受的世界图景提出了反对意见，

图　104

古人眼中的世界。

他就是著名古希腊哲学家（当时人们这样称呼科学家）亚里士多德（Aristotle）。

亚里士多德在他的著作《论天》（*About Heaven*）[1]中阐述了他的理论，即地球是被陆地和水覆盖的、被空气包裹的球体。他引用了许多现象来佐证他的观点，当然，这些现象在现在看来是理所当然的。他指出，一艘船消失在地平线上时总是船身先消失，而桅杆还竖立在水面上，这可以证明海面是弯曲的，而非平坦的。他还认为月食是地球的影子遮住了月球表面所引起的，因为影子是圆的，所以地球本身也一定是圆的。可惜当时只有极少数人相信他。人们无法理解，如果他说的是真的，那居住在地球球面对侧的人们（所谓的对跖点，换句话

---

[1]　此处的著作应为 *On the Heavens*（译注）。

说就是澳大利亚人 [1]）为什么能够倒立行走而不摔倒，而那里的水流又为什么不会流向他们所说的蓝天呢（图 105）。

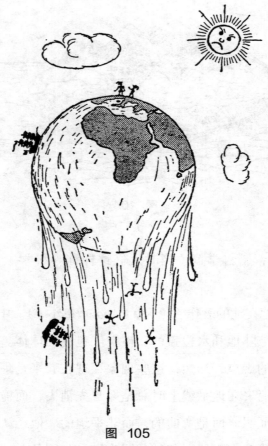

图 105

反对球形地球说法的论点。

---

[1] 对跖点是指地球直径的两端，而对于美国来说，其对跖点就是地理位置与之相对的澳大利亚。另外，此处 Antipodes 直译为对跖点，另有一义是对澳大利亚和新西兰人的戏称，即澳新人（译注）。

你看，那时的人们并不知道，物体是因为受到地球引力才不会摔落的。他们认为"上"和"下"都是空间中的绝对方向，这种位置关系在哪里都应该是一致的。对于他们而言，"在地球的另一半，那里的'上下'关系与他们所认知的'上下'关系完全是相反的"这一理念，就仿佛今天某些人对爱因斯坦的相对论的看法一样，认为这是疯狂的。

当时的人认为，重物之所以会摔落，是因为所有物体都具有向下运动的"自然趋势"，而非我们现在所说的地球的引力，因此，若你胆敢跑到球形地球的另一面去，那么你就会坠入蓝天！当时对亚里士多德的新观念的反对声振聋发聩，这一新观念没能被人们所接受，直到2 000年后的15世纪，你还能在当时出版的书中找到嘲讽球形地球的插画，上面画着居住在地球对跖点上的居民，他们每个人都是倒立着的。可能就连伟大的哥伦布（Columbus）本人，在启程寻找"从反方向去往印度的环路"时，也觉得自己的计划并非完全可靠。事实上他也的确没能完成这一目标，因为美洲大陆阻拦了他。

直到麦哲伦（西班牙名为 Fernando de Magalhães，大家更熟悉他的英文名 Magellan）进行了著名的环球航行，人们对球形地球的最后一丝质疑才终于消散了。

当人们开始意识到地球是巨大的球体时，便自然而然地产生了疑问：这个"球"究竟有多大？他们当时已知的世界在这个"球"上又占多大面积？然而，人们如何才能在不进行环球旅行的情况下测出地球的尺寸呢？这对古希腊的哲学家们来说又是一道难题。

当然，方法总是有的，是当时居住在希腊殖民地——埃及亚历山大里亚——的著名科学家埃拉托斯特尼第一个发现了这个方法。他听闻，在位于尼罗河上游，距亚历山大里亚以南 5 000 斯塔迪姆 [1] 的一座名叫塞恩 [2] 的城市里，春分时，正午的太阳会直射这座城市，彼时，城中所有垂直于地面的物体都是没有影子的。埃拉托斯特尼知道，这件事从未在亚历山大里亚发生过，因为在春分那天，正午的太阳会经过亚历山大里亚天顶（即头顶正上方）以南 7° 的位置，或者说，位于天顶整个圆周的约 $\frac{1}{50}$ 处。基于地球是圆的这一理论，埃拉托斯特尼对这一现象给出了一个非常简明的解释，你只需要看一眼图 106 就能明白。简单来说，因为两座城市间的地表是弯曲的，所以直射塞恩的阳光在射

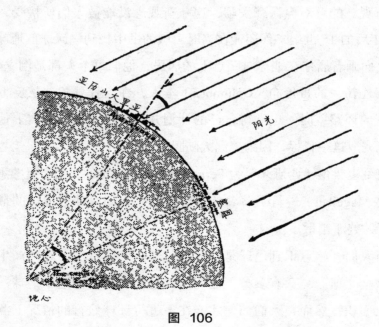

图 106

---

[1] 1 斯塔迪姆约等于 157.5 米（译注）。

[2] 在今阿斯旺水坝附近。

向更靠北的亚历山大里亚时，一定会偏移一定的角度。从图 106 也可以看出，如果从地心画两条分别穿过亚历山大里亚和塞恩的直线，那么这两条线的夹角，必然会同地心到亚历山大里亚的直线（即亚历山大里亚的天顶方向）与阳光直射塞恩时的光线的夹角相同。

既然这个夹角是圆周的 $\frac{1}{50}$，那么地球的周长就应该是两座城市间距离的 50 倍，也就是 250 000 斯塔迪姆。1 斯塔迪姆约等于 $\frac{1}{10}$ 英里，因此埃拉托斯特尼算出，地球的周长等于 25 000 英里，即 40 000 千米，这一结果与当今测量的结果非常接近。[1]

然而这件事的重点并不在于获得了准确的地球周长数据，而是人们自此开始意识到，原来地球是如此之大，它的总面积要比当时已知的全部陆地的总面积还要大上几百倍！如果这是真的，那已知的边疆之外又是什么呢？

接下来我们就要说到天文距离，但在此之前，我们必须先了解视差位移（简称视差）的概念。这个词听起来有些高深，但别担心，视差实际上是个简单且实用的工具。

我们可以尝试借助穿针引线的过程来了解视差。试着闭上一只眼将线穿过针眼，你很快会发现自己根本做不到，手里的线头不是在针眼后面很远的位置，就是太过靠前，只用一只眼睛完全无法判断针和线之间的距离。但如果使用双眼你就能轻易做到了，或者，至少你也能很快掌握将线穿过去的方法。这是因为，当你用两只眼睛注视一个物体时，你的双眼会自动向物体对焦。物体离双眼越近，你的两个眼珠也会转动得越靠近，这种调整会刺激肌肉，从而使你确切感知到物

---

[1] 当今测得（WGS-84）的地球赤道周长为 40 075.02 千米（译注）。

体间的距离。

现在，你不再用双眼看，而是先闭上一只眼，再睁开，换另一只闭上。此时你会注意到，物体（此例中的针）与遥远背景（例如房间尽头的窗户）的相对位置发生了改变。这种效应就被称作视差位移。大家对这种情况应该都很熟悉吧，如果你从没听过这个，也可以亲自尝试一下上面的步骤，或者通过图 107 中左右眼视角下的针与窗户的相对位置来理解。

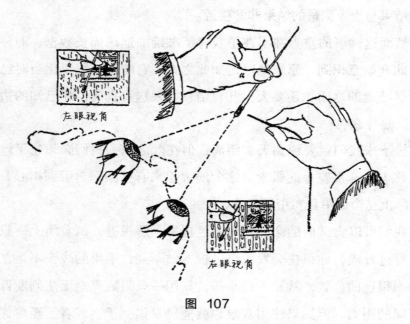

左眼视角

右眼视角

图 107

物体距离越远，视差位移越小，因此我们可以借此来测量距离。视差位移能够用弧度来精确测量，相比于仅仅依靠附着于眼球的肌肉简单地感知距离，这一方法要精准得多。然而还有一个问题，我们的双眼仅仅相距约 3 英寸，它们无法准确估计几英尺以外的物体的距离，况且在这种情况下，双眼的视线轴将趋近于平行，产生的视差位移完全小到难以测量。为判断更远的距离，我们需要将双眼分得更开，从而增大视差位移的角度。不，不要误会，我不是叫你去做手术，事实上我们只需要用镜子玩个花招就行了。

图 108 中我们看到的是海军在战斗中用于测量敌舰位置的一种装置（在雷达发明之前），装置的主体是一根长管，在人眼前方安装了两面镜子（A，A'），长管的两端也各有一面（B，B'）。通过这样一架测距仪看去，实际上相当于你一只眼睛在 B 处，另一只眼睛在 B' 处进行观察。此时两眼间的距离——也叫作光学基线——显著增大，因此你能估计出更远的距离。当然，海军士兵并不仅仅依赖眼球和肌肉感知距离，测距仪上还装有特殊的部件和刻度盘，从而能极为精确地测量出视差位移。

图 108

即使在敌舰近乎隐没于地平线时，这台海军测距仪也能很好地完成任务。然而，在测量月球这样一个与我们十分靠近的天体的距离时，它却无计可施。

事实上，为了能注意到月球相对于遥远恒星背景的视差位移，光学基线，也就是两眼间的距离至少要达到几百英里远才行。显然，我们无须制造这样一台能让我们一只眼睛在华盛顿、另一只眼睛在纽约观测的光学系统，因为只需要同时在这两座城市拍摄一张群星映衬下的月球的照片即可。如果将这两张照片放进一台普通的立体镜，你会看到月球悬浮在星星点点的背景夜空之上。通过测量这两张照片中月球与背景恒星的相对位置（图 109），天文学家发现，在地球上的两个对跖点测到的月球的视差位移是 1° 24′ 5″，由此求得地月距等于 30.14 个地球直径，也就是 384 403 千米，或 238 857 英里。

根据这一距离及观测到的月球的角直径，我们得知，我们的这颗卫星的直径大约是地球的 1/4，而它的表面积只有地球的约 1/16，约等于非洲大陆的面积。

同样地，我们也可以测量出地球到太阳的距离，尽管这项测量的难度显然要更大一些——因为太阳离地球要远得多。经测算，天文学家最终发现日地距离是 149 450 000 千米（92 870 000 英里），也就是地月距离的 385 倍。正是因为这个巨大的距离，才使太阳看上去和月球一样大小，实际上太阳要比月亮大得多，它的直径是地球直径的 109 倍。

如果把太阳比作一个大南瓜的话，那地球就是一颗豌豆，月球就是一粒罂粟籽，而纽约帝国大厦[1]则是只有在显微镜下才能看到的微小细菌。这里不妨提一下，在古希腊时代有一位进步哲学家安那萨格拉斯（Anaxagoras），他不过是因为传授了"太阳是一个大概有整个希腊

---

[1] 纽约帝国大厦是当时的世界第一高楼，在本书成书时，其总高度为 381 米，后来又加装了天线（译注）。

图 109

大小的巨大火球"这一理论，就被流放，甚至遭受了死亡的威胁！

利用同样的方法，天文学家还能够估计出太阳系中其他行星的距离。其中最遥远的那颗——最近才被发现的冥王星[1]，到地球的距离大约是日地距离的 40 倍，为 5 903 000 000 千米（3 668 000 000 英里）。

---

[1] 1930 年，美国天文学家克莱德·汤博发现了冥王星。2006 年，冥王星被国际天文学联合会从行星行列中剔除（译注）。

2. 星系中的满天星

我们再往太空迈进一步，这次是从行星迈向恒星，此时视差方法
依旧可用。但是我们发现，即使是距离我们最近的恒星也是相当遥远
的，就算是从地球上相距最远的两点（球面上的对跖点）观测，我们
也看不出浩瀚星空背景下的这些恒星有任何的视差偏移。好在我们最
终还是找到了测量这些遥远距离的方法：既然我们能利用地球本身的
尺寸测量出地球围绕太阳公转轨道的大小，那我们为什么不能用这个
公转轨道来获得恒星的距离呢？换句话说，如果从地球公转轨道的两
端观测，是不是就能或多或少地看出一些恒星的相对位移呢？虽然为
了完成两次观测，我们需要等上半年，但这值得一试。

怀揣着这样的想法，德国天文学家贝塞尔（Friedrich Wilhelm
Bessel）于 1838 年开始了测量实验，比较相隔半年的两个夜晚恒星的
相对位置。起初他并不走运，因为他选中的恒星都太过遥远，即使以
地球轨道为基线，它们也并未显示出显著的视差位移。但是幸运之神
还是眷顾了他，"天选之星"最终出现了，它在星表中名为天鹅座 61
（61 Cygni，即天鹅星座中的第 61 亮星），相比于半年前，这颗恒星看
起来似乎有些许位移。（图 110）

又过了半年，这颗恒星重新回到了原位。显然，贝塞尔观察到的
位移就是视差效应，他也因此成了带着量天尺跨出太阳系走向星际空
间的第一人。

贝塞尔观测到的天鹅座 61 在一年内的位移其实很小，只有 0.6 弧
秒，这就像在看 500 英里外的一个人（如果你看得到这个人的话）！
但天文仪器是很精确的，即使是这样的角度也能被非常精确地测量出

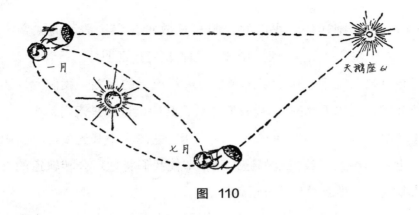

图 110

来。根据观测得到的视差，和已知的地球轨道的直径，贝塞尔计算出这颗恒星离我们有 103 000 000 000 000 千米远，是日地距离的 690 000 倍！这个数字简直大到让人难以置信。借用之前的比喻，如果太阳是个南瓜，那么地球就是在 200 英尺外围绕其旋转的豌豆，而这颗恒星的距离则足足有 30 000 英里！

在描述非常遥远的距离时，天文学家习惯以"每秒 300 000 千米的光速走过这段路程所需的时间"来代指。光只需 $\frac{1}{7}$ 秒即可环绕地球一圈，需要 1 秒多一点的时间到达月球，需要大约 8 分钟到达太阳。而从天鹅座 61 这个距离我们最近的邻居发出的光，却需要大约 11 年才能到达地球。如果因为某种宇宙灾难，来自天鹅座 61 的光芒熄灭了，或者（经常发生于恒星的）随着一道闪光这颗恒星爆炸了，我们需要等待 11 年之久，等到这道闪光飞速穿过星际空间，直至最后一点余晖到达地球，人类才会开始四处传播"一颗恒星陨落了"的宇宙新闻。

贝塞尔根据测得的天鹅座 61 的距离计算出，这颗看似只是在漆黑夜幕中微微闪烁的亮点，实际上是一颗大光球，体积只比我们璀璨瞩目的太阳小 30%，亮度也只是稍暗一点。这是对最先由哥白尼

（Copernicus）阐述的"我们的太阳只是散布在广袤浩瀚的太空中的千万亿颗恒星之一"这一划时代观点的首次直接证明。

在贝塞尔之后，科学家又测量了大量恒星的视差。我们发现还有少数几颗恒星比天鹅座 61 离我们更近，其中最近的是南门二（半人马座中的最亮星），距离我们仅有 4.3 光年，它的大小和光度都与太阳十分接近。而绝大多数恒星都遥远到，即使我们将地球公转轨道的直径作为基线，都难以对其进行距离测量。[1]

此外，从耀眼的巨星到暗弱的矮星，不同恒星之间在大小和光度上的差异也很悬殊，例如，巨星参宿四（位于猎户座，距离我们 300 光年）的尺寸和光度分别是太阳的 400 倍和 3 600 倍，而矮星范马南星（距离我们 13 光年）[2] 的尺寸则小于地球，光度也约为太阳的万分之一。

此时我们还要面对一个重要的问题，如何数出所有恒星的数目。相信你我都会理所当然地认为没有人能数出天上所有星星的数量，但正如其他的普遍看法一样，这也是大错特错的，至少，我们能够数出肉眼可见的恒星的数量。事实上，南北两个半球内，能够被肉眼看到的恒星总数只有 6 000 到 7 000 颗，而因为每次只有大约一半的恒星升到地平线以上，且靠近地平线的恒星的亮度会因被大气吸收而大幅削弱，所以我们最终在没有月亮的晴朗夜晚也只能用肉眼看到约 2 000 颗

---

[1] 现在因为观测设备和技术的发展，我们已经可以通过发射空间望远镜来观测更遥远的恒星的周年视差，例如 2013 年欧洲航天局发射的盖亚（Gaia）望远镜，在 2018 年释放的第二轮数据中就给出了 13 亿颗恒星的周年视差（译注）。

[2] 范马南星（Van Maanen's star）是 1917 年由荷兰天文学家范马南发现的白矮星。范马南星位于双鱼座，是第一颗不是在多恒星系统中发现的白矮星，也是在人类目前所知道范围内，离地球第二近的白矮星，仅次于天狼星 B（译注）。

恒星。因此，倘若你以每秒 1 颗的速度不间断地数下去，只用花上大概半个小时就能全部数完了！

但如果用双筒望远镜观测，你能看到 50 000 颗恒星，而 2.5 英寸的望远镜能帮你看到 1 000 000 颗。倘若使用加利福尼亚威尔逊山天文台的那台知名的 100 英寸望远镜进行观测的话，大约能看到 5 亿颗恒星之多。假使天文学家以每秒 1 颗的速度数它们，从黄昏到黎明整夜不歇，那也需要花上一个世纪才能数完！

当然，从未有人会蠢到想用大望远镜一颗颗地数恒星。天文学家是通过计数天空中一系列不同区域内可见恒星的总数，得到平均值，然后再推广到整个天空，从而估算出天空中恒星的总数量的。

一个多世纪前，英国著名天文学家威廉·赫歇尔（William Herschel）曾使用自制的大望远镜观测星空，他看到了银河——用肉眼看去只不过是一条在夜空中微微发亮的条带——中的大多数恒星，而那些恒星在平时只通过肉眼根本无法看到，他对此感到难以置信。正是因为他的观测，天文学才认识到银河并不仅仅只是弥漫在夜空中的一团星云或一条气体云条带，实际上，银河是由众多的、分布遥远的、通常暗弱到我们无法一一分清的恒星组成的。

通过更加强大的望远镜我们能够看到，银河中分散着比我们想象的数量更为庞大的恒星，但银河系的绝大部分仍然处于一片模糊之中。如果我们就此认为分布在银河区域中的恒星的密度要比天空中其他区域的恒星密度更大的话，那就错了。实际上，我们看到某片星空中的恒星分布密集，并不表示这片区域的恒星的分布密度就更大，它们很可能只是分布得更加深远。银河方向上的恒星一直延伸到我们用眼睛（包括使用望远镜的情况下）所能看到的极限，而其他方向上恒星并没有分布到我们目力所及的尽头，那些恒星的背后基本上就是空旷的宇宙空间。

我们看向银河时就仿佛看向一片密林，重重叠叠的树木构成了连续的背景，而在其他方向上我们能看到恒星间的一片片空隙，如同在树林中抬头看去，枝丫之间的一片片蓝天一样。

在星际宇宙中，恒星占据着太空中的一片扁平区域，在银河的平面上延伸很远的距离，但在垂直方向上却较为细薄，而我们的太阳只是这些恒星中的沧海一粟。

一代代天文学家通过更详细的研究得出结论：我们的星系共包含约 40 000 000 000 颗恒星，分布在一片直径约 100 000 光年、厚 5 000 到 10 000 光年的凸透镜状的范围内。这项研究的结论是对过去认为自己是宇宙中心的高傲的人类的一记响亮的耳光——太阳并非星际世界的中心，相反，它更靠近银河系的边缘。

在图 111 中，我们尝试告诉读者这一大群恒星的大致面貌。顺便一提，我还没说过，银河更科学的称谓应该是银河系（Galaxy，当然是拉丁语！）。图中将银河系的大小缩小到大约一万亿亿分之一，而表示恒星的点的数目也明显少于 400 亿，这只是出于印刷角度的考虑。

这一大团组成银河系的恒星拥有一个重要性质——它们都处于快速旋转中，如同我们太阳系中的行星一样。正如金星、地球、木星及其他行星都以近乎圆形的轨道围绕着太阳运转，组成银河的上千亿颗恒星也都围绕着所谓的银心（银河系中心）旋转。银河系的旋转轴心在人马星座的方向，而事实上，如果你循着云雾状的银河系环绕整个天空，你会发现，银河系在靠近人马座的地方会变得宽阔很多，那里就是这团凸透镜状的恒星集群最中心、最密集的部分（图 111 中的天文学

图 111

一位天文学家正在观测缩小了 100 000 000 000 000 000 000 比例的银河中的恒星系。他的头所在的位置大约是银河系中太阳的位置。

家就在看向这个方向）。

银心是什么样子的呢？对此我们并不知晓，因为很不幸，它被浓重的暗星际介质云挡住了。事实上，当你看向人马座方向较宽的银河系区域时[1]，你首先会认为是这条神话般的天路分叉成了两条"单行

---

[1] 初夏的晴朗夜晚最适宜观测。

道"。但那不是真正的分叉，你会产生这样的观感，单纯是因为星际尘埃和气体的暗云恰好悬浮在我们与银心之间。因此，银河两侧的黑暗，是因为那里确实空无一物、暗淡无光，而银河中心的黑暗，则是因为不透明的暗云遮挡了光线。在中央的暗色区域，只有少数恒星位于气体尘埃云前面靠近我们的方向（图112）。

图 112

　　如果我们看向银心，我们的第一感觉会是这条神话般的天路分叉成了两条单行线。

　　我们无法看到太阳和其他上千亿颗恒星绕转着的神秘的银心的样子，这是件让人遗憾的事。但我们仍然可以通过观测相距银河系甚远的众多其他星系，来判断它应该长什么样。在我们的太阳系中，太阳统治着整个行星大家庭，但在星系中心却不是这样，那里并不存在一个控制着星系里所有成员[1]的超巨星。对其他星系中心区域的研究

---

[1] 本书成书时无论是对黑洞的研究还是对银河系的探测水平都远不如现在，因此作者并不清楚银河系中心到底有什么。当今的动力学、光谱探测等各项研究表明，银河系中心存在着一个超大质量的黑洞，它控制着整个银河系的旋转（译注）。

（我们将在后文讨论）表明，银心区域也包含大量的恒星，唯一不同的是，那里的恒星分布极为密集，比太阳系所在的外部区域要密集得多。如果我们将太阳系想象成一个由太阳统治的封建专制帝国的话，那么银河系就像是一个民主国度，一部分恒星成员占据着有影响力的中心位置，而其他的恒星则屈居于边缘区域。

如上所述，所有恒星，包括我们的太阳在内，都沿着一个巨大的圆形轨道围绕着银河系中心旋转。那么我们又该如何证明这一点呢？这些恒星的轨道半径有多大？旋转一整圈又要花多长时间呢？

所有的这些疑问都在几十年前被荷兰天文学家奥尔特（Jan Hendrik Oort）解答了，他思考银河系中恒星运动的方法，与当初哥白尼思考行星运动的方法如出一辙。

请让我们先回忆一下哥白尼的思考方式。我们的祖先古巴比伦人、古埃及人等观测到，诸如土星和木星这样的大行星在天空中的运动呈一种很特殊的形式。它们似乎如太阳一样会在天空中划出椭圆形的轨迹，然后突然停下，逆向运行，再停下，返回原来的方向。图113的下部分简明地表示了两年间土星相对天空的位置变化（土星公转一圈的周期是29.5年）。因为一些宗教性质的偏见，地球被认为是宇宙的中心，而所有行星和太阳都被认为是围绕着地球运转的，所以土星的特殊运动被解释成：土星的轨道具有特别的形状，而且是一环套一环的。[1]

---

[1] 这里所说的是由古希腊天文学家托勒密发展成熟的地心说，所谓的"一环套一环"，涉及的是地心说中描述行星轨道的均轮和本轮，这里不再赘述，有兴趣的读者可以自己了解。

但哥白尼通晓得更多，他动用自己天才的头脑，将行星运行的诡异现象解释为：地球和其他行星都在围绕着太阳做简单的圆周运动。读者可以通过图113的上部分轻松理解这一论点。

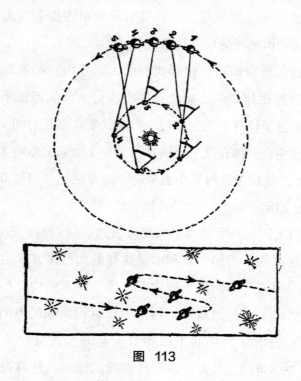

图 113

太阳在中心，地球（小球）沿着较小的圆形轨道运行，土星（带环）以相同的方向沿着更大的轨道运行。两组数字1、2、3、4、5分别表示地球和土星一年中在轨道上的不同位置，从地球上不同位置引出的垂线表示某颗固定位置的恒星的方向。将地球上每个位置与对应的土星位置相连，我们会发现，两个方向（地球到土星和地球到固定恒星）的夹角会先增大，随后减小，最后再次增大。因此我们知道，土星这种一环套一环的运动轨迹并不是因为它本身的运行轨道特殊，而是因为我们的地球同样在运动，二者的相对运动导致了不同的观测角度。

而奥尔特对于银河系中恒星的运动的说明可以通过图114来理解。图的下部是银心（被暗云团团覆盖!），在整个图画中有许多恒星围绕着它。三条圆弧表示三个与银心距离不同的恒星的轨道，中间的那条是太阳的轨道。

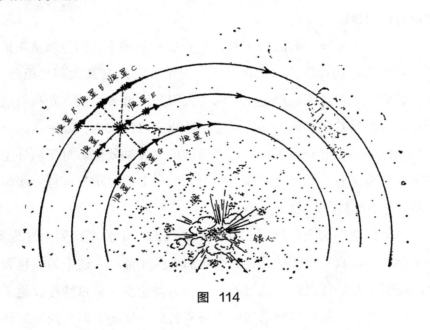

图 114

现在请仔细观察八颗恒星（图中的它们都带着光芒，以区别于其他恒星），其中有两颗在与太阳相同的轨道上运行，只是一颗在太阳稍前的位置，另一颗在稍后，另外六颗的位置分别在更大和更小的两条轨道上。我们必须记住一点，根据引力定律（参见第五章），越靠近边缘的恒星的运行速度越慢，越靠近中心的恒星运行得越快（这一点在图中用不同长度的箭头来表示）。

从太阳上看，或者从地球上看——当然这两种情况是一样的，这八颗恒星的运行是怎样的呢？这里我们说的是视线方向的运动（简称视向运动），可以通过所谓的多普勒效应[1]的方式来轻易观测到。首先，与太阳共轨、运行速度也与太阳相同的两颗恒星（记为 D 和 E）对于日心观测者和地心观测者来说是静止的。两颗位于太阳与银心连线的延长线上的恒星（B 和 G）也是一样，因为它们与太阳平行运动，因而也没有视向速度。

那么位于外环上的恒星 A 和恒星 C 呢？从图中我们能够清晰地看到，它们的运动速度比太阳慢，所以恒星 A 一定会被太阳越甩越远，而恒星 C 则会被太阳逐渐追上。因为太阳与恒星 A 之间的距离会逐渐增加，与恒星 C 的距离会逐渐减小，所以来自恒星 A、恒星 C 两颗恒星的光线必然会分别显示出红移和蓝移的多普勒效应。对于内环上的恒星 F 和恒星 H 来说，情况刚好相反，恒星 F 会显示出蓝移，而恒星 H 则显示出红移。

如果恒星的确在做圆周运动，那么我们一定会观察到上述现象。如果圆周运动真实存在的话，那么我们不仅能证明上述中的红移和蓝移，还能由此估计出恒星轨道的半径和运动速度。奥尔特在收集了天空中所有可见恒星的视向运动的观测资料后，证实了恒星的红移和蓝移确实存在，从而毫无疑问地证明了，银河系的确在自转。

用同样的方法，我们还能得出银河系的自转会影响垂直于观察者视线方向的恒星的运动速度。尽管想要准确测量速度的这一分量难度很大（因为即便遥远的恒星拥有极快的线速度，体现在天体运动上也只是极其小的角位移），不过这一效应还是被奥尔特和其他天文学家观测到了。

---

[1] 参见 331 页中关于多普勒效应的探讨。

通过精确测量恒星运动的奥尔特效应，我们获知了恒星的轨道和旋转周期，并计算出太阳围绕人马座中的银心旋转的半径是 30 000 光年，位于银心到银河系最边缘的大约三分之二处。太阳环绕银心一整圈大约需要 2 亿年，这显然是一段相当长的时间了，不过不要忘了，我们的太阳系的年纪大约是 50 亿岁，因此，太阳和它的行星家族在过去的生命中只完成了 20 次公转。如果参照地球年的定义，我们将太阳公转一圈的时间称为 "1 太阳年" 的话，我们就可以说宇宙只有 20 岁。确实，在恒星世界中，一切都发生得很缓慢，太阳年显然是个计算宇宙历史的好单位！

3. 迈向未知的极限

正如我们在上面提到的，银河系并不是空旷宇宙中的一座布满星星的孤岛。借助望远镜，我们发现深空之中还存在着其他的包含大量恒星的恒星团，就像我们的太阳所属的环境一样，其中离我们最近的一个是著名的仙女座大星云[1]，我们甚至用肉眼就看得到。它看上去是一团小小的、暗弱的细长星云。附录图版 Ⅶ A、图版 Ⅶ B 展示了威尔逊山天文台的大望远镜拍摄的两张类似天体的照片，分别是后发座星云的侧向图和大熊座星云的正向图。我们注意到，作为凸透镜状的银河系的一部分，这些星云的外观也具有相同的特点，都呈现出典型的螺旋结构，因而被称作 "旋涡星云"。有许多证据表明，我们的银河系

---

[1] 当时天文学界已经明确了星系与星云的区别（参考下文的说法），但在称谓上还未统一，因而下文中关于星系的 "星云" 一说请读者自行理解为星系，后不再提。仙女座大星云现称仙女座大星系，编号 M31，是距离银河系最近的星系，当观测条件良好时，在北半球的秋季可以用肉眼看到（译注）。

也是类似的螺旋形态，但身处其中的你我很难探明它的具体结构形状，事实上，我们的太阳很可能就位于银河大星云的一条旋臂的末端。

在很长一段时间里，天文学家都没有认识到旋涡星云其实是类似于银河系的星系，并将它们与普通的弥散星云（例如猎户座大星云）相混淆，认为它们都只是银河系中处在恒星之间的一大团星际尘埃云。不过后来有人发现，这一团雾状的螺旋形态的天体根本不是雾，而是由一颗颗恒星组成的，在最高放大倍率的望远镜下，我们可以分辨出其中的一个个小亮点。但这些恒星离我们实在太遥远了，以至于无法用视差测量得到它们的真实距离。

在测量天体距离的问题上，我们似乎已经黔驴技穷了。但是，我们绝不会就此停下！在科学研究中，我们遭遇的所有难以克服的困难只是暂时的，总会有新的发现帮助我们迈向更远的地方。对于这个难题，哈佛天文学家沙普利（Harlow Shapley）发现了一种全新的"量天尺"，也就是所谓的脉动恒星，或者说造父变星。[1]

星星的数量是无穷无尽的，它们大部分都在夜空中安静地发着光，只有少部分在不断地改变自身的亮度，由亮变暗，由暗变亮，循环往复。这些巨大星体仿佛心跳一样进行着规律性的脉动，这种脉动伴随着亮度的变化。[2] 恒星越大，脉动的周期越长，就如同越长的钟摆摆动得越缓慢一样。体积较小的恒星（以恒星的角度比较）可在数小时内完成一次脉动，而真正的巨星则需要数年才能完成一次脉动。并且我们知道，越大的恒星其亮度也越大，因此我们推测，恒星的脉动周期

---

[1] 这个名字源于造父一（仙王座 β），是第一颗被发现存在脉动现象的变星。

[2] 读者不要将这种脉动变星与所谓的食变星混淆，后者周期性的亮度变化，是源于两颗互相绕转的恒星互相交食。

与其亮度之间一定存在着明显的相关性。我们可以通过观测造父变星来揭示这种关联，因为它们距离我们足够近，我们可以轻易测得它们的距离和实际亮度。

如果你发现了一颗距离在视差测距的极限之上的脉动变星，你只需要通过望远镜观测这颗星，测得它脉动一次所需的时间，只要知道了这个周期，你就会知道它的实际亮度。再用这实际亮度对比你观察到的亮度，你就能知道它距离我们有多远了。沙普利就是用这种机智的方法成功测量出了银河系中那些非常遥远的距离，并且这一方法在估计银河系的大致尺寸时也非常有效。

当沙普利使用这种方法测量仙女座大星云中的几颗脉动变星时，得到的结果使他大吃一惊：地球到这些恒星的距离，当然也就是到仙女座星云本身的距离，达到了 1 700 000 光年——这可比当时估计的银河系的范围要远多了！并且由此可以判断，仙女座星系的尺寸实际上只比我们的银河系小一点点。附录图版Ⅶ中展示的两个旋涡星云的距离则要更加遥远，它们的尺寸也和仙女座星云相近。

这一发现直接否定了"旋涡星云是银河系中的'小东西'"这一说法，并且得出了一个新结论：旋涡星云是与我们的银河系类似的独立星系。现在应该不会有天文学家怀疑，生活在一颗围绕着组成仙女座星云的千亿颗恒星中的一颗旋转的小行星上的观测者，他眼中的银河系，应该同我们眼中的仙女座星云是一样的。

威尔逊山天文台的知名星系猎人——爱德温·哈勃博士（Dr. E. Hubble），对这些遥远的恒星社群进行了进一步的研究，他揭示出了一系列有趣而重要的事实。首先，他通过强大的望远镜观测得知，这些旋涡星系的数量实际上比恒星还多，而且，它们并不全是螺旋状的，有着各种各样的形态。比如，球状星系，看上去像普通的圆盘，具有弥散的边界；椭圆星系，其偏心率各不相同；而螺旋星系[1]本身也可以通过"旋臂缠绕的松紧程度"来区分。还有一种极为特别的星系形状，被称为棒旋星系。

有个极为重要的事实是，这些形态各异的星系可以排列成规律的序列（图 115），基本对应着星系演化的不同阶段。[2]

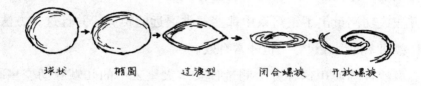

球状　　　椭圆　　　过渡型　　　闭合螺旋　　　开放螺旋

图 115

星系演化的各个阶段。

尽管我们在理解星系演化的细节上还有更远的路要走，但科学家猜测，这样的演化很可能是因为星系逐渐收缩而形成的。众所周知，缓慢旋转的气体球会持续稳定地收缩，随着旋转速度增加，它的形状也会越来越趋向于扁平的椭圆形。在收缩的某个阶段，当星系的极半径与赤道半径的比率达到 $\frac{7}{10}$ 时，这个旋转体就必定会变为赤道处突出的凸透镜形状，随后的收缩，将进一步完善这一形状。最后，组成旋转体的气体开始沿着凸起的赤道向外扩散，最终在赤道面形成一层细

---

[1] 根据哈勃星系分类法，螺旋星系下分旋涡星系和棒旋星系（译注）。

[2] 在当时，椭圆星系被称为早型星系，旋涡星系被称为晚型星系，顾名思义，这是按照演化历程来命名的，表明椭圆星系更加年轻。但是现代的星系演化理论与此截然不同，现代理论大致认为，椭圆星系相较旋涡星系年龄更老，而旋涡星系也有可能会演化为椭圆星系（译注）。

薄的气体面纱。

英国著名物理学家和天文学家詹姆斯·金斯爵士（Sir James Jeans）利用数学方法，证明了上述关于旋转气体球的论述，他的证明方法也同样适用于我们星系这一巨大的恒星云。事实上，我们可以将这种由上千亿颗恒星组成的星团视作一团气体，其中的每颗恒星就是一个分子。

对比金斯的理论计算结果与哈勃基于经验对星系的分类，我们发现这些巨大的恒星社群的演化道路与理论所述的完全一致。尤其是我们发现，形状最扁平的椭圆星云对应的半径比率是$\frac{7}{10}$（E7），此时凸起的星系赤道上已经出现了明显的边缘。晚期演化出的旋臂，似乎是由初始星系快速旋转甩出来的物质形成的，不过直到现在我们也没法合理解释这些旋臂是如何形成的及普通的螺旋状和棒状螺旋又有何区别。

关于星系的结构、运动和恒星组成的进一步研究还有很多。例如，威尔逊山天文台的天文学家巴德（W. Baade）在几年前得到了一个很有趣的结论：虽然位于旋涡星系中心部分（核球）的恒星同组成球状星系和椭圆星系的恒星是同一类型，但位于旋涡星系旋臂中的恒星却属于另一类星族。这种"旋臂"类型的星族与中心区域的不同之处在于，其中出现了更多炽热、明亮的恒星，也就是蓝巨星，而这类恒星在旋涡星系中心区域和球状星系、椭圆星系中则很少见。因为我们稍后会看到（第十一章），蓝巨星很有可能是最近才形成的恒星，所以我们有理由推测，旋臂是孕育新的星族的温室。你可以想象一下，收缩的椭圆星系的赤道区域抛射出的大量物质是由原始气体组成的，它们在进入寒冷的星系际空间后凝聚为一团团大的物质块，进一步收缩后变成十分炽热而明亮的恒星。

在第十一章，我们将重新回到恒星诞生和生命周期的问题，不过现在我们必须着眼于星系在广阔宇宙中的大致分布情况。

　　首先我们必须说明，尽管基于脉动变星的测距方法在临近的星系效果极佳，但在更深远的太空中，这一方法就会失效，因为我们迟早会到达一个根本无法分辨出单颗恒星的遥远距离。在这种情况下，即使用最强大的望远镜观测，那些星系也只是一团细小的星云，我们只能依靠星系的可见尺度来判断其距离，因为星系间的尺寸差异并不像恒星的尺寸差异那么大，相同类型的星系尺寸都较为接近。就好像，如果所有人的身高都是一样的，没有巨人或矮人，那么你就可以通过目测对方的身高来判别他与你的距离。

　　哈勃通过这种估计距离的方法测量了遥远星系王国的距离，其结果证明，我们目力所及（包括最强大的望远镜）范围内的所有星系，基本上都是均匀散布在太空中的。我们说"基本上"是因为，常常会有一些星系成团，每个星系团内都包含上千个星系，就如同星系中的星团一样。

　　我们的银河系显然就是一个较小的星系团中的一员，这个星系团包括 3 个旋涡星系（包括银河系和仙女座星云）、6 个椭圆星云和 4 个不规则星云（其中 2 个是大、小麦哲伦云）。

　　不过，除了这些偶然的聚团现象，根据帕尔马山天文台的 200 英寸望远镜的观测结果，绝大多数星系仍是均匀分散在 10 亿光年范围内的太空中的。每两个邻近星系之间的平均距离约为 5 000 000 光年，在宇宙可见的边疆内，包含了大约几十亿个独立星系！

　　让我们沿用之前的比喻，如果将帝国大厦比作细菌，将地球比作豌豆，将太阳比作南瓜的话，那么星系就是分散在木星轨道范围内的上千亿颗南瓜，而那些星系群落就是一个个分散在直径略小于太阳到最近的恒星的距离的球形区域内的南瓜堆。想要找到合适的比例来类比宇宙的尺度是很困难的，即使将地球比作一颗豌豆，整个宇宙的尺寸也是一个天文数字！在图116中，我们试图告诉你天文学家是如何在探索宇宙尺度的问题上一步步前进的——从地球，到月球，到太阳，到恒星，到遥远的星系，再到未知的极限。

现在我们已经准备好回答关于宇宙尺度的基本问题了。宇宙是无限的，还是有限的？当我们将越来越强大的望远镜伸向天空时，是能一步步发现更遥远的未知星空，还是终会遇到那最后一颗恒星？

当我们说起宇宙可能是"有限大小"的时候，当然不是指一位探索者在跨越几十亿光年之后就会遇到一面高墙，上面写着"此路不通"。

事实上我们在第三章中了解到，空间可以是有限而无边界的。它可以简单地弯曲实现"自我闭合"，因此，即使这位虚构的太空探索者开着他的飞船尽可能地沿直线（测地线）飞行，他最终还是会回到原点。

显然，这一情形就像古希腊一位探险家从自己的家乡雅典向西出发，在经历了长途跋涉后，发现自己最终走进了雅典的东门。

而且，就像我们不必环游世界，只需研究其中的一小片区域的几何性质就能获知地球表面的曲率一样，我们也可以使用同样的方法，通过现有的望远镜测量出宇宙的三维曲率。我们在第五章中了解到，务必要区分两种曲率：正弯曲对应有限的闭合空间，负弯曲对应马鞍状的无限开放空间（参见图42）。两种空间的区别在于，在闭合空间中，一定半径内均匀分布的物体数量增加的速度，要小于半径的立方，而开放空间则正好相反。

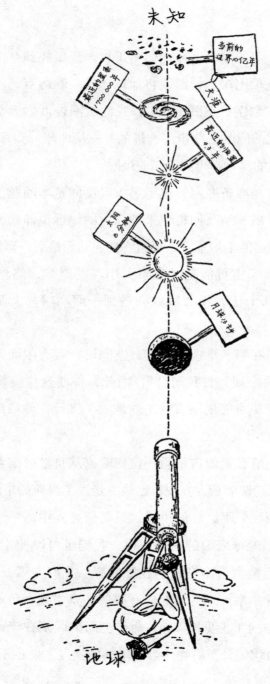

图 116

宇宙探索的里程碑，其中的距离以光年为单位。

在我们的宇宙中，星系扮演的正是"均匀分布的物体"这一角色，因此，为解决空间总体曲率的问题，我们所要做的就是计数不同距离的星系数目。

这一计数已经由哈勃完成，他发现，星系数量的增加速度似乎要慢于距离的立方，这意味着宇宙空间是正弯曲且有限的。不过，值得注意的是，哈勃观测到的这种效应很小，只有在威尔逊山的 100 英寸望远镜的观测极限附近，这个效应才能被注意到，而最近，由帕尔马山那台新的 200 英寸反射望远镜观测的结果，也没有给这一重要问题带来光明。

目前关于宇宙是否有限的最终答案我们尚不确定，原因之一就在于遥远星系的距离只能借由可见亮度来确定（平方反比定律）。这一方法的前提是，假定所有星系产生的亮度都是相同的，但如果星系的亮度会受到年龄的影响，那么就很有可能导致错误的结果。实际上有一点我们需要记住，帕尔马山的望远镜能看到的最遥远的星系在 10 亿光年之外，因此对于我们来说，我们看到的是它 10 亿年前的样貌。如果星系在演化过程中逐渐暗弱（可能是因为其中一些活跃的恒星衰老死亡），哈勃得到的结论就必须加以校正。事实上，只要星系亮度在它 10 亿年的生命历程（大概只是它们一生的七分之一）中发生一点点变化，我们现在认为的宇宙是有限的结论就将被推翻。

因此，在最终确定宇宙是有限的还是无限的这一问题之前，我们还有很长的一段路要走啊。

第十一章 创世之日

1. 行星的诞生

对于我们这些居住在七大洲（包括南极洲）的人来说，"坚实的土地"实际上就是稳定和持久的同义词。我们所考察的位于地球表面的这些熟悉的地貌——大洲和海洋、山脉和江河，似乎自古以来就一直存在。不过，历史地质学的研究资料表明，地球的面貌一直在改变，大洲中的大片陆地可能会被海洋吞没，而水下的区域也可能会升起变为陆地。

我们也知道古老的高山会逐渐被雨水冲刷磨平，而新的山脉会因为地壳活动拔地而起，但这些变化仅仅是我们这个巨大球体的固体外壳的变化。

不难看出，地球经历过一段没有固体外壳，只是一个发光的熔岩球的时期。而实际上，对地球内部的研究也揭示出，其中的绝大部分区域还是处于熔化状态，而我们张口就来的"坚实的土地"，其实只是漂浮在这团熔岩表面的一层薄膜罢了。能够证明这一结论最简单的办法就是：从地表开始向下测量温度，你会发现深度每增加 1 000 米，温度就会升高约 30℃（或每 1 英尺增加 16 ℉）。例如，在世界上最深的矿井（位于南非的金矿罗宾逊深井）内部，其侧壁的温度高到，必须装上一台空调设备才能避免矿工被活活烤熟。

按照这样的增长速率，地表以下 50 千米处的温度就已经达到了岩石的熔点（1 200~1 800℃），而这连地表与地心之间距离的 1% 都不到，在这之下的那些占据了地球质量 97% 的物质，必定完全处于熔化的状态。

显然，这种情况不会永久持续下去的，我们观测到，地球其实是从一个完全熔化的球体开始的，之后持续冷却，直到遥远的未来，整个地球，从表面到核心都会完全固化。根据地球冷却的速率和其固态外壳的生长速率大致估计，这一冷却过程应该自几十亿年前就开始了。

科学家在估算出组成地壳的岩石的年龄后，也获得了同样的数据。尽管乍一看岩石没有表现出可以随意变化的特点（所以才有"坚如磐石"的说法），但实际上很多岩石中都包含一种"天然时钟"，对于富有经验的地质学家来说，这些"天然时钟"可以显示出它们从熔化状态到凝固之后经历了多长时间。

微量的铀和钍就是典型的能揭示年龄的"地质钟"，它们经常出现在地表和位于地下不同深处的各种岩石之中。如第七章所述，这些原子会自发地进行缓慢的放射性衰变，直到产生稳定的铅元素为止。

要获知含有这些放射性元素的岩石的年龄，我们只需测量千百万年来通过放射性衰变积累起来的铅的含量即可。

事实上，只要岩石还处于熔化的状态，放射性衰变的产物就会因液体扩散和对流离开它产生的位置。不过熔化的物质一旦凝固成岩石，由放射性元素产生的铅就会开始积累，所以我们能通过铅的含量得知这块岩石准确的年龄，就好像敌军间谍能够通过比较太平洋两座岛屿上散落的空啤酒罐的数目，获知海军陆战队在每座岛上的驻军时间一样。

近来，科学家通过改进的技术，精确测量了岩石中铅同位素和其他的不稳定化学同位素（如铷 -87 和钾 -40）的沉积量，以此推测出，目前已知的最古老的岩石年龄大约是 45 亿年。因而我们可以总结出，大约 50 亿年前，地球的固态外壳开始从熔化状态逐渐凝固。

因此我们可以想象，50 亿年前的地球是一个完全熔化的液体球，外面覆盖了一层稠密的大气层，包含空气、水蒸气和其他可能存在的强挥发性气体。

那么，这一大团炽热的宇宙物质是如何诞生的呢？是怎样的力量促使它形成，又是谁提供了铸造它的物质呢？有关我们脚下的这颗星球的形成及太阳系中其他行星的形成问题，是天体演化学（或称宇宙论，即宇宙起源的理论）这一门科学中的基本课题，也是萦绕在天文学家脑海中长达数个世纪之久的谜团。

1749 年，法国知名博物学家布封在他的四十四卷著作《自然史》（*Natural History*）中，第一次尝试通过科学手段来解答这些问题。布封认为，太阳曾与一颗来自星际空间深处的彗星碰撞，从而诞生了行星系统。他用想象力向我们描绘出一幅生动的画面：一颗拖着长长的明亮尾巴的"致命彗星"擦过当时孑然一身的太阳的表面，从它巨大的身躯上撕扯下大量小块的"掉落物"，这些小块物质由于撞击力的作用开始在太空中旋转（图 117a）。

几十年后，德国著名哲学家康德提出了另一种关于行星系起源的截然不同的观点，他认为行星系是太阳自身创造的，而非其他的天体。在他的设想中，早期的太阳是一团巨大的冷气团，占据了现在行星系所处的全部空间，并沿着轴线缓慢自转。这个冷气团不断地释放辐射到周围的空间，导致自身持续冷却，并逐渐开始收缩，其旋转速度也因此而增加。由旋转产生的持续增长的离心力致使组成原始太阳的气体开始变得扁平，最终沿着赤道抛出一系列气体环（图 117b）。普拉托（Plateau）在他的经典实验中实现了这种由旋转物质产生环的过程，他让一大滴油（不是原始太阳那样的气态）悬浮在另一种密度相同的液体之中，将其置入某种辅助机械设备中，使其开始快速旋转。当转速超过某个极限时，一圈"油环"开始在油滴周围形成。形成的环随后便会再破裂，分别凝聚成各颗"行星"，并在不同半径的轨道上围绕着"太阳"旋转。

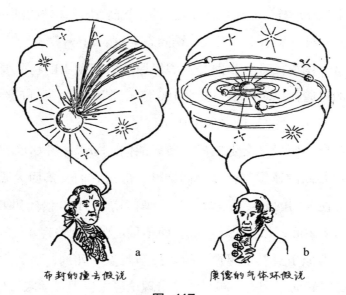

布封的撞击假说　　　　　康德的气体环假说

图 117

两种太阳系天体演化的派别。

这一观点随后被法国著名数学家拉普拉斯支持并发展，他在1796年出版的著作《对世界系统的解释》（*Exposition du syète du monde*）中描述了这一点。尽管拉普拉斯本身是一位数学巨擘，但他并未尝试用数学工具来解释这一观点，而仅仅是对这一理论进行了半通俗的定性讨论。

60年后，英国物理学家麦克斯韦（Clerk Maxwell）首次尝试用数学工具对这一观点进行解释，但他发现，康德和拉普拉斯的演化学说中存在着难以解释的矛盾：计算表明，如果现今发现的所有行星都是由均匀散布在整个太阳系空间中的物质凝聚而成的，那么当初的这些原始物质应该是广泛分散于空间中的。然而，倘若当时的这些物质真的如此分散，那么它们相互之间的引力将不足以使其凝聚成一颗颗的行星。因此，从收缩中的太阳中抛出的物质环应该会永远保持环的形态，就像土星环一样——土星环是由大量围绕着土星运转的细小粒子组成的，它们并没有显示出凝聚成一颗固态卫星的趋势。

解决这个困境的唯一出路是：假设原始太阳抛出的物质要比我们现在所见的这些行星多得多（至少100倍），其中的大部分最终落回到了太阳中，只有大约1%的物质形成了行星。

然而这样的假设又会走向另一条死胡同。如果一开始确实有这么多的物质以相同的速度与行星一同旋转，随后它们又落回太阳，那么它们应该会使太阳的旋转角速度比实际速度增大5000倍。如果真的是这样，那么太阳应该每小时转7圈，而不是现在的大约每4周转1圈。

这些思考似乎宣判了康德–拉普拉斯观点的死刑，而天文学家希冀的眼光已经转向了别处，布封的撞击理论经由美国科学家钱伯林（T. C. Chamberlin）、莫尔顿（F. R. Moulton）和英国著名科学家金斯爵士的研究再一次焕发新生。当然，随着知识水平的提高，他们对布封的原始观点进行了修正。最初认为撞击太阳的天体是彗星这一观点被否定了，因为即使与月球相比，当时所知的彗星的质量也是小到可以忽略不计的。如今，这颗"侵犯了太阳的天体"被认为是另一颗与太阳在尺寸和质量上都接近的恒星。

在当时，改进后的撞击理论成了康德－拉普拉斯假说困境的唯一出路，然而这一理论依旧难以立足。由另一颗恒星猛烈撞击太阳抛出的碎片，最终像所有行星一样以近乎圆形的轨道运行而非椭圆形，人们对此表示质疑。

为了摆脱这种困境，人们不得不进一步假设：一颗路过的恒星碰撞了太阳，行星就此诞生，此时，太阳被一团均匀旋转的气体层包裹着，这层气体促使原本椭圆形的行星轨道逐渐趋向规则的圆形。但是，行星周围的区域并不存在这样的介质，所以人们只得继续假设这层气体最终逐渐消散在了星际空间中，我们在日出前或者日落后，在太阳附近的黄道面方向看到的微弱光芒，也就是所谓黄道光，就是这些气体残留下来的部分。然而，这种由康德－拉普拉斯的太阳气体外壳假说和布封的撞击假说混合而成的理论自然是站不住脚的。不过正如俗语所言"两害相权取其轻"，行星系起源的碰撞假说也因此而被接受为正确的理论，直到最近仍出现在所有科学论文、教科书及通俗作品中，包括我自己的两本书《太阳的生与死》和《地球自传》中。

直到 1943 年秋，年轻的德国物理学家魏茨泽克（C. Weizsäcker）破解了行星起源理论的难解。他利用最新的天体物理学研究成果，成功消除了康德－拉普拉斯假说存在的疑团。顺着这条线索，我们完全可以建立起完整的行星起源理论，从而解释旧理论从未触及的关于行星系统的一些重要特征。

魏茨泽克的工作得益于近几十年天体物理学家对于宇宙中物质的化学组成有了完全不同的观念。过去大家普遍认为，太阳和其他所有恒星与地球一样，都是由相同比例的化学元素组成的。化学分析的结果告诉我们，地球主要是由氧（以各种氧化物的形式）、硅、铁和少量的其他更重的元素组成，轻元素气体，如氢和氦（以及其他所谓的稀有气体，如氖、氩等），在地球上的含量是极小的。[1]

因为缺乏更具说服力的证据，天文学家便假设在太阳和其他恒星内部这些气体的含量也很少。然而丹麦天体物理学家斯特劳姆格林（B. Stromgren）在对恒星结构进行进一步的理论研究后得出结论：上述假设完全是大错特错的，实际上在太阳的内部，至少有 35% 的物质是纯氢。随后这一估计值又提高到了 50%。此外，他还发现太阳中纯氦的占比也很高。天体物理学家对太阳内部进行了理论研究 [史瓦西（M. Schwartzschild ）[2] 最近发表的重要成果都是这个领域的最高水准]，并对太阳表面进行了详细的光谱分析，最终得出一个令人震惊的结论：地球中最常见的化学元素在太阳上只占到太阳质量的 1% 左右，其余均为氢和氦，前者的比例略高一些。显然这一结果也适用于其他恒星。

此外我们知道，星际空间不是完全真空的，而是充斥着气体和微尘的混合物，平均密度为每 1 000 000 立方英里空间 1 毫克左右，并且

[1] 氢在地球上的最主要的存在形式是与氧结合成水分子。然而大家都知道，尽管地球表面的四分之三都被水覆盖着，但地球上的水的总质量占地球整体质量的比例还是相当小的。

[2] 德国天文学家、物理学家（译注）。

这些弥散的、极其稀薄的物质显然也和太阳及其他恒星具有相同的化学组成。

　　尽管这些星际介质的密度极低，我们还是能够轻而易举地证明它们的存在，因为遥远恒星发出的光芒要跨越千百光年的路程才能进入我们的望远镜，在这个过程中，这些介质会对这些光芒选择性吸收。星际吸收线的强度和位置有助于我们更好地估计这些弥散物质的密度，同时也揭示出它们的成分——主要是氢，还包含一定量的氦。事实上，由细小粒子（直径约 0.001 毫米）组成的地球物质，只占到星际介质总质量的 1% 以下。

　　现在让我们回过头来重新看魏茨泽克理论的基本论点，我们会说"关于宇宙中物质化学组成的新知识对推进康德 – 拉普拉斯假说起到了直接作用"。实际上，如果包裹着原始太阳的气体层是由这些物质组成的，那么只有其中的很小一部分，即更重的地球物质可以被用来铸造地球和其他行星。其余部分，也就是那些无法凝聚的氢和氦，必然会因为某种原因消散——或是落回太阳，或是散逸到星际空间中。既然前一种可能性的结果，如上文所述，会导致太阳以更快的速度自转，那么我们只能接受另一种可能，也就是说，这些气态的剩余物质在地球物质形成行星后不久，就逐渐散逸到了太空中。

　　据此我们描绘出了下面的行星系形成图景。最初星际物质收缩形成我们的太阳时（参见下一部分），其中的很大一部分（大约是现存行星总质量的 100 倍），以巨大的包层的形式在太阳周围围绕、旋转（如此行为的原因明显是不同部分的星际气体以不同的旋转速度向原始太阳凝聚造成的）。这个快速旋转的包层由无法凝聚的气体（氢、氦以及其他含量更少的气体）和各种悬浮在气体中的地球物质（如铁的氧化物、硅的化合物、水滴和冰晶）的尘埃粒子构成。尘埃粒子相互撞击，像滚雪球一样逐渐聚合、变大，形成大块的地球物质，也就是我们所谓的行星。图118描绘了尘埃粒子以相当于陨石的速度相互碰撞的结果。

基于逻辑推理我们得出结论：两块质量相近的微粒以这样的速度碰撞后，应当会双双粉身碎骨（图118a），不仅不会带来质量的增加，反而会摧毁大块物质。但当一个小的微粒撞上一块比它大得多的物质时（图118b），显然它会融进后者的身体里，从而形成更大质量的物质。

很明显，这两个过程都会导致小微粒的逐渐消失和更大质量物体的逐渐积累。如此继续下去，这个过程将愈演愈烈，因为大质量物体引力更大，会吸引更多靠近它的小微粒，从而继续增大自身的质量。图118c描绘了这一景象，我们能清楚地看到大质量物体捕获的效率更大。

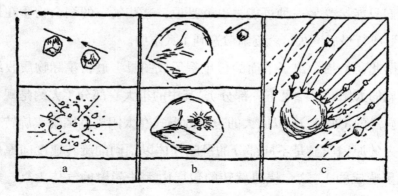

图 118

行星的距离

行星名	到太阳的距离 （以日地距为基准）	各行星到太阳的距离与前一颗 行星到太阳的距离之比
水星	0.387	—
金星	0.723	1.86
地球	1.000	1.38
火星	1.524	1.52
小行星带	约 2.700	1.77
木星	5.203	1.92
土星	9.539	1.83
天王星	19.191	2.001
海王星	30.070	1.56
冥王星	39.520	1.31

魏茨泽克成功证明了，在这个由行星系统占据的空间内，曾经分散着大量的微小尘埃，它们在几亿年的时间中逐渐积聚成大团物体，最终形成行星。

这些行星在围绕太阳运行的同时还会吸聚大大小小的宇宙物质，从而使自身得以成长，其表面也会因为新物质的持续轰炸而变得炽热。但很快，随着星际尘埃、碎石和大石块不断减少，这些行星也随之停止增长，在它们向星际空间释放辐射的同时，它们的新生行星体表层必然会快速冷却下来，形成固态的外壳。随着内部的持续冷却，这层外壳也在不断增厚，直至今日。

行星起源学说需要解决的另一个重要问题是，解释行星与太阳不同距离的特殊规律 [也就是大家熟知的提丢斯 – 波德定则（Titus-Bode rule）]。上页的表格中列出了九大行星与太阳之间的距离，同时还包括小行星带中的小天体——显然，它们是没能聚集成大天体的特殊小碎块。

土星卫星的距离

土星卫星名	与土星的距离 （以土星半径为基准）	前后两颗卫星距离间 的比率
土卫一（美马斯）	3.11	—
土卫二（恩克拉多斯）	3.99	1.28
土卫三（特提斯）	4.94	1.24
土卫四（狄俄涅）	6.33	1.28
土卫五（雷亚）	8.84	1.39
土卫六（泰坦）	20.48	2.31
土卫七（许珀里翁）	24.82	1.21
土卫八（伊阿珀托斯）	59.68	2.40
土卫九（菲比）	216.8	3.63

表格最后一列的数据有些引人注意。尽管数值上有些大小差异，但很显然，这列数字都接近 2，由此我们总结出一条大致规律：每颗行星的公转轨道半径大约是前一颗行星的 2 倍。

更有趣的是，每颗行星的卫星之间也存在着类似的规律，从上表中给出的土星的九颗卫星之间的相对距离中，我们似乎可以窥见一二。

虽然在卫星的距离之比中存在一些偏差（尤其是土卫九），但我们仍然相信卫星间也一定存在着类似的关系。

　　现在我们需要解释另一个问题，为什么围绕太阳的原始尘埃云在积聚过程中没有最终只形成一颗大行星，而是形成了几个与太阳保持着特定距离的星体呢？

　　为解答这个问题，我们需要对原始尘埃云中发生的运动进行更详尽的调查。我们首先需要记住，所有物体——无论是尘埃粒子、小流星体或是一颗大行星——都服从牛顿运动定律，在椭圆轨道上围绕着太阳运行。假设形成行星的物质曾是（比如说）直径 0.0001 厘米左右[1] 的粒子，那么当时必然有大约 10^{45} 个粒子在不同半径和偏心率的椭圆轨道上运行。显然，这样繁重的交通必然会导致大量粒子发生碰撞，其结果是，所有粒子的运动变得更加规律。事实上，这并不难理解，这些碰撞一定是要么使“交通肇事者”粉身碎骨，要么迫使尘埃粒子“迁移”到不那么拥挤的“交通道路”上去。

　　那么是什么规律在支配着这样“有组织的”，或者说至少部分是“有组织的交通”的呢？

　　为解决这一问题，首先请让我们选择一组公转周期相同的粒子，其中一些是在半径处处相等的圆形轨道上运行，其他的则是在多多少少有些扁的椭圆轨道上运行（图 119a）。现在我们来尝试在一个以太阳为轴心、与粒子的运动周期相同的旋转坐标系（X，Y）的参照下，来描述这些粒子的运动。

　　很显然，在这样一个旋转坐标系中，以圆形轨道（A）运行的粒子会完全静止在点 A' 上。粒子 B 以椭圆形轨迹围绕着太阳运行，时而靠

―――――――――

[1]　这是构成星际介质的尘埃粒子的大致尺寸。

近，时而远离。当靠近太阳时它的角速度会增大，远离时则减小，因此它有时会超越匀速旋转的坐标系 (X, Y)，有时又会滞后。不难看出，从这个坐标系的视角看，粒子 B 会划出一个蚕豆状的轨迹，在图 119 中记为 B'。而另一个粒子 C，则在偏心率更高的椭圆轨道上运行，以坐标系 (X, Y) 的视角来看，其运行轨迹类似于 B' 但范围更大，我们将其记为 C'。

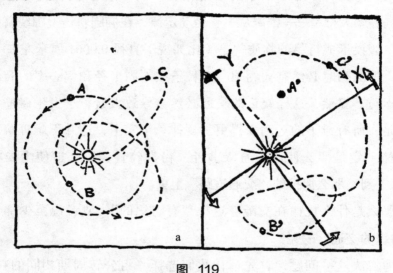

图 119

在静止坐标系（a）和旋转坐标系（b）参照下看到的圆形运动和椭圆形运动。

很明显，如果我们希望这一整群粒子永远不相互碰撞，我们就必须保证这些粒子在旋转坐标系 (X, Y) 中划出的蚕豆形状的轨迹不会相交。

另外还要记住一点，公转周期相同的粒子，它们与太阳之间的平均距离也一定相同。因此我们发现，在坐标系 (X, Y) 中，这些不相交的轨迹就仿佛环绕着太阳的一串"蚕豆项链"。

对于读者而言，上述分析可能有些难理解，但它所表述的实际上是一个很简单的过程，其目的就是向我们展示，与太阳保持相等的平均距离且因此具有相同公转周期的粒子，它们如何运行才能不相交。

在围绕太阳的原始尘埃云中，这些粒子与太阳的平均距离各不相同，对应的公转周期也不同，因此其实际情况要更加复杂。显然，其中并非只有一串"蚕豆项链"，一定存在很多旋转速度各不相同的"项链"。在对情况进行细致分析后，魏茨泽克指出，为了保持稳定性，每串"项链"应该包含 5 个独立的旋涡系统，其整体的运动图景应当如图 120 所示。这样一来就可以保证每串项链内部的"交通安全"了。然而，由于这些"项链"分别拥有不同的公转周期，所以项链和项链之间一定会不可避免地发生"交通事故"。大量的相邻粒子环在其边缘区域相互碰撞，导致物质逐渐积聚，在与太阳的特定距离上形成大块物质团，且不断增长。因此随着单串项链逐渐变得稀薄，边缘区域的物质团越积越大，最终形成行星。

上面有关行星系统形成过程的描述，简单地告诉了我们为何行星的轨道半径会遵循一定的规律。事实上，只要通过简单的几何推断就能得知，按照图 120 所示的图案，相邻"项链"的连续边界线半径构成了一个简单的几何级数，后者是前者的 2 倍。同时我们也可以看出为什么这一规律并非那么精确，因为实际上并非有什么严格的规律在决定这些粒子的运动，这一切只是尘埃粒子在进行不规律运行中表现出的一种趋势罢了。

这一规律同样适用于各大行星的卫星，这说明了卫星的形成过程和行星的形成过程大致是相同的。当太阳周围的原始尘埃云分散成一群群粒子，又最终凝聚形成行星时，同样的过程也在粒子群内部重复

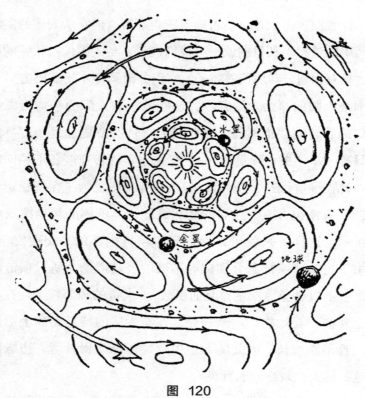

图 120

原始太阳包层中的尘埃"交通道路"。

进行：大部分物质聚集在中心形成行星，剩余的部分则环绕在其周围逐渐形成一系列的卫星。

　　谈论了许久尘埃粒子的相互碰撞和积聚成长，我们忘了介绍原始太阳包层中的那些气体发生了什么。要知道，它们可是占据了大约99% 的质量，这个问题的答案相对来说更加简单。

　　当尘埃粒子相互碰撞，形成更大质量的物体时，那些气体无法参与这个过程，于是逐渐散逸到星际空间中。经过一系列较为简单的计算，我们可以得到这一消散过程所需的时间大约是 100 000 000 年，基本上与行星成长的周期相等。因此当行星最终成形之后，组成原始太阳包层的绝大部分氢和氦必然早已逃离太阳系，只剩下很少的一部分，即上文提到的黄道光。

魏茨泽克理论的一个重要结论是，行星系统的形成并非偶然事件，几乎所有恒星在形成时都会发生这一过程。这一论述与碰撞理论的结论截然相反，后者认为行星的形成在宇宙历史中是极其罕见的现象。事实上，按照碰撞理论的计算结果，恒星发生碰撞从而产生行星系统的确是极其罕见的事件，组成银河系的恒星有 40 000 000 000 颗，而在这几十亿年的历史中，这样的碰撞事件也只发生过几起而已。

按照现在的观点，如果每颗恒星都含有一个行星系统的话，那么单是我们的银河系中，肯定就有上百万颗物理条件与地球一致的行星。如果这么多的"宜居"世界都没有诞生出生命——甚至是最高形式的生命，那真是太奇怪了。

事实上，正如我们在第九章中所见，生命的最简单形式，比如各种病毒，其实不过主要是由碳、氢、氧、氮组成的复杂分子。这些元素在新生行星表面的含量必定很高，因此我们相信，终有一天，随着固态外壳的形成，大气层中的水蒸气凝聚成降水汇集到地面，那些必要原子一定会按照次序偶然组合成分子。当然，由于这些活性分子非常复杂，所以它们偶然形成的概率极低。打个比方，这就好像我们希望仅仅通过摇晃一盒七巧板，就使它们偶然组合成正确的形状一样。

而从另一方面来说，不要忘了，那些持续碰撞的原子的数量非常庞大，而且几乎是无限期地持续碰撞，我们总能获得想要的结果。尽管看似不可能，但地壳形成之后地球上很快就出现了生命这一事实表明，复杂的有机分子确实有可能仅在几亿年的时间内就形成。一旦最简单的生命形式出现在新生行星的表面，随着繁殖和进化的逐渐进行，会有越来越复杂的生命形式出现。[1] 其他"宜居"行星上的生命演化历程是否和地球一致，这一点我们还无法言说。对不同行星上的生命的研究会让我们从根本上理解进化历程。

也许在不远的将来，我们就可以乘坐"核动力太空船"前往火星和金星（太阳系中最"宜居"的行星，仅次于地球），去研究那里可能演化出的生命。至于千百光年以外的恒星世界中是否存在生命的问题，恐怕会是科学界永恒的未解之谜了。

2. 恒星的私生活

在或多或少地了解了恒星完整的演化过程之后，我们现在可以问问自己，恒星本身是什么样的？

恒星的一生是怎样的？恒星诞生的具体过程是怎样的，在它漫长的生命中发生了怎样的变化，它的最终结局又将如何？

我们可以先从我们自己的太阳开始研究这一系列问题，毕竟它是组成银河系的千亿颗恒星中一位极具代表性的成员。首先我们知道，太阳并不年轻，因为根据古生物学的数据，它已经持续、稳定地燃烧了几十亿年了，它支持着地球上的生命繁衍生息。

没有任何一种普通能源能够支持如此长时间的能量释放，太阳辐射成了科学界最让人困扰的问题之一，直到元素的放射性嬗变和人工嬗变的发现，向我们揭示了潜藏在原子核深处的无比巨大的能量。我

---

[1] 关于我们星球上的生命的起源和演化更为详细的讨论可以参考作者的另一本书《地球自传》（纽约维京出版社，初版印于 1941 年，修订版印于 1959 年）。

们已经在第七章中看到，基本上任何一种化学元素都可以视作潜在的、能提供巨大能量的"炼金术燃料"，当这些物质被加热到上百万度的温度时，这种巨大的能量就会被释放出来。我们在地面实验室里根本无法达到如此高的温度，不过，这种程度的高温在恒星世界里倒是极其常见。比如太阳，虽然其表面温度只有约 6 000℃，但越是向内温度就会越高，到达太阳核心时，温度已经达到了惊人的 20 000 000℃。根据观测到的太阳表面的温度和已知的组成太阳的气体的导热性能，想要算出这一数据并不困难。同样的，我们也可以在不切开的情况下，计算出一块煮熟的土豆的内部温度，只要我们知道其表面温度和组成物质的导热性能即可。

结合有关太阳核心温度的数据和已知的各种核嬗变的反应速率，我们可以得知太阳内部的能量具体来自哪一种核反应。这一重要的核反应过程名为碳循环，由两位对天体物理问题很感兴趣的核物理学家贝特（H. Bethe）和魏茨泽克同时发现。

太阳释放的能量不仅仅局限于单个核嬗变过程，而是包含了一整条相互关联的热核反应序列，换句话说，就是反应链。对于这一系列反应，最有意思的一点是，它是一条闭合的环形链，每经历 6 个步骤便返回一次起点。图 121 简述了太阳反应链的过程，我们看到在这一序列中，主要参与者是碳原子核、氮原子核及与它们相碰撞的热质子。[1]

---

[1] 我们现在称这一核反应序列为碳氮氧循环（CNO cycle），它实际上发生在太阳质量恒星演化的晚期阶段，而现在太阳内部正在进行的核反应主要是氢燃烧形成氦的过程。另外，恒星物理中通常把核聚变过程称为"燃烧"，因此要注意将其与日常生活中燃烧区分开（译注）。

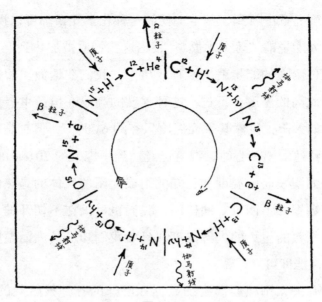

图 121

为太阳提供能量的核反应链。

我们不妨从普通的碳原子（C^{12}）开始。可以看到，它在与一个质子碰撞后，形成了氮的一种轻同位素（N^{13}），并以伽马射线的形式释放了一些亚原子能量。这一特定的反应对于核物理学家而言是相当熟悉的，他们在实验室环境下，使用人工加速的高能质子也能实现这一反应。N^{13} 的原子核处于不稳定态，因而会释放一个正电子（或者说正 β 粒子）来调节，变为碳的稳定重同位素（C^{13}），在普通的煤中就能找到少量的这种同位素。在被另一个热质子撞击之后，这个碳的同位素变为普通的氮（N^{14}），同时释放高能伽马射线。现在，N^{14}（我们的这一系列描述正是从这里开始的）的原子核又与一个（第三个）热质子碰撞，产生不稳定的氧同位素（O^{15}），随后很快释放正电子变为稳定的 N^{15}。最终 N^{15} 再接受第四个质子的碰撞，分裂成两个不同的部分：一

个是 C^{12}，也就是回到了起点；另一个是氦原子核，或称 α 粒子。

因此我们看到，在环形链中，碳原子和氮原子是不断再生的，用化学家的话来说就是催化剂。反应链的直接结果就是，先后参与反应的 4 个质子变成了 1 个氦原子核，因而我们可以将整个过程描述为：高温下，由碳和氮催化的氢向氦的嬗变过程。

贝特证明了，在 20 000 000℃的高温下，这样的反应链释放的能量与太阳辐射出的实际能量相同。既然其他所有可能的反应都与现有的天体物理证据不符，那么碳－氮循环就必然是太阳辐射能量的主要来源。另外需要注意的是，以太阳内部的温度，要完成图 121 中显示的整个循环需要约 500 万年的时间，因此在每个循环结束时，初始的碳原子（或者氮原子）都会以全新的姿态再一次进入下一个循环中。

鉴于碳在这个过程中所担任的基础角色，曾出现过一种原始的看法，认为太阳的热量来自煤。只是我们现在知道，太阳中所谓的"煤"，并非传统意义上的燃料，而是扮演着神话中浴火重生的凤凰这一角色。

值得注意的是，太阳中这种产能反应的速率是由它核心区域的温度和密度决定的，当然，也部分依赖于形成太阳的物质中氢、碳和氮的含量。由此我们可以立刻提出一种方法，通过调整反应物的配比，使其与观测到的太阳光度相符，从而分析出太阳中气体的成分。不久前，史瓦西就利用这一方法进行了计算，结果发现太阳中超过一半的物质是纯氢，纯氦的比例略少于一半，其他所有元素只占极小一部分。

我们对太阳能量来源的解释也可以很容易类推到大多数恒星上，最后得出的结论是：不同质量的恒星具有不同的核心温度，因而产能的速率也不尽相同。因此，质量只有太阳质量 $\frac{1}{5}$ 的恒星波江座 40C，它发出的光的强度也约只有太阳强度 1%；而重达 2.5 倍太阳质量的大

犬座 α（俗称天狼星），其发出的光的强度则是太阳的 40 倍。此外还有巨星，如质量是太阳的 40 倍的天鹅座 Y380，其亮度比太阳高数十万倍。在上述所有的例子中，恒星质量与光度的关系都可以理所当然地总结为，在更高的核心温度下，碳循环的反应速率也更高。顺着这条主序恒星序列我们还发现，随着恒星质量增大，恒星的半径也在增加（从波江座 40C 的 0.43 倍太阳半径到天鹅座 Y380 的 29 倍太阳半径），而平均密度则在减少（波江座 40C 的密度是 2.5，太阳的密度是 1.4，天鹅座 Y380 的密度是 0.002）。图 122 中罗列了这几颗主序星的数据。

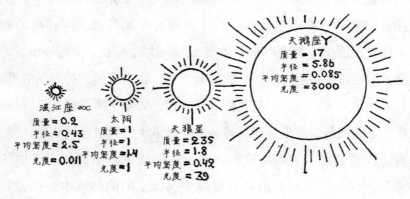

图 122

主序星。

　　除了这些由质量决定半径、密度和光度的"正常"恒星外，天文学家还在夜空中发现了一些全然不服从这一规律的恒星类型。

　　首先是那些被称为红巨星和超巨星的恒星，尽管它们拥有与"正常"恒星相同的质量和光度，但它们的尺寸却大得多。图 123 展示了一些这种反常的恒星，包括大家熟知的五车二、室宿二、毕宿五、参宿四、帝座和柱一（御夫座 ε）。

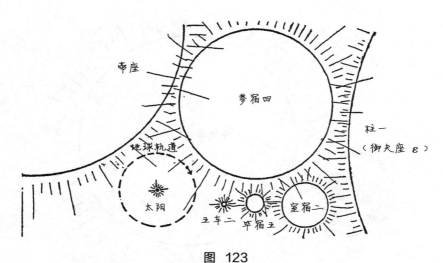

图 123

巨星和超巨星与太阳系的尺寸对比。

我们目前还无法解释导致这些恒星膨胀到如此巨大尺寸的内部力量是什么，这种神秘力量使得它们的平均密度远小于普通恒星。

与这些"浮肿"恒星的情况相反，我们还发现了另一种直径收缩到很小的恒星，其中一种被称为白矮星[1]，图 124 显示了它和地球在尺寸上的对比。"天狼伴星"几乎与太阳质量相等，但它的体积只是地球的 3 倍，这意味着它的平均密度是水的 500 000 倍！毫无疑问的是，白矮星是恒星演化的晚期阶段，此时恒星已经耗尽了其内部所有可用的氢燃料。

如上文所说，恒星的生命源泉是氢缓慢嬗变成氦的"炼金术"反应。而一颗刚从弥散的星际介质中凝聚而成的年轻恒星，其内部氢的占比超过

---

[1] 红巨星和白矮星的说法来自它们的表面与光度的关系。密度低的恒星表面积大，其内部产生的能量辐射到表面后温度较低，因而显示出红色。反之密度高的恒星其表面温度就会很高，呈现一种白热的状态。

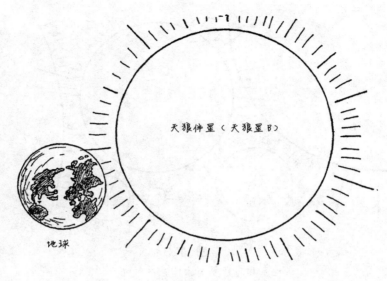

图 124

白矮星与地球相比。

总质量的 50%，由此我们可以想见它的一生将会是多么漫长。比如太阳，我们根据观测到的太阳亮度，计算出它每秒会消耗 6.6 亿吨氢，而太阳的总质量是 2×10^{27} 吨，其中有一半是氢，由此我们可以得出，太阳的一生大约有 15×10^{18} 秒，也就是大约 500 亿年！要知道，我们现在的太阳只有 30 亿到 40 亿岁，[1] 还正年轻，它将以现在的强度继续闪耀数十亿年。[2]

更重的，也就是更明亮的恒星，其消耗氢的速率更快。例如，天

---

[1] 根据魏茨泽克的理论，太阳形成的时间一定不会比行星系形成的时间早太多，并且现今估计的地球的年龄也是这样的量级。

[2] 当今天文学界认为，太阳的年龄约为 50 亿年，总寿命为 100 亿年，因此太阳目前正处于中年阶段。而且根据太阳的内部模型，太阳在之后的主序阶段光度会缓慢增强（译注）。

狼星的质量是太阳质量的 2.3 倍，因而其内部氢燃料的含量是原始太阳的 2.3 倍，光度是太阳的 39 倍。也就是说，在相同时间内，天狼星消耗燃料的量是太阳的 39 倍，而它的燃料储量却只是太阳的 2.3 倍，因此，天狼星只需要 30 亿年就会耗尽全部的氢。而更亮的恒星，例如天鹅座 Y（质量是太阳的 17 倍，光度是 30 000 倍），它的氢储备量则只能支持它燃烧不超过 1 亿年。

那么，当氢燃料耗尽后，恒星会发生什么呢？

显然，当支撑着恒星漫长生命的核能源耗尽时，恒星会开始收缩，并且密度越来越大。

通过天文观测，科学家揭示出了大量的这种"收缩恒星"的存在，它们的平均密度是水的几十万倍。这些恒星依旧十分炽热，极高的表面温度使它们闪耀着耀眼的白光，与主序恒星中普通的黄色或红色恒星差异明显。但因为这些恒星尺寸很小，所以它们的总光度也相应较小，只有太阳的数千分之一。天文学家将这种恒星演化的晚年阶段称为白矮星，"矮星"既是指它们的尺寸也是指它们的光度。随着时间流逝，白矮星的炽热白色星体会逐渐失去光芒，最终变为黑矮星，普通的天文观测很难看到这种大块的寒冷物质。

然而需要注意的是，耗尽了全部的氢燃料的年老恒星在收缩和逐渐冷却的过程中并非一直是安静和平稳的，这些垂死的恒星在生命的"最后一英里"蹒跚时，经常会发生极大的突变，仿佛在反抗自己的命运一样。

这些灾变事件，即所谓的新星和超新星爆发，是恒星研究中最令人振奋的话题之一。不过几天的时间，一颗曾与天空中其他恒星没什么两样的星体就会突然增亮几十万倍，它的表面温度也随之显著升高。随着亮度的突然提升，恒星的光谱也随之发生变化，科学家经过研究指出，在这一过程中，星体在迅速膨胀，它的外层以大约 2 000 千米每秒的速度在扩展。然而光度的增加只是暂时的，在达到一定程度之后，恒星便开始慢慢稳定下来。爆发后的恒星通常需要大约一年的时间才能恢复到原先的亮度水平，不过在这之后很长一段时间里，我们仍能观测到恒星辐射的微小变化。虽然恒星的亮度回到了正常水平，但这并不代表恒星的其他性质也与之前相同，一部分在爆发阶段快速膨胀的恒星大气仍会继续向外运动，使整颗恒星被包围在一层直径逐渐增大的明亮气体外壳中。目前我们还缺乏能够证明恒星的性质发生了永久变化的确切证据，因为在爆发前被我们拍摄到光谱的恒星只有一例（1918 年的御夫座新星）。而且这张光谱照片上的信息也很不完备，无法帮我们确定恒星在爆发之前的表面温度和半径。

不过，我们可以直接观测所谓的超新星爆发，从而获得更准确的有关恒星爆发结果的信息。在银河系中，这种巨大的恒星爆发每几个世纪才发生一次（相比之下，常规的新星以每年约 40 个的速度发生），它们的亮度更是比普通新星高数千倍。在亮度极大时，这种恒星爆发释放的光甚至可以和整个星系的总亮度相比。1572 年第谷·布拉赫观测到的能够在白天看到的恒星和 1054 年中国天文学家记录的"客星"，都是发生在银河系的超新星的典型代表，可能还包括伯利恒之星。

1885 年，科学家观测到第一颗银河系外的超新星，发生在临近的仙女座大星云中，它的亮度比我们在银河系中观测到的任何新星都高 1 000 倍。尽管这种大爆发相对罕见，但近些年来对它们性质的研究已经取得可观的进展，这要归功于巴德和茨威基（Zwicky）的观测，是他们最先辨别出了两种爆发的巨大差异，并开始对遥远星系中出现的超新星进行系统性的研究。

尽管超新星爆发和普通新星之间的亮度相差巨大，但它们都显示出了相似的特性：两者在亮度上的快速增长及随后表现出的持续、缓慢的下降，都基本满足同一条光变曲线（只是比例不同）。如同普通的新星一样，超新星爆发也会产生快速膨胀的气体外壳，只是质量更大。实际上，新星抛射出的气体外壳会逐渐变得稀薄，并很快消散在周围的空间中，而超新星释放的气体则会在周围形成明亮的星云。比如位于 1054 年超新星爆发位置上的蟹状星云，就是由爆发抛射出的气体形成的（见附录图版Ⅷ）。

我们还找到了这个超新星爆发后残存的星体。事实上，我们在蟹状星云的最中心位置发现了一颗暗弱的恒星，根据观测到的性质，它应当被归类为一颗密度极大的白矮星。[1]

所有的这些都表明，超新星爆发的物理过程应当与普通的新星类似，只是规模更大。

在接受新星和超新星的坍缩理论之前，我们首先要问问自己，使整颗恒星快速收缩的机制会是什么？如今我们已经完全了解，恒星是处于平衡状态的大质量高温气体，由内部的炽热物质产生的高压维持着外观形状。随着上文所述的碳循环在恒星核心进行，恒星表面辐射的能量将会由内部产生的亚原子能量补充，恒星的状态几乎不会发生任何改变。但随着氢被耗尽，恒星缺乏内部亚原子能量的支持，必然会开始收缩，从而将重力势能转化为辐射。不过因为恒星物质的不透

[1] 根据当前的观测和分析，1054 年爆发的这颗超新星的残骸是一颗中子星。1932 年中子被查德威克发现，随后朗道提出中子星存在的可能。1934 年，巴德和茨威基提出超新星爆发可能会产生中子星，上文中也提到了他们的工作。但直到 1967 年，乔瑟琳·贝尔观测到脉冲星后，中子星的存在才被正式确认（译注）。

明度（即物质的传导率）极低，热量从内部传导到表面的速度很慢，所以引力收缩的过程也会很缓慢。以太阳为例，它需要花上超过1 000万年的时间才能收缩到现今半径尺寸的一半。任何加快收缩速度的企图都会释放出额外的重力势能，这又会升高太阳内部的温度和压力，从而减缓收缩的速度。从上述过程我们可以推断，使恒星收缩的速度变得同新星和超新星坍缩的速度一样快的唯一办法，是通过某些机制消除收缩过程中恒星内部释放的一部分能量。比如说，如果将恒星物质的不透明度降低至几十亿分之一，恒星收缩的速度也会随之加快相同的倒数倍，这样不出几天，恒星就会完成坍缩。但这一可能性很快被排除了，因为现有的辐射理论清晰地指出，恒星物质的不透明度显然是密度和温度的函数，哪怕只是使其降低十分之一或百分之一都是不可能的。

本书作者和他的同事沈伯格（Schenberg）最近提出了一种观点，他们认为恒星坍缩的真正原因是中微子的大规模生成，我们曾在第七章中详细讨论过这种微小的核粒子。我们清楚地知道，中微子是移除收缩恒星内部过剩能量的不二之选，因为星体对于它而言就如玻璃窗之于光线，是透明的。现在的问题是，收缩恒星的内部是否产生了中微子，如果产生了，那么这些中微子的数量又是否多到能够带走大量的能量呢？

许多元素的原子核在捕获高速电子时，都伴随着中微子的释放。当高速电子进入原子核后，高能中微子便会被立即释放出来，同时，原子核因接受了电子而变为原子量相同的另一种不稳定原子核，并且这个新生成的不稳定原子核只会存在很短的时间，随后便开始发生衰变，释放电子和另一个中微子。最后整个过程重新开始循环，带来新一轮的中微子辐射（图125）……

如果温度和密度都足够高，就像收缩恒星内部那样，那么中微子将带走极其多的能量。例如在铁原子捕获和释放电子的过程中，经由中微子转化的能量就足有 10^{11} 尔格 [1]/（克·秒）$^{-1}$。如果将铁换成氧（不稳定产物是衰变周期为 9 秒的放射性氮），那么恒星中的物质每秒失去的能量将多达 10^{17} 尔格 / 克。正因为氧原子的能量散失量如此之大，所以恒星完全坍缩只需 25 分钟。

由此我们发现，收缩恒星的炽热核心区域会辐射中微子这一说法，完全解释了恒星坍缩这一过程。

但有一点必须说明，尽管中微子耗散能量的速率可以轻易地估计出来，但对探索过程本身的研究还是面临着许多数学难点，因此我们现在只能给出定性的解释。

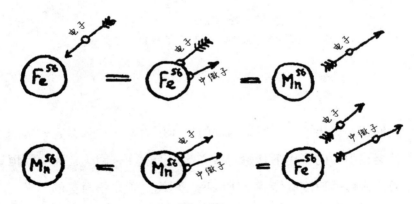

图 125

铁原子核中的乌卡过程（Urea process）[2] 导致中微子无限制地生成。

---

[1] 尔格是 1 达因的力使物体在力的方向上移动 1 厘米所做的功。1 尔格 $=10^{-7}$ 焦耳（译注）。

[2] 在天体物理学中，乌卡过程是发出中微子并被假定参与中子星和白矮星冷却过程的反应（译注）。

图 126

超新星爆发的早期和后期阶段。

我们不妨设想一下，恒星内部的气体压力减小，那么它外部的巨大质量就会在引力的作用下开始向核心落下。然而，因为任何一颗恒星都在以或快或慢的速度旋转着，所以这一坍缩过程是不对称的，极区质量（即自转轴附近的物质）会率先下落，从而将赤道质量向外推（图 126）。

这一过程将原本深藏在恒星内部的物质带出，并将其加热到几十亿度的高温，这样的温度会使恒星的光度骤然上升。随着过程的继续进行，恒星坍缩的物质凝聚在核心，形成了密度极大的白矮星，而被抛出去的质量最终会冷却，并继续扩散，形成类似于蟹状星云的弥散结构（所谓的超新星遗迹）。

3. 原始的混沌和膨胀的宇宙

如果将宇宙视为一个整体，我们立刻会想到一个关键问题——它是否会随着时间而演化。宇宙是否永恒不变，一直处于我们现在所观测到的状态呢？还是说宇宙一直在持续地变化着，经历了不同的演化阶段？

对此，基于各个科学收集、积累的信息，我们得到一个确切的答案：是的，宇宙一直在改变，它在很久以前的状态、如今的状态及它在遥远的未来将达到的状态，都是完全不同的。

并且，各个科学收集到的诸多事实进一步指出，我们的宇宙拥有一个明确的开始，它是在经过了持续的演化之后，才变为如今的状态的。如上文所言，我们的太阳系的年龄大约为几十亿年，这个数字在几个独立的问题中都已被证实。月球显然曾是地球的一部分，它是被强大的太阳引力撕扯下来的，这一事件也发生在数十亿年前。[1]

对恒星演化的研究（参见前面的部分）表明，我们如今能够在夜空中看到的绝大多数恒星，都已经有几十亿岁了。对恒星运动的普遍研究，尤其是对双星系统、三星系统及更复杂的恒星群体的相对运动的研究，将天文学家引向了这样的结论：这些星星存在的时间不会超过几十亿年。

宇宙中大量存在的各种化学元素会缓慢衰变，尤其是逐渐衰变的放射性元素，如钍和铀，这一事实从另一个角度为我们提供了证据。

---

[1] 关于月球的起源有多种假说，例如撞击说、分裂说等。但是文中关于太阳引力扯下地球的一块的假说并没有科学依据（译注）。

在经历了不断的衰变后，如果这些元素仍出现在宇宙中，我们就只能假设，要么是轻原子核至今仍在持续地产生这些元素，要么它们就是来自远古的遗留物。

基于有关核嬗变的现有知识，我们不得不放弃第一种可能性，因为即便是在最热的恒星内部，温度也从未高到足以"炮制"出重元素原子核的极高程度。事实上，我们在前面的部分已看到，恒星内部的温度为几千万度，而要想从轻元素中"炮制"出放射性原子核，所需的温度是几十亿度。

因此我们必须假设，重元素原子核是在宇宙演化过程中的某个阶段形成的，并且在那个特定的阶段，所有物质的温度都会达到令人生畏的高度，压力也是如此。

我们同样也能估计出宇宙的这一"炼狱"时期大致是在多久之前。我们知道，钍和铀 −238 的半衰期分别是 180 亿年和 45 亿年，它们之所以还没有开始大量衰变，是因为它们现有的含量和其他稳定的重元素一样多。另外，铀 −235 半衰期大约只有 5 亿年，含量是铀 −238 的 $\frac{1}{140}$。现今铀 −238 和钍的大量存在表明，这些元素一定是在几十亿年之内生成的，而铀 −235 的含量相对较少，因此我们能给出更准确的估计。事实上，如果这种元素的含量每 5 亿年减少一次，那么要经过大约 7 个这样的周期，也就是 35 亿年，它的含量才会减少为原来的 $\frac{1}{140}$（因为 $0.5 \times 0.5 \times 0.5 \times 0.5 \times 0.5 \times 0.5 \times 0.5 = \frac{1}{128}$）。

利用核物理数据估算出的化学元素的年龄，与利用纯粹天文学数据估计出的行星、恒星及星群的年龄，两者完美契合！

但是，在万物刚开始诞生的那个时期，宇宙又是处于怎样的状态呢？时至今日，宇宙又发生了怎样的变化呢？

通过研究宇宙膨胀的现象，我们能够得出上述问题最完整的解答。在上一章中我们知道，宇宙的广阔空间中充斥着大量的庞大星系，我们的太阳只是其中的一个名为银河系的星系中上千亿颗恒星的一员。我们也知道，在目力所及（当然，是借助了 200 英寸的望远镜的情况下）的范围内，这些星系基本上是均匀散布在空间中的。

威尔逊山天文台的天文学家哈勃在研究这些遥远星系的光谱时注意到，它们的谱线都会向光谱的红端轻微移动，越遥远的星系，这个所谓的红移就越显著。事实上，哈勃发现，不同星系的红移量与它们的距离是成正比的。

解释这一现象最自然的思路是设想所有星系都在远离我们，距离越远，远离的速度越快。这一假设是基于所谓的多普勒效应：一个正在靠近我们的物体发出的光偏向光谱的紫端，而远离我们的物体发出的光偏向光谱的红端。当然，只有当光源与观测者的相对速度足够大时，我们才能观察到明显的偏移。一次，伍德教授（R. W. Wood）在巴尔的摩因为闯红灯而被捕，他告诉法官，因为多普勒效应，所以当他驾车靠近红绿灯时，看到的灯的颜色是偏向绿色的。当然他只是在愚弄法官而已。如果法官多了解一些物理知识，他就会要求伍德教授计算出为使红灯变绿灯他驾驶的速度应该是多少，这样法官就能够以超速为由处罚他了！

回到星系红移的问题，乍看之下，这一现象似乎不太合乎逻辑。宇宙中所有的星系都在逃离银河系，难道银河系是一个星系级的弗兰肯斯坦怪物不成？如果这是真的，那么我们的银河系究竟拥有怎样的恐怖性质？它为什么不受其他星系欢迎呢？不过只要你多考虑一下，你就会意识到，并非银河系本身有什么不对，事实上，准确来说不是其他星系在远离银河系，而是所有星系都在相互远离。你可以想象一个表面涂有一个个圆点图案的气球（图127），当你吹胀它时，它的表面会拉伸得越来越大，而各个点之间的距离也会随之增加，从其中任何一个点的视角来看，其他的所有点都在"逃离"它。并且，在膨胀的气球上，不同点远离的速度也与它和参照点之间的距离成正比。

这个例子很清楚地说明，哈勃观测到的星系退行现象与我们的银河系的特殊性质或位置没有任何关系，简单来讲，这是散布在宇宙空间中的星系整体膨胀的结果。

通过观测到的膨胀速度及目前我们与邻近星系之间的距离，我们

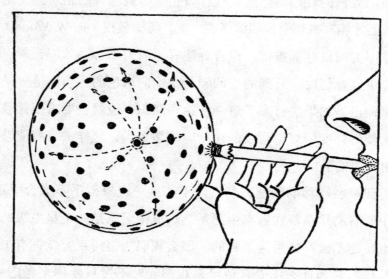

图 127

气球膨胀时，气球表面的点在互相远离。

可以轻易算出，这场膨胀至少开始于 50 亿年前。[1]

在此之前，我们现在所说的星系，其实只是一团均匀分散在整个宇宙空间中的恒星云，如果更早一些，恒星本身也被紧紧地挤压在一起，与连续分布的热气体充斥着整个宇宙。时间再向前推移，我们发现气体的密度更大也更加炽热，这个阶段显然是各种化学元素（尤其是放射性元素）生成的时刻。再向前追溯，我们会发现整个宇宙的物质都被挤压成一种密度极大的超高温的核流体状态，就像第七章所描述的那样。

现在我们可以将这些观测结果整理出来，依照顺序来看一看在宇宙的演化过程中，都有哪些里程碑事件。

故事是从宇宙的胚胎时期开始的，此时，我们在威尔逊山天文台望远镜的极限视野下能看到的、如今分散在整个太空中的物质，都被压缩在一个大约只有 8 倍太阳半径[2]的球里。然而，这个极其致密的状态并未持续多久，因为快速膨胀使得宇宙的密度在最初的 2 秒内下降到只有水的密度的几百万倍，数小时后，这一密度更是下降到与水的密度相等。差不多与此同时，原本连续的气体破碎成了一个个独立的气体团，也就是如今的恒星的雏形。这些恒星受持续膨胀的影响而相

---

[1]　根据哈勃的原始数据，两个邻近星系间的平均距离大约是 170 万光年（或 1.6×10^{19} 千米），而它们互相远离的速度大约是 300 千米每秒。假设膨胀速率是均匀的，我们可以得出膨胀的时间是 $\frac{1.6 \times 10^{19}}{300} = 5 \times 10^{16}$ 秒 $= 1.8 \times 10^9$ 年。而最近的信息表明，这一时间要更长一些。

[2]　因为核流体的密度是 10^{14} 克每立方厘米，而现今宇宙中物质的平均密度是 10^{-80} 克每立方厘米，线性收缩率等于 $\sqrt[3]{\frac{10^{14}}{10^{-30}}} \approx 5 \times 10^{14}$。因此，现今的 5×10^8 光年，在当时只有 $\frac{5 \times 10^8}{5 \times 10^{14}} = 10^{-6}$ 光年 $= 10\,000\,000$ 千米。

互远离，随后破碎成一个个独立的恒星云，最终形成我们所说的星系，并继续互相远离，走向宇宙的未知深处。

现在我们或许会问，是何种力量导致了宇宙的膨胀，而这种膨胀会不会在某一日停止，甚至转变为收缩呢？膨胀的宇宙是否存在"浪子回头"的可能，将我们的银河系、太阳、地球及地球上的每一个人类都压回到致密的核流体状态呢？

根据现有的最权威的信息，这件事永远不会发生。很久以前，在宇宙演化的早期阶段，膨胀的宇宙冲破了一切束缚，以简单的惯性定律永不停歇地膨胀下去。这一束缚就是引力，它阻止宇宙中的物质四向分散。

举一个简单的例子来说明。假设我们从地表向行星际空间发射一枚火箭，当然，我们知道尚不存在这样的火箭，即使是著名的 V2 火箭也没有足够的推进力逃逸至自由空间 [1]，它们在上升的过程中总是受到引力的束缚，最终被拉回地球。不过，如果我们能够推动火箭，使其以 11 千米每秒的起始速度发射（随着原子动力火箭的发展，我们终将达成这一目标），那么它就能够挣脱地球引力的拉扯，最终逃入自由空间，那时的它将会无拘无束地持续前进。11 千米每秒的速度也因此被称为逃脱地球引力的"逃逸速度"。

---

[1] V2 火箭是纳粹德国在二战后期研制的一种导弹，是人类发明的第一种弹道导弹，也是后来的运载火箭和远程弹道导弹的先驱。它能够抵达近 100 千米的高度，是一种亚轨道飞行器。其主设计师冯·布劳恩后来投靠美国，研制了土星 5 号等著名的火箭。作者写作本书时尚未有能达到轨道高度的火箭，直到 1957 年苏联才成功发射了人类历史上第一颗人造卫星斯普特尼克 1 号，而能够脱离地球引力的载荷，在本书首次出版时也还未出现（译注）。

现在我们来想象一枚在空中爆炸的炮弹，它的碎片分散向各处（图 128a）。是爆炸产生的推力抵挡住了试图将碎片聚集在一起的引力，抛射出的碎片才会四向飞散的。不用说，这种情况下炮弹碎片之间的相互引力是微乎其微的，完全无法阻止碎片互相分散的运动。倘若这个力能更强一些，它就有能力阻止这些碎片飞散，迫使它们落向共同的引力中心了（图 128b）。也就是说，这些碎片是会回落还是会飞向远处，是由它们运动的动能与相互之间的引力势能的相对大小决定的。

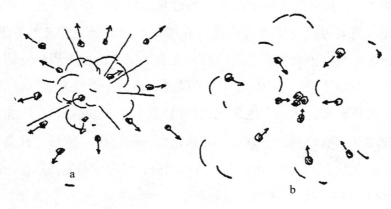

图 128

把炮弹碎片替换为一个个的星系，你就会得到前文所述的膨胀宇宙的景象了。唯一不同的是，宇宙中单个碎片星系的质量极大，引力势能能否大于动能就显得很重要了，[1] 因此，宇宙膨胀的未来会如何，我们必须仔细研究涉及的两个量之间的关系，才能知晓膨胀宇宙的未来。

---

[1] 运动物体的动能与其质量成正比，而相互之间的引力势能与质量的平方成正比。

依据现今有关星系质量最确切的数据，似乎目前使星系后退的动能要比它们相互之间的引力势能高出几倍，由此可知，我们的宇宙会一直膨胀下去，不存在被引力重新拉回的可能。不过要知道，我们目前掌握的关于整个宇宙的大部分数据都不是完全精确的，未来的研究很有可能会推翻这一结论。但就算膨胀的宇宙突然停下它的脚步，浪子回头，开始往回挤压，距离黑人诗歌里预言的"当群星坠落时"，我们被坍缩星系的千钧重量压得喘不过气来的糟糕时刻，还有几十亿年呢！

那么，是何种高爆物质让宇宙的碎片以如此之恐怖的速度四散而飞的呢？答案可能有些令人沮丧：或许并不存在通常意义上的爆炸。宇宙现在之所以仍在膨胀，是因为在之前的某个阶段（当然一切记录都已经消失殆尽了），它从无限大的尺度收缩为一个极其致密的状态，随后又重新扩张，从而产生了强大的内在弹力。这就好像，当你走进一间游戏室，刚好看到一只乒乓球从地面飞向空中，你马上就会得出结论（甚至不必多想）：在你进入房间之前，这个球必定是从某一高度落到地面，随后又因弹力而再度跳起。

现在我们可以尽情地放飞想象力，越过一切限制，扪心自问，当宇宙处于大挤压阶段时，现在所发生的所有事情是不是就会逆转？

当80亿或者100亿年前的你读这本书时，会从最后一页开始翻到第一页吗？那时的人们会不会从嘴里吐出炸鸡，并在厨房中赋予它们生命，再将它们送到农场，使它们从成年变为新生的雏鸡，最终爬回蛋壳中，几周之后变为新鲜的鸡蛋？有意思的是，这些问题我们无法从纯粹的科学角度回答，因为当宇宙挤压到最大程度时，一切物质将被压缩为均匀的核流体，此时过去的一切记录都将被抹去。

附录图版

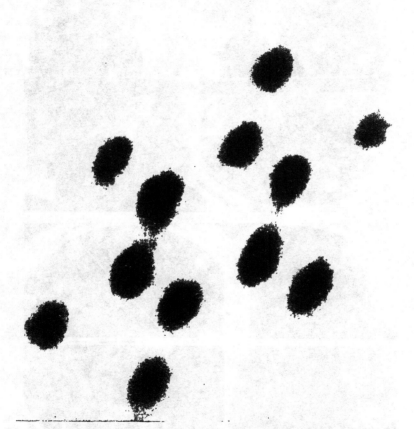

（伊士曼柯达实验室，M.L.赫金斯博士提供）

图版 I 放大了175 000 000倍的六甲苯分子照片

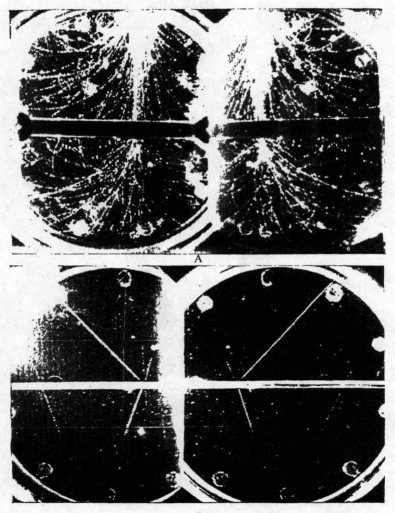

A

B （加州理工学院，卡尔·安德森摄）

图版 Ⅱ

A 起源于云室的外壁和中间的铅板的宇宙线簇射。正电子和负电子
  在磁场的作用下向相反的方向偏转。

B 由宇宙线粒子造成的原子核蜕变。

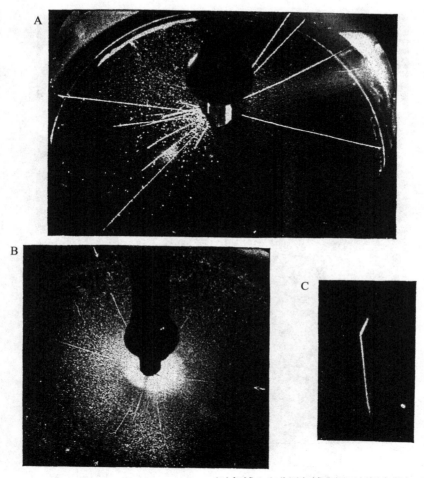

（迪伊博士和非泽尔博士摄于剑桥大学）

图版　Ⅲ

A 充有重氢气体的云室中，一颗高速氘核轰击另一颗氘核，得到氚核和一个普通的氢原子核（$_1D^2+_1D^2 \rightarrow _1T^3+_1H^1$）。

B 一颗高速质子轰击硼核，将其分裂成三个相同的部分（$_5B^{11}+_1H^1 \rightarrow 3_2He^4$）。

C 一颗来自左侧的无法看到的中子击碎氮原子核，将其变为硼核（向上的轨迹）和一颗氦核（向下的轨迹），（$_7N^{14}+_0n^1 \rightarrow _5B^{11}+_2He^4$）。

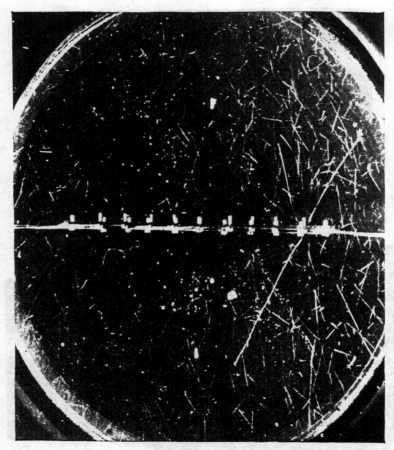

（T.K.包基尔德、K.T.布罗斯多姆和汤姆·劳里森摄于
哥本哈根理论物理研究所）

图版 IV

　　一幅显示了铀原子核在云室中裂变的图像。一颗中子（当然在图中是看不出的）击中横放在云室中央的薄铀箔中的一个铀核。两道轨迹分别对应裂变后的两个碎片飞出的方向，同时分别携带了约100MeV 的能量。

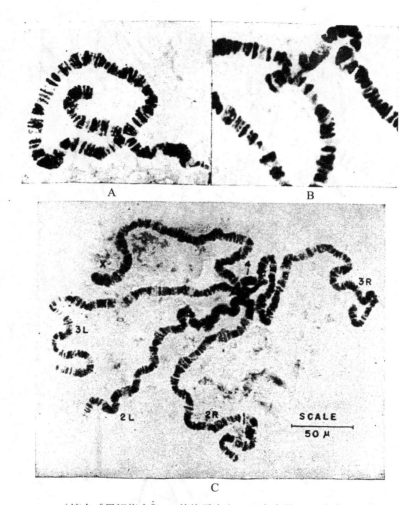

A B

C

（摘自《果蝇指南》，M. 德梅雷克和 B. P. 考夫曼 1945 年著，华盛顿，
华盛顿卡内基基金会。经德梅雷克先生许可使用）

图版 V

A、B 黑腹果蝇唾液腺染色体的显微照片，显示出反转和相互易位。
C 黑腹果蝇雌性幼体的显微照片。一对 X 染色体并排紧密配对；2L
和 2R 是第二对相互配对的染色体，3L 和 3R 是第三对，4 是第四对。

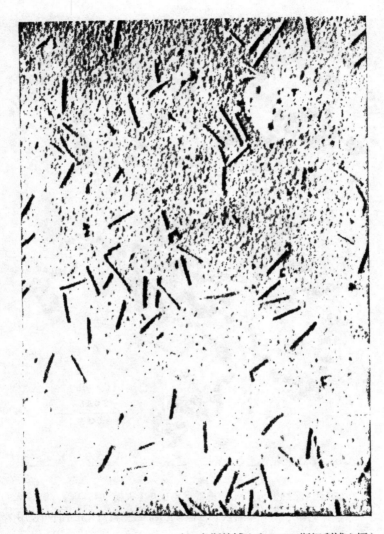

（G. 奥斯特博士和 W. M. 斯坦利博士摄）

图版 Ⅵ

活分子？这是放大了 34 800 倍的烟草花叶病毒粒子。这幅图像是用电子显微镜的方法拍摄的。

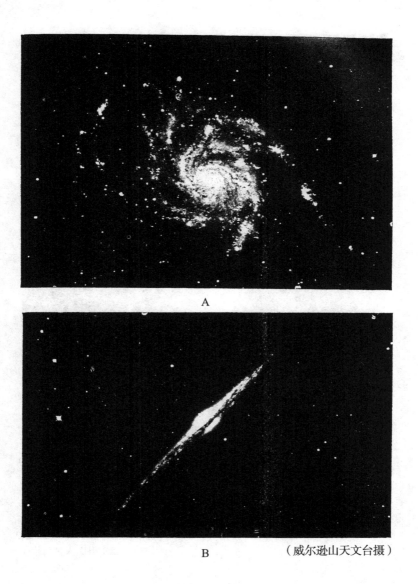

A

B　　　　　　　　　（威尔逊山天文台摄）

图版 Ⅶ

A 大熊座中的旋涡星云，是遥远宇宙中的一座孤岛。
B 后发座中的旋涡星云，是遥远宇宙中的另一座孤岛。

（巴德于威尔逊山天文台摄）

图版 Ⅷ

蟹状星云。1054 年被中国天文学家观测到的超新星爆发中抛出的膨胀气体外壳形成的星云。

索　引